高等院校计算机应用系列教材

数据结构

（C语言，慕课版）

主　编　殷　超　李庆印

副主编　肖爱梅　郑明文　麻云轩

梁志睿　王红霞

U0228226

清华大学出版社

北　京

内 容 简 介

"数据结构"是计算机、信息技术等相关专业的一门重要的专业基础课程、核心课程。本书内容适应MOOC+SPOC 线上线下混合式教学模式，贴近当前普通高等院校"数据结构"课程的现状和发展趋势；符合研究生考试大纲要求，难度适中，通俗易懂；书中案例典型、丰富，结构清晰，重难点突出。本书内容共分 13 章，主要包括数据结构概述，算法分析基础，线性表，栈，队列，串，数组，广义表，树，二叉树，图，查找与排序等。每章均提供了线上资源，读者可通过扫描本书提供的二维码，使用配套课程MOOC，进行线上学习，参加小节弹题测试、章节测试、章讨论、课程测试，并获得定期在线答疑服务。

本书可作为普通高等院校计算机专业、信息与计算科学专业等相关专业"数据结构"课程的教材，也可供准备参加计算机专业研究生考试人员，以及从事计算机软件开发和应用的工程技术人员阅读和参考。

图书在版编目(CIP)数据

数据结构：C 语言：慕课版 / 殷超，李庆印主编. —北京：清华大学出版社，2024.7
高等院校计算机应用系列教材
ISBN 978-7-302-65700-2

Ⅰ. ①数…　　Ⅱ. ①殷… ②李…　　Ⅲ. ①数据结构－高等学校－教材　②C语言－程序设计－高等学校－教材　Ⅳ.①TP311.12②TP312.8

中国国家版本馆 CIP 数据核字(2024)第 051123 号

责任编辑：王　定
版式设计：思创景点
封面设计：周晓亮
责任校对：马遥遥
责任印制：曹婉颖

出版发行：清华大学出版社
　　　　网　　　址：https://www.tup.com.cn，https://www.wqxuetang.com
　　　　地　　　址：北京清华大学学研大厦 A 座　　　　　　邮　　编：100084
　　　　社 总 机：010-83470000　　　　　　　　　　　　邮　　购：010-62786544
　　　　投稿与读者服务：010-62776969，c-service@tup.tsinghua.edu.cn
　　　　质 量 反 馈：010-62772015，zhiliang@tup.tsinghua.edu.cn
印 装 者：三河市东方印刷有限公司
经　　销：全国新华书店
开　　本：185mm×260mm　　　印　　张：19　　　字　　数：474 千字
版　　次：2024 年 9 月第 1 版　　　印　　次：2024 年 9 月第 1 次印刷
定　　价：69.80 元

产品编号：098296-01

前　言

党的二十大报告对"实施科教兴国战略，强化现代化建设人才支撑"作出专章部署，为新时代教育工作和科技创新工作指明了前进方向，为加快建设教育强国提供了根本遵循和行动指南。党的二十大报告强调："教育、科技、人才是全面建设社会主义现代化国家的基础性、战略性支撑。必须坚持科技是第一生产力、人才是第一资源、创新是第一动力，深入实施科教兴国战略、人才强国战略、创新驱动发展战略，开辟发展新领域新赛道，不断塑造发展新动能新优势。"

数据结构作为计算机科学的核心基础学科，对于推动计算机技术的进步和科技创新具有至关重要的作用。高等院校作为人才培养和科技创新的重要基地，应加强对数据结构等基础科学的研究和教育，为培养高素质的科技人才和推动科技创新提供有力支持。本书遵循"两性一度"标准，贯彻"立德树人"的教育本质，全面融入课程思政，旨在培养读者的科学精神和工程设计能力，突出专业课程的价值引领功能作用。

本书内容涵盖"数据结构"课程所有知识点，紧贴研究生入学考试"数据结构"课程大纲要求，内容围绕常见的数据结构和基本数据操作，共分13章，主要包括数据结构概述，算法分析基础，线性表，栈，队列，串，数组，广义表，树，二叉树，图，查找与排序等。本书采用类C语言作为数据结构和算法的描述语言，在对数据的存储和算法描述时，充分考虑C语言的特色，同时兼顾数据结构和算法的可读性。读者在实际上机操作时，可以很容易地将本书中的数据结构和算法转换成C语言程序或其他程序设计语言程序。

本书对理论知识的阐述由浅入深、语言通俗易懂，既着眼于数据结构基础，又突出课程重难点。采用提出问题、分析问题、解决问题的问题求解过程，以及问题分析、得出算法思想、算法描述的三级递进模式讲解算法，降低了理解算法的复杂性，帮助读者提高认知效率。

本书内容适应MOOC+SPOC线上线下混合式教学模式，贴近当前高等院校"数据结构"课程的现状和发展趋势，书中案例典型、丰富，结构清晰，线上线下资源非常丰富。课程MOOC已上线国家高等教育智慧教育平台、山东省课程联盟、智慧树在线教育平台。读者可通过扫描下方二维码，注册后使用配套课程MOOC，进行线上学习；在线上可参加小节弹题测试、章节测试、章讨论、课程测试。另外，本书还提供配套MOOC课程、MOOC视频、教学课件、教学大纲、习题参考答案等教学资源，读者可通过扫描相应二维码获取。

| MOOC 课程 | MOOC 视频 | 教学课件 | 教学大纲 | 习题参考答案 |

　　本书配套的 MOOC 视频由编者及郑明文、王红霞、何华共同录制，多名本科生参与了算法调试与文稿校对工作，在此表示衷心感谢！

　　因编者水平有限，书中不足之处在所难免，恳请专家和读者不吝指正。

编　者

2024 年 5 月

目　　录

第1章 绪 论

自 1946 年第一台计算机问世以来，计算机产业的飞速发展已远远超出人们的预料。如今，计算机已深入人类社会的各个领域。计算机的应用已不再局限于科学计算，更多地应用于控制、管理及数据处理等非数值计算的领域。与此相应，计算机加工处理的对象由纯粹的数值发展到字符、表格和图像等具有一定结构的数据，这就给程序设计带来了新的问题。为了编写出一个"好"的程序，编程人员必须分析待处理的对象的特性，以及各处理对象之间存在的关系。

1.1 数据结构的发展

早期的计算机主要应用于科学计算领域。随着计算机的发展和应用范围的拓展，计算机需要处理的数据量越来越大，数据的类型越来越多，结构越来越复杂。计算机处理的对象从简单的纯数值性数据发展为非数值和具有一定结构的数据。计算机加工处理的对象逐渐受到重视和研究。人们开始研究数据的特性、数据之间存在的关系，以及如何有效地组织、管理、存储数据，从而提高计算机处理数据的效率。"数据结构"学科就是在此背景下逐渐形成和发展起来的。

最早对数据结构学科发展作出杰出贡献的是 D.E.Kunth 教授和 C.A.R.Hoare 教授。D.E.Kunth 教授的《计算机程序设计技巧》和 C.A.R.Hoare 教授的《数据结构札记》对数据结构学科的发展作出了重要贡献。随着计算机科学的飞速发展，到 20 世纪 80 年代初期，数据结构的基础研究日臻成熟，已经成为一门完整的学科。

数据结构起源于在程序设计中应如何组织待处理的数据及数据之间的关系(结构)。

目前，面向各专门领域中特殊问题的数据结构正在得到研究，如多维图形数据结构等，各种空间数据结构也在被探索中。另外，从抽象数据类型和面向对象的观点来讨论数据结构已成为一种新的趋势，且越来越被人们所重视。

数据结构随着程序设计的发展而发展。程序设计经历了 3 个阶段：无结构阶段、结构化阶段和面向对象阶段。相应地，数据结构的发展也经历了 3 个阶段，如图 1-1 所示。

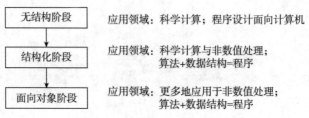

图 1-1　数据结构的 3 个发展阶段

1.2　数据结构的概念

人们在使用计算机解决实际问题时，总是希望计算机越智能越好。但是可能多数使用者没有去思考两个问题，即计算机的智能是如何得来的？如何使计算机智能提高？为了更好地回答这两个问题，先看一个简单的例子。

【例 1-1】已知集合 $A=\{1, 3, 4, 6, 7, 8, 97\}$，$B=\{1, 3, 5, 7, 8, 10, 12\}$，求集合 A 和集合 B 的交集。

对于这个问题的求解，如果运用人脑，是一道非常简单的题目。如果借助计算机求解，应该如何处理呢？

借助计算机解决实际问题的一般步骤如下：

(1) 定义问题。分析问题是什么，明确问题要求是什么，理解问题是做什么。

(2) 建立模型。将实际问题中的客观对象的属性及联系，抽象成逻辑数据模型。

(3) 定义数据。将数据模型的对象定义成计算机能存储处理的存储结构。

(4) 设计算法。根据存储结构，找出求解问题的策略和方法步骤。

(5) 编写程序。将算法使用程序设计语言表示出来。

(6) 调试运行。将数据和程序输入计算机，查错修改，运行得到结果。

(7) 分析结果。计算结果是否符合要求，若符合则结束，否则，返回检查修改。

在上述 7 个步骤中，从步骤(1)到步骤(5)是人工工作部分，步骤(6)也不全是计算机工作，人工要对程序进行调试，步骤(7)也是人工工作。可见，整个过程中人工工作占绝大部分。在人工工作步骤中，建立模型和设计算法是最关键且较困难的两个步骤。借助计算机解决问题的完整步骤如图 1-2 所示。

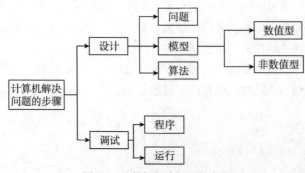

图 1-2　计算机解决问题的步骤

例如，已知圆的半径 r，求圆的周长 C，求解公式为 $C = 2\pi r$。根据抽象出来的数学模型，在算法中，输入半径 r，由公式求出周长 C。然后编程，得出程序，将程序在计算机上调试运行，得出运行结果。最后验证这个结果是否满足原问题的要求。在整个过程中，得出问题模型是至关重要的一步，而从实际问题抽象出问题模型的过程就是构建实际问题的数据结构的过程，问题的数据结构也就是它的模型。

本例抽象出来的数学模型是求圆的周长，属于数值型模型。

除数值型问题外，现实中还有非常多的非数值型问题(即不能用数学公式表达出来的问题)。例如，学生信息管理系统中的记录文件结构是一种典型的线性结构，不能用一个数学公式的形式表达出来，因此称为非数值型问题。家谱结构是一种典型的非数值的树形结构；交通网络结构是典型的非数值的图状结构。

简而言之，数据结构是一门研究非数值计算的程序设计问题中计算机的操作对象，以及对象之间的关系和操作的学科。

1.2.1　数据结构研究的领域

在实际应用中，对数据的操作不单纯是数值计算(仅占计算机数据处理的10%)，如求函数值、求方差等，更多的是非数值计算，如检索、排序、插入、删除等操作。

数值计算问题在"数值分析"(又称"计算方法")学科中有专门的研究。非数值计算问题是"数据结构"学科所要讨论的主要内容。建立模型和算法设计就是数据结构学科重点研究的两个领域。下面先来了解几个非数值计算的问题。

1. 学生学籍信息系统

在学生学籍信息系统中，当需要查询某位学生的档案信息时，在学籍文件中一般不会从头开始查找，因为这样费时且耗力。每位学生都有唯一的学号，所以可以按照学号分类去查找。表 1-1 是依据学生的学籍信息整理成的表格，每一串学号对应一位学生，计算机可以按照特定的学号信息查找指定的学生。与之类似的还有图书管理、人事管理、物资管理、商品管理等领域的各种系统。在这类文档管理的数学模型中，计算机处理的对象之间通常存在着一种简单的线性关系，这类数学模型可被称为线性数据结构。

表 1-1　学生学籍文件

学　号	姓　名	性　别	出生日期	政治面貌
22040101	王　飒	男	2003/09/02	团员
22040102	李凤黔	男	2002/12/25	党员
22040103	吴颖霖	女	2003/03/26	团员
...	...	...	...	...

2. 计算机对弈问题

计算机之所以能和人对弈，是因为程序设计者将对弈的策略事先存入了计算机。由于对弈的过程是在一定的规则下随机进行的，为使计算机能灵活对弈，就必须对对弈过程中所有可能发生的情况及相应的对策考虑周全。并且，一个"好"的棋手在对弈时不仅要看棋盘当时的状态，还应该能够预测棋局的发展，甚至最后的结局。

例如，如图 1.3(a)所示为井字棋的一个格局，格局之间的关系是由比赛规则决定的。通常，这个关系不是线性的，因为从一个棋盘格局可以派生出几个格局，如从图 1.3(a)所示的格局中可以派生出 5 个格局，如图 1.3(b)所示，而从每一个新的格局又可以派生出 4 个可能的格局。因此，若将从对弈开始到结束的过程中所有可能出现的格局都画在一张图上，则可得到一棵倒长的"树"。"树根"是对弈开始之前的棋盘格局，而所有的"叶子"就是可能出现的结局，对弈的过程就是从树根沿树权到某个叶子的过程。计算机游戏、组织机构的层次结构等许多实际问题都可以抽象成"树"状数据结构。

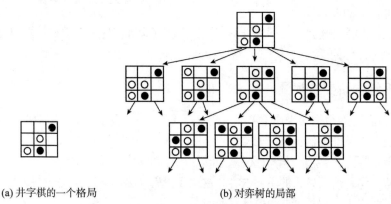

(a) 井字棋的一个格局　　　　　　　　(b) 对弈树的局部

图 1-3　对弈问题中格局之间的关系

3. 赛程安排问题

设某田径比赛共有 6 个比赛项目，规定每个选手至多可参加 3 个项目，有 5 人报名参加比赛，如表 1-2 所示。设计比赛日程表，使比赛能在尽可能短的时间内完成。分别用 A、B、C、D、E、F 这 6 个不同的代号代表跳高、跳远、标枪、铅球、100 米、200 米 6 个不同的项目；用顶点代表比赛项目；在不能同时进行比赛的顶点之间连上一条边(同一选手参加的项目之间必定有边相连)；最后给顶点涂色，任何有边相连的顶点不能涂同一种颜色，且使涂色数目尽量少。图 1-4 建立了一种图状数据结构。由涂色结果可得，仅需要 4 个时间段即可完成所有比赛段，如表 1-3 所示。像课程安排、工程管理等大量问题均可以抽象成图状数据结构。

表 1-2　项目报名表

姓　名	项目 1	项目 2	项目 3
丁 一	跳 高	跳 远	100 米
刘 二	标 枪	铅 球	—
张 三	标 枪	100 米	200 米
李 四	铅 球	200 米	跳 高
王 五	跳 远	200 米	—

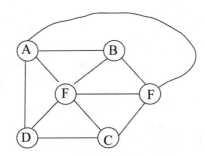

图1-4 赛程安排结点示意图

表1-3 赛程时间表

比赛时间	比赛项目
1	A, C
2	B, D
3	E
4	F

1.2.2 数据结构研究的内容

根据数据结构的研究对象和研究领域，数据结构研究的主要内容概括如下。

(1) 数据的逻辑结构，即数据间的联系。指设计者按数据间的内在逻辑关系和适当结构对数据的描述和组织。

(2) 数据的存储结构。要借助计算机解决问题，就要首先将待处理的数据存储在计算机内，所以数据的存储结构是从系统实现角度，将逻辑结构映射成存储结构并在计算机内表示的形式。

(3) 数据的操作算法。借助计算机解决问题一定是对所存储的数据进行的一系列操作，因此，数据的操作算法就是在某种存储结构下给出算法的具体实现。

(4) 算法的效率分析。同一个问题的解决方法不一定是唯一的，而不同的算法有各自的优劣，算法的效率分析就是分析算法的时间和空间效率，以此来评价算法的优劣。

(5) 数据结构的应用。这部分是上述 4 个部分的综合，利用数据结构内容解决实际问题。

1.2.3 数据

数据是对客观事物的符号表示。在计算机科学中，数据是指所有能够输入计算机并能被计算机程序处理的符号集合，包括数值、文字、图像、音频、视频等形式。

数据项是数据中具有独立含义的、不可再分割的最小数据单位，是数据的一个子集，是客观实体一种特征的数据表示。

数据元素是数据的基本单位，一般作为一个整体来处理。数据元素是由多个相关数据项组成的集合，是一个客观实体多种特征的数据描述，是计算机程序处理的基本单位。数据元素按其组成可分为原子型数据元素和组合型数据元素。原子型数据元素由一个数据项组成。组合型数据元素由多个数据项组成，通常携带着一个实体的多方面信息。

例如，在大写字母表中，有26个字符，每个字符既是数据元素，又是数据项。

【例1-2】在学生信息管理系统中，每一条记录是一个数据元素，在每条记录中又包含姓名、学号、专业等数据项。如表1-4所示为学生信息管理系统中的基本信息。整张表就是数据，也称为数据对象，每一行称为一个记录，就是一个数据元素，一般在操作过程中作为一个整体被进行处理；行和列交叉的地方称为数据项，也称为域或字段。

表1-4　学生信息管理系统中的基本信息

序号	姓名	学号	专业	电话
0001	张伟	XK385190106	信科	135********
0002	刘丽	RJ426180201	软件	150********
0003	王一	TX417190124	通信	152********
0004	赵鹏	SX332200310	数学	198********
0005	李娜	JT7111801035	交通	135********
0006	孙明	XK385190107	信科	138********
…	…	…	…	…

1.2.4　数据结构

数据结构，就是相互之间存在一种或多种特定关系的数据元素的集合。数据结构中的结构是指关系，可以简单表示为数据结构=数据+关系。数据结构也可以理解为带结构的数据集合。同一数据元素集合，所定义的关系不同，构成的数据结构也不同。那么，数据之间都有哪些关系呢？

数据结构包括逻辑结构和存储结构两个方面。

1. 数据的逻辑结构

数据的逻辑结构是对数据之间的逻辑关系的一种描述。它和数据的存储无关，是独立于计算机的。因此数据的逻辑结构可以看作是从具体问题中抽象出来的数据模型。换句话说，就是从实际非数字计算应用问题的现象中提炼出来的本质结论，这是从唯物辩证法的基本范畴之现象与本质的基本概念和相互之间的辩证关系角度得到的启发，由此可以加深对这一类理论知识的理解与应用，增强利用辩证思想思考和解决实际生活中的具体问题的能力。

数据的逻辑结构可以用一个数据元素的集合和定义在这个集合上的若干关系表示，并且可以用二元组来描述，即 $D\_S = (D, S)$，D 是数据元素的集合，S 是关系的集合。

【例1-3】在学生考勤管理系统中，由班长对组长考勤，由组长对组内的成员考勤。假设某班有1个班长、4个组长、每组有8位组员，则可以如下定义数据结构。

$$\text{Group} = (D, S)$$

其中，$D = \{M, G_1, \cdots, G_4, N_{11}, \cdots, N_{mn}, 1 \leqslant m \leqslant 4, 1 \leqslant n \leqslant 8\}$；

$S = \{R_1, R_2\}$；

$R_1 = \{\langle T, G_i \rangle | 1 \leqslant i \leqslant 4\}$；

$R_2=\{\langle G_i,N_{mn}\rangle|1\leqslant i\leqslant 4,1\leqslant m\leqslant 4,1\leqslant n\leqslant 8\}$。

数据元素的集合 D 包含班长 M，$N_{11}\sim N_{18}$ 是第 1 组，组长是 G_1；再加上第 2 组 $N_{21}\sim N_{28}$，组长是 G_2；第 3 组 $N_{31}\sim N_{38}$，组长是 G_3；第 4 组 $N_{41}\sim N_{48}$，组长是 G_4。

数据关系的集合 S 由两种关系组成：R_1 和 R_2。关系 R_1 是指班长对 4 位组长考勤，尖括号括起来的字符，表示序偶关系，它是有顺序的，M 和 G_1 之间的序偶表示班长 M 对组长 G_1 考勤。同理 M 和 G_2、G_3、G_4 之间也有序偶关系。关系 R_2 是指组长对组员考勤，G_1 是组长，要对 $N_{11}\sim N_{18}$ 考勤，所以 G_1 和 $N_{mn}(m=1$，$1\leqslant n\leqslant 8)$ 之间存在序偶关系。同理 G_2 对 2 组成员之间，……，G_4 对 4 组成员之间也存在序偶关系。

逻辑结构二元组中的关系的集合 S，是数据结构分类的主要依据，根据数据元素之间关系的不同，数据的逻辑结构分为以下 4 种。

(1) 集合结构：数据元素之间未定义任何关系的松散集合。数据关系的集合 S 是空集，数据元素之间的关系是离散的，它们除同属于一个集合外，不存在其他关系。集合结构如图 1-5 所示。

(2) 线性结构：数据元素之间定义了次序关系的集合(全序集合)，描述的是一对一关系，也就是线性关系。例如，春、夏、秋、冬 4 个季节是一种线性关系。线性结构如图 1-6 所示。

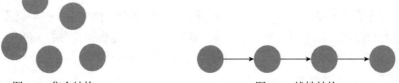

图 1-5　集合结构　　　　　　　　　图 1-6　线性结构

(3) 树形结构：数据元素之间定义了层次关系的集合(偏序集合)，描述的是一对多关系。例如，传统的家谱是一种典型的树形结构。树形结构如图 1-7 所示。

(4) 图状结构：数据元素之间定义了网状关系的集合，描述的是多对多关系。例如，求最短路径的交通网络，它的逻辑结构就是多对多的图状结构。图状结构如图 1-8 所示。

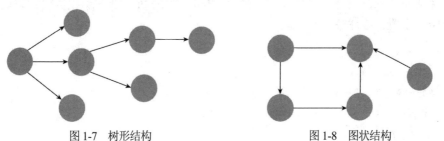

图 1-7　树形结构　　　　　　　　　图 1-8　图状结构

2. 数据的存储结构

数据的存储结构(亦称物理结构)是数据(逻辑)结构在计算机存储器中的具体实现形式。存储结构与孤立的数据元素表示形式不同，数据结构中的数据元素不但要表示其本身的实际内容，还要表示数据元素之间的逻辑结构。

存储结构主要有两种：一种是顺序结构，另一种是非顺序结构。顺序结构需要有连续的存储空间，数据元素在逻辑与物理上是都相邻的，一般用数组描述；非顺序结构不需要连续的存储空间，在逻辑上相邻的数据元素，在物理上不一定相邻，一般用指针类型描述。

常见的存储结构有以下几种。

(1) 顺序存储结构。其特点是借助数据元素的相对存储位置来表示数据元素之间的逻辑结构。在顺序结构中，通过数据元素物理位置的相邻来描述数据元素逻辑上的前驱、后继关系。

(2) 链式存储结构。其特点是借助指示数据元素地址的指针来表示数据元素之间的逻辑结构。在链式存储结构中，通过指针来指示数据元素逻辑上的前驱、后继关系。

(3) 散列存储结构。其特点是可以通过结点的关键字直接计算出该结点的存储地址。通过把关键字映射到表中的指定位置来直接访问记录，以加快访问速度。这个映射表也称为散列函数或哈希函数，存放记录的数组称为哈希表或散列表。

(4) 索引存储结构。其特点是采用附加的索引表的方式来存储结点信息。索引表由若干索引项组成。索引存储方式中索引项的一般形式为(关键字，地址)。其中，关键字是能够唯一标识一个结点的数据项，地址指示一组结点的起始存储位置。

1.2.5　数据类型

数据类型是一个数据值的集合和定义在这个值的集合上的一组操作的总称，即数据类型=数据值的集合+一组操作的集合。

例如，对于整型变量 x，若采用 16 位来存储整型，则数据值的集合 x 的取值范围为-32768～32767；整型的操作集合有加、减、乘、除、取模等。这就是数据类型的实例——整型。

抽象数据类型(abstract data type，ADT)是一个数学模型及定义在该模型上的一组操作，即抽象数据类型=数学模型+一组操作的集合。

抽象数据类型是从问题抽象出来的逻辑结构和运算，抽象数据类型不考虑具体的存储结构和操作实现。

可以使用三元组(D, S, P)来表示抽象数据类型，其中 D 表示数据对象的集合，S 表示数据关系的集合，P 表示基本操作的集合；集合 D 和 S 是数据结构逻辑层面所包含的二元组：数据元素的集合和数据关系的集合。加上基本操作集合 P，三者便构成了抽象数据类型 ADT。

抽象数据类型的描述格式如下。

```
ADT   <抽象数据类型名称 class>
{
    数据元素定义：给出数据元素的特性确切描述；
    数据关系定义：给出数据元素之间关系的确切描述；
    数据操作定义：给出施加在数据元素上的各种操作的确切描述；
} <抽象数据类 class>
```

数据操作的形式定义如下。

```
函数返回值类型   函数名(参数表)

{
    操作过程表示；

}
```

【例1-4】现有部分通讯录如表1-5所示。通讯录即一个数据结构,其中,一行表示一条记录,用结点表示。每条记录由姓名、区号和电话号码3个数据项组成。

表1-5 通讯录表

姓名	区号	电话号码
赵一	010	53644587
钱二	020	89634159
孙三	021	45976528
李四	024	63427544

分析表1-5的逻辑结构可知,表的第一行"赵一"所在的结点是首结点,它没有直接前驱结点;最后一行"李四"所在的结点是尾结点,它没有直接后继结点;中间两行是内部结点,它们各有一个直接前驱结点和一个直接后继结点。显然,通讯录表的逻辑结构是线性结构。

若通讯录表(简称通讯录)主人结识新友,要把新友信息(包括姓名、区号和电话号码)添加到通讯录中,则须对该表进行插入操作。思考新结点可能的插入位置有哪些?若通讯录中有联系人更新了电话号码,则须对该表进行修改操作;若要查找某联系人的电话号码,则须对该表进行查找操作。

【例1-5】如图1-9所示为××大学专业的设置情况。在图1-9中,把大学名称看作树根,把下设的若干学院名看作树枝中间结点,把系别看作树叶,这就形成了一个树形结构。树形结构通常用来表示结点的分层组织,结点之间是一对多的关系。对于树形结构的主要操作有遍历、查找、插入、删除等。

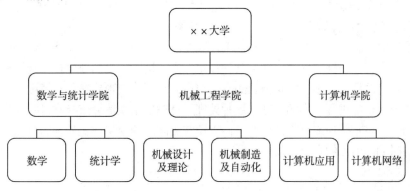

图1-9 ××大学专业的设置情况

1.3 算法和算法分析

算法是指问题解决方案的准确而完整的描述,是一系列解决问题的清晰指令。算法代表着用系统的方法描述解决问题的策略机制,即能够对一定规范的输入,在有限时间内获得所要求的输出。如果一个算法有缺陷,或不适合于解决某个问题,则执行这个算法将不会解决这个问题。不同的算法可能使用不同的时间、空间或效率来完成同样的任务。一个算法的优劣通常用空间复杂度与时间复杂度来衡量。

1.3.1 算法的概念

1. 算法和算法的特征

算法是针对特定问题求解步骤的一种描述，它是指令的有限序列。算法须具有以下5个特征。

(1) 输入：算法有零个或多个输入。

(2) 输出：算法至少产生一个输出。

(3) 确定性：算法的每一条指令都有确切的定义，没有二义性。

(4) 可行性：算法的每一条指令都足够基本，可以通过执行有限次已经实现的基本运算来实现。

(5) 有穷性：算法总能在执行有限步骤后终止。

描述一个算法的方法有多种。算法可以用自然语言、流程图或程序设计语言等来描述。当一个算法直接使用计算机程序设计语言描述时，该算法便成为程序。算法必须在执行有限步骤后终止，但计算机程序没有这一限制，如操作系统是一个程序，但不是一个算法。

2. 衡量算法性能的标准

衡量一个算法的性能，主要有以下几个标准。

(1) 正确性：算法的执行结果应当满足预先规定的功能和性能要求。

(2) 简明性：一个算法应当思路清晰、层次分明、简单明了、易读易懂。

(3) 健壮性：当输入不合法数据时，应能进行适当的处理，不至于引起严重后果。

(4) 效率：有效使用存储空间，并具有高时间效率。

其中，算法的正确性是指在合法的输入下，算法应实现预先规定的功能和计量精度要求。算法的健壮性是当程序遇到意外时，能按某种预定的方式进行适当的处理。正确性和健壮性是相互补充的。正确的程序并不一定是健壮的，一个可靠的程序应当能在正常情况下正确工作，而在异常的情况下也能进行适当的处理。这种处理不是输出错误信息或异常，并中止程序的运行，而是返回一个表示错误或错误性质的值，以便在更高的抽象层次上处理。算法的效率通常指算法执行的时间和所需的存储空间。

1.3.2 算法的复杂性分析

1. 算法的复杂性的含义

算法的复杂性是指算法运行所需要的计算机资源的量，所需资源越多，该算法的复杂性越高；反之，所需资源越少，该算法的复杂性越低。对于计算机资源来说，最重要的是时间和空间(存储器)资源。因此，算法的复杂性通常分为时间复杂性和空间复杂性。需要时间资源的量称为时间复杂性，需要空间资源的量称为空间复杂性。

算法的复杂性取决于求解问题的规模、具体的输入数据和算法本身的设计。

为了能够较客观地反映出一个算法的效率，在度量一个算法的工作量时，不仅应该与所使用的计算机、程序设计语言及程序编制者无关，还应该与算法实现过程中的许多细节无关。因此，可以用算法在执行过程中所需基本运算的执行次数来度量算法的工作量。基本运算反映了算法运算的主要特征，所以，使用基本运算的执行次数来度量算法工作量是客观的也是可行的，有利于比较解决同一问题的不同算法的优劣。

例如，在考虑两个矩阵相乘时，参考下面代码段，可以将两个实数之间的乘法运算 $a[i][k]*b[k][j]$ 作为基本操作。整个算法的执行时间与该操作(乘法)重复执行的次数 n^3 成正比，记作 $T(n)=O(n^3)$。

```
for (i=1; i<=n; ++i)
    for (j=1; j<=n; ++j)
    {
        c[i][j]=0;
        for (k=1; k<=n; ++k)
            c[i][j]+=a[i][k]*b[k][j];          //基本操作
    }
```

2. 算法的时间复杂度

若令 N、I 和 A 分别表示问题的规模、具体的输入和算法本身，用 C 表示复杂度，则 $C = F(N, I, A)$。若将时间和空间分开，分别用 T 和 S 表示，且 A 通常隐含在复杂度函数名中，则可得 T 和 S 简写为：$T = T(N, I)$ 和 $S = S(N, I)$。

时间复杂度 $T(N, I)$ 的计算为

$$T(N,I) = \sum_{e_i}^{t_i}(N,I)$$

其中，t_i 为执行抽象计算机的第 i 种指令一次所需要的时间，这里假定抽象计算机共有 k 种指令，$e_i(N, I)$ 为经过统计后得到的执行抽象计算机的第 i 种指令的次数，即

算法的执行时间=∑原子操作的执行次数×原子操作的执行时间

简而言之，算法中基本操作重复执行的次数是问题规模 n 的某个函数 $f(n)$，算法的时间复杂度记作

$$T(n) = O(f(n))$$

它表示随着问题规模 n 的增大，算法执行时间的增长率和 $f(n)$ 的增长率相同，称为算法的渐进时间复杂度，即时间复杂度。

算法的时间复杂度又可分为最坏情况下的时间复杂度、最好情况下的时间复杂度及平均情况下的时间复杂度。表达式如下。

最坏情况下的时间复杂度

$$\max T(n) = \max\left\{T(I)\,|\,\text{size}(I) = n\right\};$$

最好情况下的时间复杂度

$$\min T(n) = \min\{T(n) \mid size(I) = n\};$$

平均情况下的时间复杂度

$$\operatorname{avg} T(n) = \sum_{I=1}^{n} p(I)T(I);$$

其中 $p(I)$ 是 I 出现的概率。

【例1-6】有嵌套的循环程序段如下。

```
x=0; y=0;
for(k=1; k<=n; k++)
    x++;
    for(i=1; i<=n; i++)
        for(j=1; j<=n; j++)
            y++;
```

该算法段的时间复杂度为 $T(n)=O(n^2)$。

当有若干个嵌套循环语句时，算法的时间复杂度通常由嵌套层数最多的循环语句中最内层语句的执行次数决定的。

【例1-7】求数组中的最小值，程序段如下。

```
int ArrayMin(int a[ ], int n)
{
    min=a[0];
    for (i=1; i<n; i++)
        if (a[i]<min) min=a[i];
    return min;
}
```

该算法段的时间复杂度为 $T(n)=O(n)$。

如果循环变量只与问题规模 n 有关，则时间复杂度一般为 $O(n)$。

当算法是非递归算法时，在分析其时间复杂度时，可以观察算法的特点：如果是顺序语句，则将各语句的时间复杂度相加；如果是 for 循环或 while 循环，则使用循环体内时间复杂度×循环次数作为算法的时间复杂度；如果是嵌套循环算法，则使用最内层循环体内时间复杂度×所有循环次数作为算法的时间复杂度；如果含有 if-else 语句，则选用 if 语句计算时间和 else 语句计算时间的较大者作为算法的时间复杂度。

比较常见的时间复杂度有 $O(1)$、$O(\log n)$、$O(n)$、$O(n^c)$、$O(c^n)$ 和 $O(n!)$，分别称为常数阶、对数阶、线性阶、多项式阶、指数阶和阶乘阶。它们的时间复杂性从低到高，其中 n 为问题的规模，c 为常量。

3. 算法的空间复杂性

类似于算法的时间复杂度，空间复杂度指算法在运行过程中临时占用存储空间大小的量

度，记作

$$S(n) = O(f(n))$$

一个算法所占用的存储空间要从多个方面综合考虑。例如，对于递归算法来说，算法本身一般都比较短，所占用的存储空间较少；但运行时需要一个附加的工作栈，从而占用较多的临时工作单元。对于非递归算法，算法本身可能比较长，所占用的存储空间较多；但运行时可能需要较少的存储空间。

一个算法通常情况下的空间复杂度，只考虑在运行过程中为局部变量分配的存储空间的大小。它包括为参数表中形参变量分配的存储空间和为在函数体中定义的局部变量分配的存储空间。若一个算法为递归算法，其空间复杂度为递归所使用的工作栈空间的大小，它通常等于一次调用算法所分配的临时存储空间的大小乘以被调用的次数。当一个算法所占的存储空间不随被处理数据量 n 的大小而改变时，它的空间复杂度是一个常数，可表示为 $O(1)$。当一个算法的空间复杂度与以 2 为底的 n 的对数成正比时，可表示为 $O(\log_2 n)$；当一个算法的空间复杂度与 n 成线性比例关系时，可表示为 $O(n)$。

对于一个算法，其时间复杂度和空间复杂度往往是相互影响的。当追求一个较好的时间复杂度时，可能会使空间复杂度的性能变差，即可能导致较多的存储空间被占用；反之，当追求一个较好的空间复杂度时，可能会使时间复杂度的性能变差，即可能导致它的运行需要更长的时间。另外，算法的所有性能之间都存在着或多或少的相互影响。因此，当设计一个算法(特别是大型算法)时，要综合考虑算法的各项性能、算法的使用频率、算法处理的数据量的大小、算法描述语言的特性、算法运行的机器系统环境等各种因素，才能设计出更适合实际环境的优秀算法。

1.4 习题

一、选择题

1. ( )是数据的最小单位。
   A. 数据项　　　　　B. 表元素　　　　　　C. 信息项　　　　　　　　D. 数据元素
2. 算法的计算量的大小称为计算的( )。
   A. 效率　　　　　　B. 复杂性　　　　　　C. 现实性　　　　　　　　D. 难度
3. 算法的时间复杂度取决于( )。
   A. 问题的规模　　　B. 待处理数据的初态　　C. A 和 B
4. 计算机算法指的是①( )，它必须具备②( )这 3 个特性。
   ① A. 计算方法　　　　　　　　② A. 可执行性、可移植性、可扩充性
   　 B. 排序方法　　　　　　　　　 B. 可执行性、确定性、有穷性
   　 C. 解决问题的步骤序列　　　　 C. 确定性、有穷性、稳定性
   　 D. 调度方法　　　　　　　　　 D. 易读性、稳定性、安全性

5. 下列关于算法的描述中，错误的是(　　)。

　　A. 算法最终必须由计算机程序实现

　　B. 为解决某问题的算法与为该问题编写的程序含义是相同的

　　C. 算法的可行性是指指令不能有二义性

　　D. 以上几个都是错误的

6. 下列说法中，错误的是(　　)。

① 算法原地工作的含义是指不需要任何额外的辅助空间。

② 在相同的规模 n 下，复杂度 $O(n)$ 的算法在时间上总是优于复杂度 $O(2n)$ 的算法。

③ 所谓时间复杂度是指最坏情况下，估算算法执行时间的一个上界。

④ 同一个算法，实现语言的级别越高，执行效率就越低。

　　A. ①　　　　　　　B. ①②　　　　　　C. ①④　　　　　　D. ③

7. 从逻辑上可以把数据结构分为(　　)两大类。

　　A. 动态结构、静态结构　　　　　　　B. 顺序结构、链式结构

　　C. 线性结构、非线性结构　　　　　　D. 初等结构、构造型结构

8. 顺序存储中，存储单元的地址(　　)。

　　A. 一定连续　　　　　　　　　　　　B. 一定不连续

　　C. 不一定连续　　　　　　　　　　　D. 部分连续，部分不连续

9. 下列时间复杂度最好的是(　　)。

　　A. $O(\log_2 n)$　　　　B. $O(n)$　　　　　　C. $O(n^2)$　　　　　　D. $O(1)$

10. 逻辑结构是(　　)关系的整体。

　　A. 存储结构之间　　　　　　　　　　B. 数据元素之间逻辑

　　C. 数据类型之间　　　　　　　　　　D. 数据项之间逻辑

11. 数据结构有(　　)种基本逻辑结构。

　　A. 2　　　　　　　　B. 3　　　　　　　　C. 1　　　　　　　　D. 4

12. 下列4种基本的逻辑结构中，数据元素之间关系最弱的是(　　)。

　　A. 线性结构　　　　B. 树状结构　　　　C. 集合　　　　　　D. 图状结构

13. 一个算法的时间复杂度为 $(n^3 + n^2 \log_2 n + 14n) / n^2$，其数量级表示为(　　)。

　　A. $O(n^4)$　　　　　B. $O(n^3)$　　　　　C. $O(n^2)$　　　　　D. $O(n)$

二、填空题

1. 数据的物理结构包括_____的表示和_____的表示。

2. 对于给定的 n 个元素，可以构造出的逻辑结构有_____、_____、_____、_____ 4种。

3. 数据的逻辑结构是指_____。

4. 一个数据结构在计算机中的_____称为存储结构。

5. 数据结构中，评价算法的两个重要指标是_____、_____。

6. 数据结构研究的是数据的_____和_____，以及它们之间的相互关系，并对这种结构定义相应的_____，设计出相应的_____。

7. 一个算法具有 5 个特性：_____、_____、_____、有零个或多个输入、有一个或多个输出。

8. 计算机执行下列语句段时，语句 *s* 的执行次数为_____。

```
for(i=1; i<n-1; i++)
    for(j=n; j>=i; j--)
        s;
```

9. 下列程序段的时间复杂度为_____。(*n*>1)

```
sum=1;
for (i=0;sum<n;i++) sum+=1;
```

第2章 线性表

线性表是一种较常用且除集合外最简单的数据结构。线性表定义为具有 $n(n \geqslant 0)$ 元素的有限序列。它的特点是，除首元素和尾元素外，其余数据元素均仅有一个前驱和一个后继(首元素只有一个后继，尾元素只有一个前驱)。

2.1 线性表的类型定义

线性表是由 $n(n \geqslant 0)$ 个类型相同的数据元素组成的有限序列，通常表示为下列形式：

$$L = (a_1, a_2, \cdots, a_{i-1}, a_i, a_{i+1}, \cdots, a_n)$$

其中，线性表习惯用大写英文字母 L 表示；a_i 为组成该线性表的数据元素，习惯用小写英文字母表示；线性表中数据元素的个数 $n(n \geqslant 0)$ 被称为线性表的长度，当 $n=0$ 时，线性表为空，称为空表。在非空表中，每个数据元素都有一个确定的位置，如 a_1 是第一个数据元素，a_i 是第 i 个数据元素，称 i 为数据元素 a_i 在线性表中的位序。数据元素须是同类型的元素，可以是一个字母、一个数字等。

线性表是一种灵活的数据结构，其长度可根据需要增长或缩短，即对线性表的数据元素不仅可以进行访问，还可以进行插入和删除等操作。

线性表的抽象数据类型定义如下。

```
ADT List {
  数据对象：D={aᵢ|aᵢ∈ElemSet,i=1,2,…,n,n≥0}
  数据关系：R₁={<aᵢ₋₁,aᵢ>|aᵢ₋₁,aᵢ∈D,i=1,2,…,n}
  基本操作：
   //初始化
    InitList( &L )
      操作结果：构造一个空的线性表 L。
   //结构销毁
    DestroyList( &L )
      初始条件：线性表 L 已存在。
      操作结果：销毁线性表 L。
   //引用型操作
```

ListEmpty(L)

  初始条件: 线性表 L 已存在。

  操作结果: 若 L 为空表, 则返回 TRUE, 否则返回 FALSE。

ListLength(L)

  初始条件: 线性表 L 已存在。

  操作结果: 返回 L 中的元素个数。

GetElem(L, i, &e)

  初始条件: 线性表 L 已存在, 1≤i≤LengthList(L)。

  操作结果: 用 e 返回 L 中的第 i 个元素的值。

LocateElem(L, e, compare())

  初始条件: 线性表 L 已存在, compare() 是元素判定函数。

  操作结果: 返回 L 中第 1 个与 e 满足关系 compare() 的元素的位序。若这样的元素不存在, 则返回值为 0。

PriorElem(L, cur_e, &pre_e)

  初始条件: 线性表 L 已存在。

  操作结果: 若 cur_e 是 L 的元素, 但不是第一个, 则用 pre_e 返回它的前驱, 否则操作失败, pre_e 无定义。

NextElem(L, cur_e, &next_e)

  初始条件: 线性表 L 已存在。

  操作结果: 若 cur_e 是 L 的元素, 但不是最后一个, 则用 next_e 返回它的后继, 否则操作失败, next_e 无定义。

ListTraverse(L, visit())

  初始条件: 线性表 L 已存在。

  操作结果: 依次对 L 的每个元素调用函数 visit()。一旦 visit() 失败, 则操作失败。

//加工型操作

ClearList(&L)

  初始条件: 线性表 L 已存在。

  操作结果: 将 L 重置为空表。

PutElem(L, i, &e)

  初始条件: 线性表 L 已存在, 1≤i≤LengthList(L)。

  操作结果: 将 L 中的第 i 个元素赋值为 e 的值。

ListInsert(&L, i, e)

  初始条件: 线性表 L 已存在, 1≤i≤LengthList(L)+1。

  操作结果: 在 L 的第 i 个位置上插入新的元素 e, L 的长度增 1。

ListDelete(&L, i, &e)

  初始条件: 线性表 L 已存在且非空, 1≤i≤LengthList(L)。

  操作结果: 删除 L 的第 i 个元素, 并用 e 返回其值, L 的长度减 1。

} ADT List

对上述定义的线性表, 不仅可以进行插入、删除等简单的操作, 还可以进行一些较为复杂的操作, 如将两个或两个以上的线性表合并, 或把一个线性表拆分成两个或两个以上的线性表等。

【例 2-1】假设两个线性表 LA 和 LB 分别表示两个集合 A 和 B(即线性表中的数据元素即为集合中的成员), 现要求一个新的集合 $A=A\cup B$。

上述问题等价于：对线性表作如下操作，扩大线性表 LA，将存在于线性表 LB 中而不存在于线性表 LA 中的数据元素插入线性表 LA 中。

算法分下列 3 步进行。

(1) 从线性表 LB 中依次取得每个数据元素。

(2) 依值在线性表 LA 中进行查访。

(3) 若不存在，则将其插入。

算法描述如下。

```
void union(List &La, List Lb) {
 //将所有在线性表 LB 中但不在 LA 中的数据元素插入 LA 中
 LA_len = ListLength(LA);
 LB_len =ListLength(LB);              //求线性表的长度
 for(i = 1;  i <= LB_len;  i++) {
  GetElem(LB, i, e);                  //将 LB 中的第 i 个数据元素赋给 e
  if(!LocateElem(LA, e, equal))
     ListInsert(LA, ++LA_len, e); //若 LA 中不存在和 e 相同的数据元素，则将其插入
  }
 } //union
```

【例 2-2】已知一个非纯集合 B，试构造集合 A，要求集合 A 中只包含集合 B 中所有值互不相同的数据元素。例如，设集合 $B = \{7, 12, 3, 3, 25, 8, 9, 7\}$，则集合 A 应为 $\{7, 12, 3, 25, 8, 9\}$。

从上述问题要求可知，可以采用与例 2-1 类似的方法，即分别以线性表 LA 和 LB 表示集合 A 和 B，则首先初始化线性表 LA 为空表，之后的操作和例 2-1 的操作类似。

算法描述如下。

```
void purge(List &La, List Lb) {
 //已知线性表 LB 中的数据元素依值非递减有序排列，现构造线性表 LA，
 //使 LA 中只包含 LB 中所有值不相同的数据元素
 InitList(LA);                    //初始化 LA 为空表
 LA_len = ListLength(LA);
 LB_len =ListLength(LB);          //求线性表的长度
 for (i = 1;  i <= Lb_len;  i++) {
  GetElem(Lb, i, e);              //将 LB 中的第 i 个数据元素赋给 e
  if (ListEmpty(LA) || !equal(en, e) ) {
     ListInsert(LA, ++LA_len, e);
     en = e;
  } //若 LA 中不存在和 e 相同的数据元素，则将其插入
 } //for
 } //purge
```

【例 2-3】归并两个"其数据元素按值非递增有序排列的"线性表 LA 和 LB，且归并后的线性表 LC 也具有同样的特性。

分析上述问题可知，LC 中的数据元素或是 LA 中的数据元素，或是 LB 中的数据元素，则

只要先设 LC 为空表，然后将 LA 或 LB 中的元素逐个插入 LC 中即可。为使 LC 中的元素按值非递增有序排列，可设两个指针 i 和 j 分别指向 LA 和 LB 中的当前元素，将 i 和 j 所指向的元素值较大者插入 LC 中，即

$$c = \begin{cases} b, & \text{当}a \leqslant b\text{时} \\ a, & \text{当}a > b\text{时} \end{cases}$$

其中，a 为当前 i 指针所指的元素，b 为当前 j 指针所指的元素，c 为当前应插入 LC 中的元素。

使用 C 语言描述的算法如下。

```c
void MergeList(List LA, List LB, List &LC) {
//已知线性表 LA 和 LB 中的元素按值非递增排列
//归并 LA 和 LB 得到新的线性表 LC，LC 的元素也按值非递增排列
 InitList(LC);
 i = j = 1;    k = 0;
 LA_len = ListLength(LA);
 LB_len = ListLength(LB);
 while ((i <= LA_len) && (j <= LB_len)) {
 //LA 和 LB 均非空
 GetElem(LA, i, ai);  GetElem(LB, j, bj);
 if (ai<= bj) {
   ListInsert(LC, ++k, bi);  ++i; }
  else { ListInsert(LC, ++k, aj);  ++j; }
 }
 while (i <= LA_len) {          //当 LA 不空时
  GetElem(LA, i++, ai);
  ListInsert(LC, ++k, ai);
 }                             //插入 LA 表中的剩余元素
 while (j <= LB_len) {          //当 LB 不空时
  GetElem(LB, j++, bj);
  ListInsert(LC, ++k, bj);
 }                             //插入 LB 表中的剩余元素
} //merge_list
```

假设 GetElem 和 ListInsert 这两个操作的执行时间和表长无关，LocateElem 的执行时间和表长成正比，则例 2-1 算法的时间复杂度为 $O(\text{ListLength(LA)} \times \text{ListLength(LB)})$；例 2-2 算法的时间复杂度为 $O(\text{ListLength(LB)})$；例 2-3 算法的时间复杂度为 $O(\text{ListLength(LA)} + \text{ListLength(LB)})$。

2.2 线性表的顺序映像

在计算机中表示线性表时，采用"物理位置的相邻表示逻辑关系的相邻"策略，这种机内

表示称为线性表的顺序存储结构或顺序映像。通常称顺序存储结构的线性表为顺序表。本节介绍顺序表的类型定义、特点及典型操作。

2.2.1 线性表的顺序存储结构

线性表的顺序存储是指用一组地址连续的存储单元依次存储线性表中的每个数据元素，其结构如图 2-1 所示。

存储地址	内存单元
...	...
d	a_1
$d+L$	a_2
$d+2L$	a_3
...	...
$d+(i-1)L$	a_i
...	...
$d+(n-1)L$	a_n
...	...

图 2-1　线性表的顺序存储结构示意图

其中，L 为每个数据元素所占据的存储单元数目。

相邻两个数据元素的存储位置的计算公式为

$$\text{LOC}(a_{i+1}) = \text{LOC}(a_i) + L$$

线性表中任意一个数据元素的存储位置的计算公式为

$$\text{LOC}(a_i) = \text{LOC}(a_1) + (i-1)L$$

其中，$\text{LOC}(a_1)$ 是线性表的第一个数据元素 a_1 的存储位置，通常称为线性表的起始地址或基地址。

2.2.2 顺序存储结构的特点

采用顺序存储时，可以利用数据元素的存储位置来表示线性表中相邻数据元素之间的前后关系，即线性表的逻辑结构与存储结构(物理结构)一致；在访问线性表时，可利用上述公式计算出任何一个数据元素的存储地址。可以认为，访问每个数据元素所花费的时间相等。这种存取数据元素的方法称为可随机存取，可以使用这种存取方法的存储结构称为随机存储结构。

在 C 语言中，实现线性表的顺序存储结构的类型定义如下。

```
#define  LIST_MAX_LENGTH  100      //线性表的最大长度
typedef  struct {
  ElemType *elem;                  //指向存放线性表中数据元素的基地址
  int  length;                     //线性表的当前长度
}SQ_LIST;
```

2.2.3 典型操作的算法实现

线性表一种操作方便的数据结构,可以对线性表中的数据元素进行访问、插入或删除操作。采用了顺序存储结构存储的顺序表同样也可以进行元素的访问、插入及删除操作。由于高级程序设计语言中的数组类型是有随机存取的特性,通常用数组来描述数据结构中的顺序存储结构。因为线性表的长度可变,且所需最大存储空间随问题的不同而不同,所以在 C 语言中,可用动态分配的一维数组对顺序表进行描述。

1. 初始化线性表 L

```
int InitList(SQ_LIST *L)
{
  L.elem=(ElemType*)malloc(LIST_MAX_LENGTH *sizeof(ElemType));  //分配空间
  if (L.elem==NULL)  return ERROR;      //若分配空间不成功,则返回 ERROR
  L.length=0;                           //将当前线性表的长度置 0
  return OK;                            //若分配空间成功,则返回 OK
}
```

2. 销毁线性表 L

```
void DestroyList(SQ_LIST *L)
{
  if (L.elem) free(L.elem);            //释放线性表占据的所有存储空间
}
```

3. 清空线性表 L

```
void ClearList(SQ_LIST *L)
{
  L.length=0;                          //将线性表的长度置为 0
}
```

4. 求线性表 L 的长度

```
int GetLength(SQ_LIST L)
{
  return (L.length);
}
```

5. 判断线性表 L 是否为空

```
int IsEmpty(SQ_LIST L)
{
  if (L.length==0) return TRUE;
  else return FALSE;
}
```

6. 获取线性表 L 中的某个数据元素的内容

```
int GetElem(SQ_LIST L,int i,ElemType *e)
{
  if (i<1||i>L.length) return ERROR;      //判断 i 值是否合理，若不合理，则返回 ERROR
  *e=L.elem[i-1];              //数组中第 i-1 个单元存储线性表中第 i 个数据元素的内容
  return OK;
}
```

7. 在线性表 L 中检索值为 *e* 的数据元素的位序

查找的基本操作是：将顺序表中的元素逐个和给定值 *e* 相比较，如在图 2-2 所示顺序表中查找关键字 38。指针 *p* 指示当前元素的位置，初值为第 1 个元素的存储地址；*i* 表示当前指针 *p* 所指元素的位序，初值为 1。当指针 *p* 指示元素和 *e* 相等时，查找成功，返回 *i*；否则，指针 *p* 后移，同时位序 *i* 加 1。如图 2-2 所示顺序表中，查找关键字 38 成功，返回位序 4。

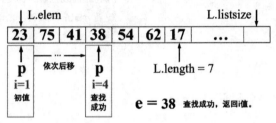

图 2-2　顺序表的查找 1

在顺序表中查找关键字时，若始终没有找到和给定值 *e* 相等的元素，指针 *p* 在后移过程中，超出了顺序表的范围，即 *i*=L.length+1；则说明当前顺序表中不存在和给定值 *e* 相等的元素，查找不成功，返回 0。如在图 2-3 所示顺序表中查找关键字 50。

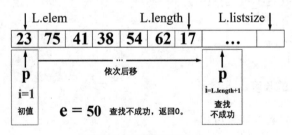

图 2-3　顺序表的查找 2

算法如下。

```
int LocateELem(SQ_LIST L,ElemType e)
{
  for (i=0;i< L.length;i++)
    if (L.elem[i]==e) return i+1;
  return 0;                //返回值为 0，表中不存在值为 e 的数据元素
}
```

8. 在线性表 L 的第 i 个位置上插入数据元素 e

在线性表 L 第 i 个位置上插入数据元素 e 是指在线性表的第 $i-1$ 个数据元素和第 i 个数据元素之间插入一个新的值为 e 的数据元素。数据元素 a_{i-1} 和 a_i 之间的逻辑关系发生了变化。由 $<a_{i-1}, a_i>$ 变为 $<a_{i-1}, e>$ 加 $<e, a_i>$。物理上，插入数据元素操作使长度为 n 的线性表 $(a_1, \cdots, a_{i-1}, a_i, \cdots, a_n)$ 变成长度为 $n+1$ 的线性表 $(a_1, \cdots, a_{i-1}, e, a_i, \cdots, a_n)$，如图 2-4 所示。在线性表的顺序存储结构中，由于逻辑上相邻的数据元素在物理位置上也是相邻的，因此，除非 $i=n+1$，否则必须移动元素才能反映这个逻辑关系的变化。需要注意，要移动哪些元素？按什么顺序移动？在线性表 L 第 i 个位置上插入数据元素，需要把元素 a_i 到 a_n，按逆序，即 a_n 到 a_i 的次序依次后移；否则会产生数据覆盖错误。数据移动完成后，把待插入数据元素 e 复制到线性表的第 i 个位置上，且表长加 1，完成元素插入操作。算法如下。

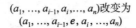

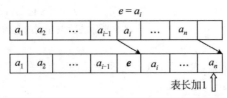

图 2-4　在第 i 个位置上插入数据元素 e 前后顺序表逻辑上和物理上发生的变化

```
int ListInsert(SQ_LIST L,int i,ElemType e)
{
  if (L.length==LIST_MAX_LENGTH) return ERROR;      //检查是否有剩余空间
  if (i<1||i>L.length+1) return ERROR;              //检查 i 值是否合理
  for (j=L.length-1;j>=i-1;i++)     //将线性表第 i 个元素(包括第 i 个元素)之后的所有元素后移
    L.elem[j+1]=L.elem[j];
  L.elem[i-1]=e;                    //将新元素的内容放入线性表的第 i 个位置
  L.length++;
  return OK;
}
```

9. 将线性表 L 中的第 i 个数据元素删除

删除线性表第 i 个数据元素的操作中，数据元素 a_{i-1}、a_i 和 a_{i+1} 之间的逻辑关系发生了变化。由 $<a_{i-1}, a_i>$ 加 $<a_i, a_{i+1}>$ 变为 $<a_{i-1}, a_{i+1}>$。物理上，删除数据元素操作使长度为 n 的线性表 $(a_1, \cdots, a_{i-1}, a_i, a_{i+1}, \cdots, a_n)$ 变成长度为 $n-1$ 的线性表 $(a_1, \cdots, a_{i-1}, a_{i+1}, \cdots, a_n)$，如图 2-5 所示。为了在存储结构上反映这个变化，同样需要移动元素。需要注意，要移动哪些元素？按什么顺序移动？删除线性表第 i 个数据元素，需要先记录待删除元素值，然后把元素 a_{i+1} 到 a_n，按顺序，即 a_{i+1} 到 a_n 的次序依次前移；否则会产生数据覆盖错误。数据移动完成后，表长减 1，完成元素删除操作。

$(a_1, ..., a_{i-1}, a_i, ..., a_n)$改变为
$(a_1, ..., a_{i-1}, ea_{i+1}..., a_n)$

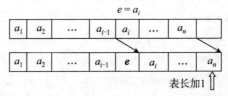

图 2-5　删除第 i 个数据元素前后顺序表逻辑上和物理上发生的变化

算法如下。

```
int ListDelete(SQ_LIST L,int i,ElemType *e)
{
  if (IsEmpty(L)) return ERROR;           //检测线性表是否为空
  if (i<1||i>L.length) return ERROR;      //检查 i 值是否合理
  *e=L.elem[i-1];                         //将要删除的数据元素内容保留在 e 所指示的存储单元中
  for (j=i;j<=L.length-1;j++)
  //将线性表的第 i+1 个元素(包括第 i+1 个元素)之后的所有元素前移
    L.elem[j-1]=L.elem[j];
  L.length--;
  return OK;
}
```

2.2.4　主要操作的算法分析

从前文所述的算法中可以看出，在顺序存储结构的线性表中的某个位置插入或删除一个数据元素时，时间主要耗费在移动元素上，即移动元素的操作为预估算法时间复杂度的基本操作，而移动元素的个数取决于插入或删除元素的位置。

设线性表中含有 n 个数据元素，在进行插入操作时，假定在 $n+1$ 个位置上插入元素的可能性均等，则平均移动元素的个数为

$$E_{is} = \frac{1}{n+1}\sum_{i=1}^{n+1}(n-i+1) = \frac{n}{2}$$

在进行删除操作时，假定在长度为 n 的线性表中删除每个元素的可能性均等，则平均移动元素的个数为

$$E_{dl} = \frac{1}{n}\sum_{i=1}^{n}(n-i) = \frac{n-1}{2}$$

由此可见，在顺序存储结构的线性表进行插入或删除操作时，平均需要移动大约一半的数据元素。当线性表的数据元素量较大，且经常要对其进行插入或删除操作时，采用顺序存储结构的线性表存储数据并不十分合适。

2.3　线性表的链式映像

从 2.2 节可知，线性表顺序存储结构是一种简单、方便的存储方式。在顺序表中数据元素依次存放在连续的存储单元中，从而利用数据元素的存储顺序表示相应的逻辑顺序，这种存储方式属于静态存储形式。

但是通过前面的学习也可以发现，线性表的顺序存储结构存在诸多问题：①进行插入或删除元素的操作时，会产生大量的数据元素移动；②对于长度变化较大的线性表，要一次性地分配足够的存储空间，但这些空间常常又得不到充分的利用；③线性表的容量难以扩充。

针对上述问题，下面讨论线性表的另外一种存储结构——线性表的链式存储结构(线性链表)。

2.3.1　线性链表的定义

线性表的链式存储是指用一组任意的存储单元(可以连续，也可以不连续)存储线性表中的数据元素。线性表中的数据元素在存储单元中的存放顺序与逻辑顺序不一定一致。在对线性表的元素进行访问时，只能通过头指针进入链表，然后通过每个结点的指针域向后扫描其余结点，具有这种特点的存取方式被称为顺序存取方式。

为了反映数据元素之间的逻辑关系，对于每个数据元素，不仅要表示它的具体内容，还要附加一个表示它的直接后继元素存储地址的信息。这两部分信息组成数据元素 a_i 的存储映像，称为结点(node)。它包括两个域：表示每个数据元素的两部分信息，其中表示数据元素内容的部分被称为数据域(data)；表示直接后继元素存储地址的部分被称为指针或指针域(next)。n 个结点链结成一个链表，即为线性表(a_1, a_2, $\cdots$, a_n)的链式存储结构。以"结点的序列"表示的线性表称为链表，若链表的每个结点中只包含一个指针域，则称为单链表。

如图 2-6 所示为线性表(a,b,c,d)的线性链表存储结构样例。

存储地址	内容	直接后继存储地址
100	b	120
...	...	...
120	c	160
...	...	...
140	a	100
...	...	...
160	d	NULL
...	...	...

首元素的位置
(基地址)

图 2-6　线性链表存储结构样例

因此，结点(数据元素的映像)是指针(指示后继元素的存储位置)与数据(表示数据元素)的结合，结点的结构如图 2-7 所示。

data	next

图 2-7　结点的结构

以线性表中第一个数据元素 a_1 的存储地址作为线性表的地址，称为线性表的头指针，通常把链表画成用箭头相链接的结点的序列，单链表的逻辑状态如图 2-8 所示。

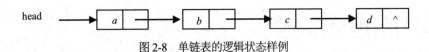

图 2-8　单链表的逻辑状态样例

其中，head 是头指针，指向单链表中的第一个结点。它通常是单链表操作的入口点。由于最后一个结点没有直接后继结点，它的指针域存放一个特殊的值 NULL。NULL 值在图示中常用"^"符号表示。

为了简化对链表的操作，经常在链表的第一个结点之前附加一个空结点，称其为头结点。带头结点的单链表如图 2-9 所示。

图 2-9　带头结点的单链表

在单链表中设置头结点后，首结点由头结点的指针域指示，对链表中首结点的操作和其他位置上的操作一致，无须进行特殊处理；并且无论链表是否为空，其头指针均非空，处理空链表和非空链表的方式一致，无须进行特殊处理。因此，若无特别说明，本书所述单链表均指带头结点的单链表。

2.3.2　线性链表的类型定义及典型操作

由上述可见，单链表可由头指针唯一确定，在 C 语言中可用"结构指针"来描述。

1. 线性链表存储结构的类型定义

```
typedef strcut LNode{          //结点类型
  ElemType  data;
  struct LNode *next;
}LNode;
typedef struct{                //链表类型
  LNode *head;
}LINK_LIST, *LinkList;
```

在线性表的顺序存储结构中，逻辑上相邻的两个元素在物理位置上紧邻，所以每个元素的存储位置都可以由线性表的起始位置计算得到。而在单链表中，任何两个元素的存储位置之间都没有固定的联系，然而每个元素的位置都包含在其前驱结点的信息中。假设 p 是指向线性表中第 i 个数据元素 a_i 结点的指针，则 p->next 是指向第 $i+1$ 个数据元素 a_{i+1} 结点的指针。即若 p->data=a_i；则 p->next->data=a_{i+1}。由此，在单链表中，若要取得第 i 个数据元素，则必须从头指针出发查询，可见单链表是非随机存取的存储结构。下面是一些典型操作的算法实现过程。

2. 典型操作的算法实现

(1) 初始化链表 L。

```
int InitList(LinkList L)
{
  L->head=(*LNode)malloc(sizeof(LNode));          //为头结点分配存储单元
```

```
   if (L->head) {L->head->next=NULL; return OK;}
    else  return ERROR ;
}
```

(2) 销毁链表 L。

```
void DestoryList(LinkList L)
{
  LNode *p;
  while (L->head){                          //依次删除链表中的所有结点
    p=L->head;  L->head=L->head->next;
    free(p);
  }
}
```

(3) 清空链表 L。

```
void ClearList(LinkList L)
{
  LNode *p;
  while (L->head->next){
    p=L->head->next;                         //p 指向链表中头结点后的第一个结点
    L->head->next=p->next;                    //删除 p 结点
    free(p);                                  //释放 p 结点的存储空间
  }
}
```

(4) 求链表 L 的长度。

```
int ListLength(LinkList L)
{
  LNode *p;
  int len;
  for(p=L->head, len=0;p->next==NULL; p=p->next,len++);
  return(len);
}
```

(5) 判链表 L 是否为空。

```
  int IsEmpty(LinkList L)
  {
    if (L->head->next==NULL) return TRUE;
                                            //此条件也可为 if(!L->head->next)
      else return FALSE;
  }
```

(6) 通过 e 返回链表 L 中第 i 个数据元素的内容。

```
void GetElem(LinkList L,int i,ElemType *e)
{
  LNode *p;
  int j;
  if (i<1||i>ListLength(L)) exit ERROR;          //检测 i 值的合理性
  for (p=L->head,j=0; j!=i;p=p->next,j++);        //找到第 i 个结点
  *e=p->data;                  //将第 i 个结点的内容赋给 e 指针所指向的存储单元中
}
```

(7) 在链表 L 中检索数据为 e 的数据元素。

```
LNode *LocateELem(LinkList L,ElemType e)
{
  LNode *p;
  for (p=L->head->next;p&&p->data!=e;p=p->next);      //寻找满足条件的结点
  return(p);
}
```

(8) 返回链表 L 中结点 e 的直接前驱结点。

```
LNode *PriorElem(LINK_LIST L,LNODE* e)
{
  LNode *p;
  if (L->head->next==e) return NULL;               //检测第一个结点
  for (p=L->head;p->next&&p->next!=e;p=p->next);
  if (p->next==e) return p;
   else return NULL;
}
```

(9) 返回链表 L 中结点 e 的直接后继结点。

```
LNode *NextElem(LinkList L,LNODE* e)
{
  LNode *p;
  for(p=L->head->next;p&&p!=e;p=p->next);
  if (p) p=p->next;
  return p;
}
```

(10) 在链表 L 中的第 i 个位置插入数据元素 e。

假设要在线性表的两个数据元素 a_{i-1} 和 a_i 之间插入一个数据元素 e，已知 p 为其单链表存储结构中指向结点 a_{i-1} 的指针。如图 2-10(a)所示。

为插入数据元素 e，首先要生成一个数据域为 e 的结点，然后插入单链表。根据插入操作

的逻辑定义，还需要修改结点 a_{i-1} 中的指针域，令其指向结点 e，而结点 e 中的指针域应指向结点 a_i，从而实现 3 个元素 a_{i-1}、a_i 和 e 之间逻辑关系的变化。插入后的单链表如图 2.10(b)所示。

假设 s 为指向结点 e 的指针，则上述指针修改的关键语句为

$$s \rightarrow next = p \rightarrow next; \quad p \rightarrow next = s;$$

注意，上述语句顺序不能互换，否则先执行语句 p-> next =s 后，结点 a_i 不被任何指针所指示，无法找到它的位置，从而导致结点 a_i 的所有后续结点均无法被找到，称为链表"断链"现象。

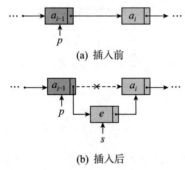

(a) 插入前

(b) 插入后

图 2-10 在单链表中插入结点时指针变化状况

算法描述如下。

```
int ListInsert(LinkList L,int i,ElemType e)
{
  LNode *p,*s;
  int j;
  if (i<1||i>ListLength(L)+1) return ERROR;
  s=(LNode*)malloc(sizeof(LNode));
  if (s==NULL) return ERROR;
  s->data=e;
  for (p=L->head,j=0;p&&j<i-1;p=p->next;j++);      //寻找第 i-1 个结点
  s->next=p->next;  p->next=s;                      //将 s 结点插入
  return OK;
}
```

(11) 将链表 L 中的第 i 个数据元素删除，并将其内容保存在 e 中。

在线性表中删除元素 a_i 时，为在单链表中实现元素 a_{i-1}、a_i 和 a_{i+1} 之间逻辑关系的变化，仅需修改结点 a_{i-1} 中的指针域即可，如图 2-11 所示。假设 p 为指向结点 a_{i-1} 的指针，则修改指针的关键语句为

$$S = p \rightarrow next; \quad p \rightarrow next = s \rightarrow next;$$

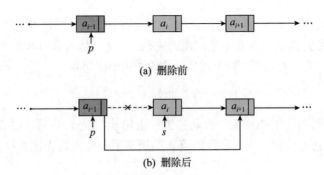

(a) 删除前

(b) 删除后

图 2-11　在单链表中删除结点时指针变化状况

算法如下。

```
int ListDelete(LinkList L,int i,ElemType *e)
{
  LNode *p,*s;
  int j;
  if (i<1||i>ListLength(L))  return ERROR;      //检查 i 值的合理性
  for(p=L->head, j=0;j<i-1;p=p->next,j++);       //寻找第 i-1 个结点
  s=p->next;                                      //用 s 指向将要删除的结点
  *e=s->data;
  p->next=s->next;                                //删除 s 指针所指向的结点
  free(s);
  return OK;
}
```

可见，在已知链表中元素插入或删除的确切位置的情况下，在单链表中插入或删除一个结点时，仅需修改指针而不需要移动元素。

2.3.3　其他形式的链表

1. 循环链表

循环链表(circular linked list)是指链表中最后一个结点的指针域又指回第一个结点的链表。

循环链表是单链表的一种改进形式，它是一个首尾相接的链表。为了使某些操作实现起来更方便，在循环单链表中也设置头结点。如图 2-12(a)所示为循环单链表，图 2-12(b)所示为空循环单链表。循环单链表的特点是，表中最后一个结点的指针域由 NULL 改为指向头结点，整个链表形成一个环。在循环单链表中，从任意结点出发均可找到表中的其他结点。空循环单链表由一个自成循环的头结点表示。类似地，还可以有多重循环链表，表中的每个结点连在多个环上。

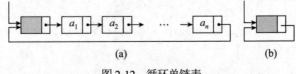

(a)　　　　　　　　　　　　　(b)

图 2-12　循环单链表

实现循环链表的类型定义与实现单链表的类型定义完全类似。它的所有操作也与单链表类

似，只是判断链表结束的条件有所不同。下面是两个循环链表操作的算法示例。

(1) 初始化链表 CL。

```
int InitList(LinkList CL)
{
  CL->head=(*LNode)malloc(sizeof(LNode));
  if (CL->head) {CL->head->next=CL->head; return OK;}  //让 next 域指向它自身
  else  return ERROR;
}
```

(2) 在循环链表 CL 中检索值为 e 的数据元素。

```
LNode *LocateELem(LinkList CL,ElemType e)
{
  LNode *p;
  for (p=CL->head->next;(p!=CL->head)&&(p->data!=e);p=p->next);
  if (p!=CL->head) return p;
    else return NULL;
}
```

某些时候，在循环链表中设立尾指针而不设立头指针，则可使某些操作简化。例如，将两个线性表合并成一个表时，仅需将一个表的表尾和另一个表的表头相接。当线性表以图 2-13(a)所示的循环链表作为存储结构时，合并操作仅需改变两个指针即可，运算时间为 $O(1)$。合并后的表如图 2-13(b)所示。

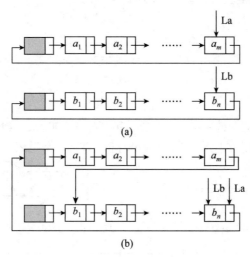

图 2-13 仅设尾指针的循环链表

【例 2-4】有两个带头结点的循环单链表 LA、LB，试编写一个算法，将两个循环单链表合并为一个循环单链表，其头指针仍为 LA。

在合并两个单循环链表时，需要先找到两个链表的尾结点，并分别由指针 p、q 指示，然后将第一个链表的尾结点与第二个链表的第一个结点链接起来，并修改第二个链表的尾结点 *q，使它的指针域指向第一个链表的头结点即可。

```
LinkList Merge_c(LinkList LA, LinkList LB) {
//将两个单循环链表首尾连接
    p=LA;
    q=LB;
    while (p->next!=LA) p=p->next;      //查找表 LA 的表尾，用 p 指示
    while (q->next!=LB) q=q->next;      //查找表 LB 的表尾，用 q 指示
    q->next=LA;                //修改表 LB 尾结点的 next 指针，使其指向表 LA 的头结点
    p->next=LB->next;          //修改表 LA 尾结点的 next 指针，使其指向表 LB 中的第一个结点
    free(LB);
    return(LA);
}
```

上述算法，需遍历链表找表尾，其执行时间为 $O(n)$。若在尾指针表示的循环单链表上实现，则只需要修改指针，无须遍历，其执行时间是 $O(1)$，请读者自行完成该算法。

2. 双向链表

以上讨论的链式存储结构的结点中只有一个指示直接后继的指针域，从某个结点出发只能顺指针往后查找其他结点。若要查找某结点的直接前驱，则须从表头出发查找。也就是说，在单链表中，求后继的执行时间为 $O(1)$，而求前驱的执行时间为 $O(n)$。如果希望从表中快速确定某一个结点的前驱，一个解决方法就是在单链表的每个结点中再增加一个指向其前驱的指针域 prior。这样形成的链表称为双向链表(Double Linked List)。

使用 C 语言实现双向链表的类型定义如下。

```
typedef struct DuLNode {
    ElemType       data;        //数据域
    struct DuLNode *prior;      //指向前驱的指针域
    struct DuLNode *next;       //指向后继的指针域
} DuLNode, *DoubleList;
```

和循环单链表一样，双向链表也可以有循环链表形式。如图 2-14 所示，图 2-14(a)为结点结构，图 2-14(b)为只有头结点的空表，图 2.14(c)为非空双向循环链表。

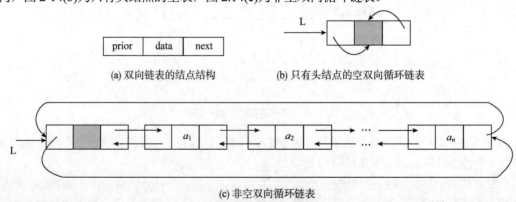

(a) 双向链表的结点结构   (b) 只有头结点的空双向循环链表

(c) 非空双向循环链表

图 2-14　双向循环链表

在双向链表中，若 p 为指向表中某一结点的指针(即 p 为 DoubleList 型变量)，则显然有

$$p->next->prior = p->prior->next = p$$

这个表达式恰当地反映了双向链表结构的特性。

在双向链表中，Length、GetElem 和 Locate 等操作仅需涉及一个方向的指针，它们的实现算法和单链表的操作十分类似，但插入、删除等操作在双向链表中的实现和在单链表中的实现有很大不同，在双向链表中需同时修改两个方向上的指针，如图 2-15 和图 2-16 分别显示了删除和插入操作指针的变化情况。

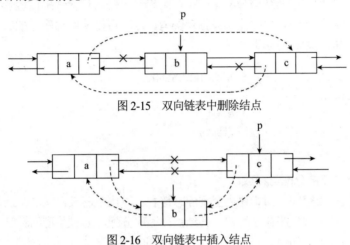

图 2-15　双向链表中删除结点

图 2-16　双向链表中插入结点

双向链表中的删除操作和插入操作的算法如下。注意算法中各语句顺序。

```
int db_Deletelist(DoubleList L,int i, elemtype e)
//在双向链表中删除第 i 个结点
{
    if (!(p=GetElem(L,i))  return FALSE;      //第 i 个元素不存在
    e=p->data;
    p->prior->next=p->next;
    p->next->prior=p->prior;
    free(p);
    return OK;
}
int db_Insertlist (DoubleList L,int i,elemtype e)
//在双向链表中的第 i 个位置上插入一个结点
{
    if (!(p=GetElem(L,i)))  return false;      //第 i 个元素不存在
    if (!(s=(*DuLNode)malloc(sizeof(DuLNode))))  return FALSE;
    s->data=e;
    s->prior=p->prior;p->prior->next=s;
    s->next=p;p->prior=s;
    return OK;
}
```

从上述几种链式结构中可以看出：采用链式存储结构表示线性表，每个元素的存储地址是一个任意的已知地址。所以既可以为链表分配一块连续的存储空间，也可以分配不连续的存储

空间；只要有一组可存储元素的总空间(包括值域和指针域)就可以分配给链表使用，所以链表在空间的利用上是灵活有效的。此外，链式结构在插入与删除上的操作优势也明显高于线性表的顺序存储结构。在实际中，选择线性表存储结构时，要充分考虑问题要处理的各种操作，选择较合适的存储结构。

3. 静态链表

(1) 静态链表的类型定义。

静态单链表是按顺序存储结构分配空间，由用户自己构造和管理工作链表和空闲链表的一种结构。在有些高级程序语言中往往不设指针类型，这时可以使用顺序分配的一维数组来描述单链表结构。其结构类型说明如下。

```
#define MAXSIZE 100          //所需的最大空间量
typedef  struct {
    elemtype  data;          //数据域
    int       cur;           //游标域
}cunit,Seqlinklist[maxsize];
```

(2) 静态链表结点的分配与释放。

首先申请一块连续空间，初始化为空闲静态链表。对比单链表，它的结点是动态分配的，但静态链表本质上是一种顺序存储结构，其结点须顺序分配，通过整型指针链接转化成逻辑上类似单链表的静态链表。如图 2-17 展示了静态链表的存储状态。

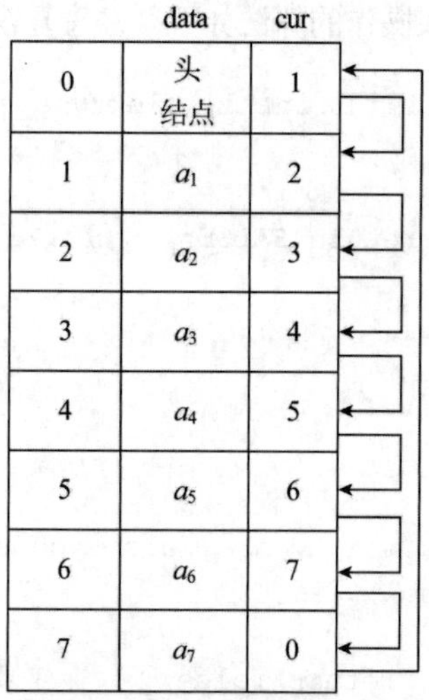

	data	cur
0	头结点	1
1	a_1	2
2	a_2	3
3	a_3	4
4	a_4	5
5	a_5	6
6	a_6	7
7	a_7	0

图 2-17　静态链表结构示意图

初始化算法如下。

```
void  Initspace_SL(Seqlinklist *SL)
{
   for (i=0;i<MAXSIZE-1;++i) SL[i].cur=i+1;
   SL[MAXSIZE-1].cur=0;
}
```

从图 2-17 中可以看出，$SL[0].cur = 1$；指向第一个空闲区域；$SL[1].cur=2$；$SL[2].cur=3$；$SL[3].cur=4$；$SL[4].cur=5$；$SL[5].cur=6$；$SL[6].cur=7$；$SL[7].cur=0$；整个区域被初始化成一个空闲静态链表。

当用户申请一个结点时，则进行空闲链表上的删除运算(把一个结点分配给用户)，以下算法实现把空闲链表中的第一个空闲结点分配给用户。

```
Int distribute_SL(Seqlinklist *SL)
{
   i=SL[0].cur;
   if (SL[0].cur) SL[0].cur=SL[i].cur;
   //若还有空间可分配，则删除第一个空闲结点，并返回它的下标
   return i;
}
```

当工作空间中删除结点时，须执行空闲链表上的回收运算，将被工作空间删除的结点插入空闲链表的表头处，以供用户再次使用。算法如下。

```
void Free_SL(Seqlinklist *SL, int k) {
   //已从工作链中删除结点 k
   SL[k].cur=SL[0].cur;
   SL[0].cur=k;  //在空闲空间链表的表头处插入
}
```

假设 S 为一个静态链表，S 为 Seqlinklist 类型的变量，设 av 为指向工作链表的头结点的游标；$S[0]$为空闲链表的头结点。$S[av].cur$ 指示第一个数据元素在数组中的位置。如图 2-18(a)所示，其中 $av=1$，$S[1].cur = 2$，则占用链表的数据元素序列为 $a_2, a_3, a_5, a_6, a_8, a_9$，最后一个结点的游标为 0。$S[0].cur = 4$，指空闲链表中的第一个可用元素的位置为 4。在图 2-18(a)中删除 a_2、a_5后的结果如图 2-18(b)所示，被删除结点所占的空间依次按表头插入法插入到空闲链表的头结点之后。而后在 a_3 的前面插入 b 后的静态单链表如图 2-18(c)所示。

	data	cur
0		4
1		2
2	a_2	3
3	a_3	5
4		7
5	a_5	6
6	a_6	8
7		0
8	a_8	9
9	a_9	0

$av=1$
$S[0].cur=4$
(a)

	data	cur
0		5
1		3
2		4
3	a_3	6
4		7
5		2
6	a_6	8
7		0
8	a_8	9
9	a_9	0

$av=1$
$S[0].cur=5$
(b)

	data	cur
0		2
1		5
2		4
3	a_3	6
4		7
5	b	3
6	a_6	8
7		0
8	a_8	9
9	a_9	0

$av=1$
$S[0].cur=2$
(c)

图 2-18 静态链表实例

(3) 静态链表的其他运算。

【例2-5】使用静态链表实现集合运算 $(A-B) \bigcup (B-A)$ 。例如，集合 $A = (c, b, e, g, f, d)$ ， $B = (a, b, n, f)$ ，则 $(A-B) \bigcup (B-A)$ 为 (c, e, g, d, a, n) 。

假设由终端输入集合元素，先建立表示集合 A 的静态链表 S，然后在依次输入集合 B 中每个元素时查找 S 表，若 S 中存在和 B 中当前元素相同的元素，则将其从 S 表中删除，否则将此元素插入 S 表中。具体算法如下。

```
void difference(Seqlinklist *SL, int *s) {
  InitSpace_SL(SL);              //初始化空闲链表
  s = distribute_SL(SL);         //从空闲链表中取出一个结点，生成 S 的头结点
  r = s;                         //r 初值指向 S 结点
  scanf(m ,n);                   //输入集合 A 和集合 B 的元素个数
  for (j = 1;j <= m;++j) {       //建立集合 A 的链表
    i = distribute_SL(SL);
    scanf(SL[i].data);           //产生 A 结点并输入 A 元素值
    SL[r].cur = i;r = i;         //插入到表尾
  }
  SL[r].cur = 0;                 //尾结点的指针为空，集合 A 初始化完成
  for (j = 1;j <= n;++j)  {      //输入 B 的元素在表 A 中查找是否存在
    scanf(b);
    p = s;k = SL[s].cur;         //k 指向 A 的第一个结点，p 为前驱
    while (k! = SL[r].cur && SL[k]. data! = b) {
            p = k;k=SL[k].cur;
    }
    if (k==SL[r].cur) {  //当前表中不存在该元素，插入 r 所指结点之后，r 的位置保持不变
      i=distribute_SL(SL);
      SL[i].data=b;
      SL[i].cur=SL[r].cur;
      SL[r].cur=i;
    }
    else {
      SL[p].cur=SL[k].cur;       //该元素在 A 表中，删除
      free_SL(SL, k);
      if (r==k) r=p;             //若删除的是尾元素，则修改尾指针
    }
  }
}
```

注意：r 始终指向集合 A 中最后一个元素的位置，无须移动(除 A 中最后一个元素被删除的情况)。r 位置后面的元素均是源于集合 B 中的元素，必与集合 B 中当前元素不相等，故当前元素不需要与 r 位置之后的元素进行比较。图 2-19 是例 2-5 算法执行的示意图，假设集合 A =(c, b, e, g, f, d)， B =(a, b, n, f)，则如图 2-19(a)所示为输入集合 A 的元素之后生成的链表和备用空间链表的状况，图 2-19(b)所示为逐个输入集合 B 中的元素并在集合 A 生成的链表中依次插入 a、删除 b、插入 n、删除 f 后的状况。

0		8
1		2
2	c	3
3	b	4
4	e	5
5	g	6
6	f	7
7	d	0
8		9
9		10
10		11
11		0

0		6
1		2
2	c	4
3	n	8
4	e	5
5	g	7
6	f	9
7	d	3
8	a	0
9		10
10		11
11		0

(a) 集合 A　　　　　　(b) 集合 $(A-B) \cup (B-A)$

图 2-19　运算前后的静态链表

2.4　线性表实现方法的比较

本节在综合考虑应用中线性表存储数据元素的特点和读写数据的统计特征的基础上，对线性表两种的实现方法(顺序表和链表)进行比较。

2.4.1　顺序表和链表的比较

顺序存储结构具有下列优点。

① 实现方法简单，各种高级语言中都有数组结构，容易实现。

② 不必为表示结点间的逻辑关系而增加额外的存储开销。

③ 可以实现随机存取。

但使用顺序存储结构实现线性表时也有不足。

① 在顺序表中进行插入、删除操作时，平均移动约一半的元素，因此对表长较大的顺序表效率较低。

② 需要预先分配存储空间，若所分配空间过大，则会导致顺序表后部空间大量闲置；预先分配过小，又会造成溢出。

而链表的优缺点恰好与顺序表相反。

在存储密度方面，对线性表的长度或存储规模难以估计时，不宜采用顺序表；链表无须事先估计存储规模，具有一定的灵活性。但链表的存储密度较顺序表低，显然链式存储结构的存储密度小于 1。

在运算的复杂度方面，在顺序表中按位序访问数据元素的时间性能为 $O(1)$，而在链表中按位序访问数据元素的时间性能为 $O(n)$。所以，如果经常进行的运算是按位序访问数据元素，那么显然顺序表优于链表；而在顺序表中进行插入、删除操作时平均要移动表中约一半的数据元素，当线性表较长且数据元素和信息量较大时，移动表中一半数据元素也要花费大量的时间和空间；在链表中进行插入、删除操作时，虽然也需要查找插入的位置，但主要操作是元素之间的比较，显然此时链表优于顺序表。

在实现环境方面，顺序表容易实现，任何高级语言中都有数组类型；链表的操作是基于指针的，语言环境是否提供指针类型，也是用户在实际应用中必须考虑的因素。

因此，顺序表和链表两种存储结构各有优缺，选择哪一种存储结构，通常由实际问题中的主要因素决定。一般情况下"较稳定"的线性表选择顺序存储，而频繁进行插入、删除操作的动态性较强的线性表宜选择链式存储。在考虑针对某一具体问题使用线性表的哪种存储结构时，应具体分析、找准定位、全面考虑，将存储结构价值最大化。

2.4.2 线性链表定义的改进

从上面的讨论中可知，由于链表在空间的合理利用及插入、删除时不需要大量移动结点等优点，在很多场合下，它是线性表的常用的存储结构。然而，它也存在着实现某些基本操作，如求线性表的长度时不如顺序存储结构的弱项。另外，在链表中，结点之间的关系用指针来表示，所以数据元素在链表中的"位序"的概念已淡化，相应地被数据元素在链表中的"位置"所代替。由此，可以从实际应用角度出发，可重新定义线性链表及其基本操作。

带头结点的线性链表类型定义如下。

```
typedef struct LNode {      //结点类型
     ElemType data;
     struct LNode *next;
}*Link, *Position;
typedef struct {            //链表类型
     Link head, tail;    //分别指向线性链表中的头结点和最后一个结点
     int len;             //指示线性链表中数据元素的个数
}LinkList;
    Status MakeNode( Link &p, ElemType e );
        //分配由 p 指向的值为 e 的结点，并返回 OK;若分配失败，则返回 ERROR
    void FreeNode( Link &p );
        //释放 p 所指的结点空间
    Status InitList( LinkList &L );
        //构造一个空的线性链表 L
    Status DestroyList( LinkList &L );
        //销毁线性链表 L, L 不再存在
    Status ClearList( LinkList &L );
        //将线性链表 L 重置为空表，并释放原链表的结点空间
    Status InsFirst( Link h, Link s );
        //已知 h 指向线性链表的头结点，将 s 所指结点插入第个结点之前
```

```
Status DelFirst( Link h, Link &q );
    //已知 h 指向线性链表的头结点，删除链表中的第一个结点并以 q 返回
Status Append ( LinkList &L, Link s );
    //将指针 s 所指(彼此以指针相链)的串结点链接在线性链表 L 的最后一个结点之
    //后，并改变链表 L 的尾指针使其指向新的尾结点
Status Remove ( LinkList &L, Link &q );
    //删除线性链表 L 中的尾结点并以 q 返回，改变链表 L 的尾指针使其指向新的尾结点
Status InsBefore( LinkList &L, Link &p, Link s );
    //已知 p 指向线性链表 L 中的一个结点，将 s 所指结点插入 p 所指结点之前
    //并修改指针 p 指向新插入的结点
Status InsAfter ( LinkList &L, Link &p, Link s );
    //已知 p 指向线性链表 L 中的一个结点，将 s 所指结点插入在 p 所指结点之后
    //并修改指针 P 指向新插入的结点
Status SetCurElem ( Link &p, ElemType e);
    //已知 p 指向线性链表中的一个结点，用 e 更新 p 所指结点中数据元素的值
ElemType GetCurElem(Link p);
    //已知 p 指向线性链表中的一个结点，返回 p 所指结点中数据元素的值
Status ListEmpty ( LinkList L );
    //若线性链表 L 为空表，则返回 TRUE，否则返回 FALSE
int ListLength( LinkList L );
    //返回线性链表 L 中的元素个数
Position GetHead ( LinkList L );
    //返回线性链表 L 中头结点的位置
Position GetLast ( LinkList L );
    //返回线性链表 L 中最后一个结点的位置
Position PriorPos( LinkList L,Link P );
    //已知 p 指向线性链表 L 中的一个结点，返回 p 所指结点的直接前驱的位置
    //若无前驱，则返回 NULL
Position NextPos ( LinkList L,Link p );
    //已知 p 指向线性链表 L 中的一个结点，返回 p 所指结点的直接后继的位置
    //若无后继，则返回 NULL
Status LocatePos ( LinkList L,int i, Link & p ) ;
    //返回 p 指向线性链表 L 中第 i 个结点的位置并返回 OK，i 值不合法时返回 ERROR
Position LocateElem (LinkList L, ElemType e, Status ( * compare) (ElemTy
pe, ElemtType));
    //返回线性链表 L 中第 1 个与 e 满足函数 compare()判定关系的元素的位置
    //若不存在这样的元素，则返回 NULL
Status ListTraverse(LinkList L, Status ( * visit)() );
    //依次对 L 中的每个元素调用函数 visit()。一旦 visit()失败，则操作失败
```

2.5 一元多项式的表示及相加

符号多项式的操作，已经成为表处理的典型用例。在数学上，一个一元多项式 $P_n(x)$ 可按升幂写成：

$$P_n(x) = p_0 + p_1 x + p_2 x^2 + \ldots + p_n x^n$$

它由 $n+1$ 个系数唯一确定。因此，在计算机里，可用一个线性表 P 来表示：

$$P = (p_0, \; p_1, \; p_2, \ldots, \; p_n)$$

每一项的指数 i 隐含在其系数 p_i 的序号里。

假设 $Q_m(x)$ 是一元 m 次多项式，同样可用线性表 Q 来表示：

$$Q = (q_0, \; q_1, \; q_2, \ldots, \; q_m)$$

不失一般性，设 $m<n$，则两个多项式相加的结果 $R_n(x)=P_n(x)+Q_m(x)$ 可用线性表 R 表示：

$$R = (p_0+q_0, \; p_1+q_1, \; p_2+q_2, \ldots, \; p_m+q_m, \; p_{m+1}, \ldots, \; p_n)$$

显然，可以对 P、Q 和 R 采用顺序存储结构，使得多项式相加的算法定义十分简洁。至此，一元多项式的表示及相加问题似乎已经解决了。然而，在通常的应用中，多项式的次数可能很高且变化很大，使得顺序存储结构的最大长度很难确定。特别是在处理形如

$$S(x) = 1 + 3x^{10000} + 2x^{20000}$$

的多项式时，就要用一长度为 20001 的线性表来表示，表中仅有 3 个非零元素，这种对内存空间的浪费是应当避免的，但是如果只存储非零系数项则显然必须同时存储相应的指数。

一般情况下的一元 n 次多项式可写成

$$P_n(x)= p_1 x^{e_1}+p_2 x^{e_2}+\cdots+p_m x^m$$

其中 p_i 是指数为 e_i 的项的非零系数，且满足

$$0 \leq e_1 < e_2 < \cdots < e_m = n$$

若用一个长度为 m 且每个元素有两个数据项(系数项和指数项)的线性表

$$((p_1, \; e_1),((p_2, \; e_2),\ldots,(p_m, \; e_m))$$

便可唯一确定多项式 $P_n(x)$。在最坏情况下，$n+1(=m)$ 个系数都不为零，则比只存储每项系数的方案要多存储一倍的数据。但是，对于 $S(x)$ 类的多项式，这种表示将大大节省空间。

对应于线性表的两种存储结构，由 $((p_1, \; e_1),((p_2, \; e_2),\ldots,(p_m, \; e_m))$ 定义的一元多项式也可以有两种存储表示方法。在实际的应用程序中选用哪一种，则要视多项式作何种运算而定。若只对多项式进行"求值"等不改变多项式的系数和指数的运算，则采用类似于顺序表的顺序存储结构即可，否则应采用链式存储表示。本节将主要讨论如何利用线性链表的基本操作来实现

一元多项式的运算。

抽象数据类型一元多项式的定义如下。

```
ADT Polynomial {
数据对象: D={a_i|a_i∈TermSet,i=1,2,…,m,m≥0
          TermSet 中的每个元素包含一个表示系数的实数和表示指数的整数}
数据关系: R1={<a_{i-1},a_i>|a_{i-1},a_i∈D 且 a_{i-1}中的指数值<a_i中的指数值,i=2,…,n}
基本操作:
    CreatPolyn(&P,m)
  操作结果: 输入 m 项的系数和指数, 建立一元多项式 P。
    DestroyPolyn(&P)
  初始条件: 一元多项式 P 已存在。
  操作结果: 销毁一元多项式 P。
    PrintPolyn(P)
  初始条件: 一元多项式 P 已存在。
  操作结果: 输出一元多项式 P。
    PolynLength(P)
  初始条件: 一元多项式 P 已存在。
  操作结果: 返回一元多项式 P 中的项数。
    AddPolyn(&Pa,&Pb)
  初始条件: 一元多项式 Pa 和 Pb 已存在。
  操作结果: 完成多项式相加运算, 即 Pa=Pa+Pb, 并销毁一元多项式 Pb。
    SubtractPolyn(&Pa,&Pb)
  初始条件: 一元多项式 Pa 和 Pb 已存在。
  操作结果: 完成多项式相减运算, 即 Pa=Pa-Pb, 并销毁一元多项式 Pb。
    MultiplyPolyn(&Pa,&Pb)
  初始条件: 一元多项式 Pa 和 Pb 已存在。
  操作结果: 完成多项式相乘运算, 即 Pa=Pa×Pb, 并销毁一元多项式 Pb。
}ADT Polynomial
```

实现上述定义的一元多项式, 显然应采用链式存储结构。例如, 图 2-20 中的两个线性链表分别表示一元多项式 $A_{17}(x)=7+3x+9x^8+5x^{17}$ 和一元多项式 $B_8(x)=8x+22x^7-9x^8$。从图中可见, 每个结点表示多项式中的一项。

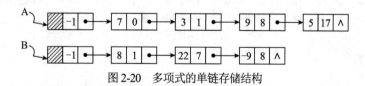

图 2-20　多项式的单链存储结构

如何实现用这种线性链表表示的多相式的加法运算?

根据一元多项式相加的运算规则: 对于两个一元多项式中所有指数相同的项, 对应系数相加, 若其和不为零, 则构成"和多项式"中的一项; 对于两个一元多项式中所有指数不相同的项，则分别复制到"和多项式"中去。

在此，按照上述抽象数据类型 Polynomial 中基本操作的定义，"和多项式"链表中的结点无须另生成，分别从两个多项式的链表中摘取即可。其运算规则如下：假设指针 qa 和 qb 分别指向多项式 A 和多项式 B 中当前进行比较的某个结点，则比较两个结点中的指数项，有下列 3 种情况：

① 指针 qa 所指结点的指数值<指针 qb 所指结点的指数值，则应摘取指针 qa 所指结点插入到"和多项式"链表中去；

② 指针 qa 所指结点的指数值>指针 qb 所指结点的指数值，则应摘取指针 qb 所指结点插入到"和多项式"链表中去；

③ 指针 qa 所指结点的指数值=指针 qb 所指结点的指数值，则将两个结点中的系数相加，若和数不为零，则修改 qa 所指结点的系数值，同时释放 qb 所指结点；反之，从多项式 A 的链表中删除相应结点，并释放指针 qa 和 qb 所指结点。

例如，由图 2-20 中的两个链表表示的多项式相加得到的"和多项式"链表如图 2-21 所示，图中的长方框表示已被释放的结点。

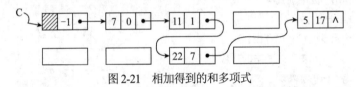

图 2-21 相加得到的和多项式

上述多项式的相加过程和上一节讨论的归并两个有序表的过程极其类似，不同之处仅在于，后者在比较数据元素时只出现两种情况。因此，多项式相加的过程也完全可以利用线性链表的基本操作来完成。

需要说明的是，前述定义的线性链表类型适用于一般的线性表，而表示一元多项式的应该是有序链表。有序链表的基本操作定义与线性链表有两处不同，一是 LocateElem 的职能不同，二是需增加按有序关系进行插入的操作 OrderInsert，现说明如下：

```
Status LocateElem(LinkList L,ElenType e,Position &q,
                                   int(*compare)(ElemType,ElemType));
//若有序链表 L 中存在与 e 满足判定函数 compare()取值为 0 的元素，则 q 指示 L 中
//第一个值为 e 的结点的位置，并返回 TRUE；否则 q 指示第一个与 e 满足判定函数
//compare()取值>0 的元素的前驱的位置，并返回 FALSE
Status OrderInsert (LinkList &L, ElemType e, int(*compare)(ElemType, ElemType));
//按有序判定函数 compare()的约定，将值为 e 的结点插入有序链表 L 的适当位置
typedef struct {          //项的表示，多项式的项作为 LinkList 的数据元素
  float coef;             //系数
  int expn:               //指数
}term,ElemType;          //term 用于本 ADT，ElemType 为 LinkList 的数据对象名
typedef LinkList polynomial;  //用带表头结点的有序链表表示多项式

//----基本操作的函数原型说明-----
```

```
void CreatPolyn (polynomail &P,int m);
    //输入 m 项的系数和指数，建立表示一元多项式的有序链表 P
void DestroyPolyn(polynomail &P);
    //销毁一元多项式 P
void PrintPolyn(polynomail P);
    //输出一元多项式 P
int PolynLength(polynomail P);
    //返回一元多项式 P 中的项数
void AddPolyn(polynomail &Pa,polynomail &Pb);
    //完成多项式相加运算，即 Pa=Pa+Pb，并销毁一元多项式 Pb
void SubtractPolyn(polynomail &Pa,polynomail &Pb);
    //完成多项式相减运算，即 Pa=Pa-Pb，并销毁一元多项式 Pb
void MultiplyPolyn(polynomail &Pa,polynomail &Pb);
    //完成多项式相乘运算，即 Pa=Pa×Pb，并销毁一元多项式 Pb


    //-----基本操作的算法描述(部分)-----
int cmp(term a,term b);
    //依 a 的指数值<(或=、或>)b 的指数值，分别返回-1、0 和+1
void CreatPolyn(polynomail &P,int m){
    //输入 m 项的系数和指数，建立表示一元多项式的有序链表 P
    InitList(P);
    h = GetHead(P);
    e.coef = 0.0; e.expn = -1; SetCurElem(h,e);        //设置头结点的数据元素
    for(i=1;i<=m;++i){                                  //依次输入 m 个非零项
       scanf(e.coef,e. expn);
       if(!LocateElem (P,e,q, (*cmp) ())){              //当前链表中不存在该指数项
         if(MakeNode(s,e))InsFirst(q,s);               //生成结点并插入链表
       }
    }
} //CreatPolyn


void AddPolyn (polynomial &Pa, polynomial &Pb) {
    //多项式加法：Pa=Pa+Pb,构成"和多项式"
    ha=GetHead(Pa);hb=GetHead(Pb);                     //ha 和 hb 分别指向 Pa 和 Pb 的头结点
    qa=NextPos(ha);qb=NextPos(hb);                     //qa 和 qb 分别指向 Pa 和 Pb 中的当前结点
    while(!Empty(Pa)&& !Empty(Pb)) {                   //Pa 和 Pb 均非空
       a=GetCurElem(qa);
       b=GetCurElem(qb);
       //a 和 b 为两个表中的当前比较元素
       switch(*cmp(a,b)) {
          case -1:                                      //多项式 Pa 中当前结点的指数值小
             ha=qa; qa=NextPos(Pa,qa); break;
```

```
        case 0:                              //两者的指数值相等
            sum = a.coef +b.coef;
            if(sum != 0.0) {                 //修改多项式 Pa 中当前结点的系数值
                SetCurElem (qa,sum); ha=qa;
            }
            else {                           //删除多项式 Pa 中的当前结点
                DelFirst(ha,qa); FreeNode(qa);
            }
            DelFirst(hb,qb); FreeNode(qb);
            qb = NextPos(Pb,hb);qa = NextPos(Pa,ha);break;
        case 1:                              //多项式 Pb 中当前结点的指数值小
            DelFirst(hb,qb); InsFirst(ha,qb);qb = NextPos(Pb,hb); break;
    } //switch
} //while
if (!Empty(Pb)) Append(Pa,qb);              //链接 Pb 中的剩余结点
FreeNode(hb);                               //释放 Pb 的头结点
}//AddPolyn
```

2.6 习题

一、选择题

1. 下列关于线性表的说法中，错误的是(　　)。
   A. 一个线性表是 n 个数据元素的有限序列
   B. 同一线性表中的所有数据元素同构
   C. 只有一个数据元素且为空格的线性表称为"空表"
   D. 相邻数据元素之间存在序偶关系

2. 对于线性表 $L = (a_1, a_2, \cdots, a_n)$，下列说法中正确的是(　　)。
   A. 每个元素都有一个直接前驱和一个直接后继
   B. 线性表中至少有一个元素
   C. 表中诸元素的排列必须是由小到大或由大到小
   D. 除第一个和最后一个元素外，其余每个元素都有一个且仅有一个直接前驱和直接后继

3. 对于顺序存储的长度为 N 的线性表，访问结点和增加结点的时间复杂度为(　　)。
   A. $O(N)$和$O(N)$　　　B. $O(N)$和$O(1)$　　　C. $O(1)$和$O(N)$　　　D. $O(1)$和$O(1)$

4. 若长度为 n 的线性表采用顺序存储结构，那么删除它的第 i 个数据元素之前，需要它依次向前移动(　　)个数据元素。
   A. $n-i-1$　　　　B. $n+i$　　　　C. $n-i+1$　　　　D. $n-i$

5. 在有 N 个结点的顺序表中，算法的时间复杂度为 $O(1)$ 的操作是( )。

A. 在第 i 个结点后插入一个新结点($1 \leq i \leq N$)

B. 将 N 个结点从小到大排序

C. 删除第 i 个结点($1 \leq i \leq N$)

D. 访问第 i 个结点($1 \leq i \leq N$)和求第 i 个结点的直接前驱($2 \leq i \leq N$)

6. 对于顺序存储的线性表，其算法的时间复杂度为 $O(1)$ 的运算应该是( )。

A. 将 n 个元素从小到大排序　　　　　B. 删除第 i 个元素($1 < i < n$)

C. 改变第 i 个元素的值($1 \leq i \leq n$)　　D. 在第 i 个元素后插入一个新元素($1 \leq i \leq n$)

7. 顺序表中第一个元素的存储地址是 100，每个元素的长度为 2，则第 5 个元素的地址是( )。

A. 110　　　　　B. 108　　　　　C. 100　　　　　D. 120

8. 对于一个线性表，既要求能够进行较快速地插入和删除，又要求存储结构能表示数据之间的逻辑关系，则应该用( )。

A. 顺序存储方式　　　　　　　　B. 链式存储方式

C. 散列存储方式　　　　　　　　D. 以上均可以

9. 链表不具有的特点是( )。

A. 插入、删除不需要移动元素　　　B. 可随机访问任一元素

C. 不必事先估计存储空间　　　　　D. 所需空间与表长成正比

10. 静态链表中指针表示的是( )。

A. 内存地址　　　B. 数组下标　　　C. 下一元素地址　　　D. 左、右孩子地址

11. 需要分配较大的空间，插入和删除不需要移动元素的线性表，其存储结构为( )。

A.单链表　　　　B. 静态链表　　　C. 顺序表　　　　　D. 双向链表

12. 下列关于线性表的顺序存储结构和链式存储结构的描述中，正确的是( )。

① 线性表的顺序存储结构优于其链式存储结构

② 链式存储结构比顺序存储结构能更方便地表示各种逻辑结构

③ 如果频繁进行插入和删除结点操作，则顺序存储结构更优于链式存储结构

④ 顺序存储结构和链式存储结构都可以进行顺序存取

A. ①②③　　　　B. ②④　　　　C. ②③　　　　D. ③④

13. 对于一个线性表，既要求能够进行较快速的插入和删除操作，又要求存储结构能反映数据之间的逻辑关系，则应该用( )。

A. 顺序存储方式　　　　　　　　B. 链式存储方式

C. 散列存储方式　　　　　　　　D. 以上均可以

14. 下列关于线性表的说法中，正确的是( )。

① 顺序存储方式只能用于存储线性结构

② 取线性表的第 i 个元素的时间同 i 的大小有关

③ 静态链表需要分配较大的连续空间，插入和删除不需要移动元素

④ 在一个长度为 n 的有序单链表中插入一个新结点并仍保持有序的时间复杂度为 $O(n)$

⑤ 若用单链表来表示队列，则应该选用带尾指针的循环链表

A. ①②
B. ①③④⑤
C. ④⑤
D. ③④⑤

15. 假设线性表中有 $2n$ 个元素，则(　　)在单链表上实现的效率要比在顺序表上实现的效率更高。

A. 删除所有值为 x 的元素

B. 在最后一个元素的后面插入一个新元素

C. 顺序输出前 k 个元素

D. 交换第 i 个元素和第 $2n-i-1$ 个元素的值($i=0,\cdots,n-1$)

16. 在一个单链表中，已知 q 所指结点是 p 所指结点的前驱结点，若在 q 和 p 之间插入结点 s，则执行(　　)。

A. s->next=p->next；p->next=s；
B. p->next=s->next；s->next=p；
C. q->next=s；s->next=p；
D. p->next=s；s->next=q；

17. 给定有 n 个元素的一维数组，建立一个有序单链表的最低时间复杂度是(　　)。

A. $O(1)$　　B. $O(n)$　　C. $O(n^2)$　　D. $O(n\log_2 n)$

18. 将长度为 n 的单链表链接在长度为 m 的单链表后面，其算法的时间为(　　)。

A. $O(1)$　　B. $O(n)$　　C. $O(m)$　　D. $O(m+n)$

19. 单链表中，增加一个头结点的目的是(　　)。

A. 使单链表至少有一个结点
B. 标识表结点中首结点的位置
C. 方便运算的实现
D. 说明单链表是线性表的链式存储

20. 在一个长度为 n 的带头结点的单链表 h 上，设有尾指针 r，则执行(　　)操作与链表的表长有关。

A. 删除单链表中的第一个元素

B. 删除单链表中的最后一个元素

C. 在单链表第一个元素前插入一个新元素

D. 在单链表最后一个元素后插入一个新元素

21. 对于一个头指针为 head 的带头结点的单链表，判定该表为空表的条件是(　　)；对于不带头结点的单链表，判定该表为空表的条件是(　　)。

A. head==NULL
B. head->next=NULL
C. head->next==head
D. head!=NULL

22. 在一个以 h 为头指针的单循环链表中，p 指针指向链尾的条件是(　　)。

A. p->next= h
B. p->next= NIL
C. p->data= -1
D. p->next->next= h

23. 下列关于线性表的说法中，正确的是(　　)。

A. 对一个设有头指针和尾指针的单链表执行删除最后一个元素的操作与链表长度无关

B. 线性表中每个元素都有一个直接前驱和一个直接后继

C. 为了方便进行插入和删除数据操作，可以使用双向链表存放数据

D. 取线性表第 i 个元素的时间同 i 的大小有关

24. 若某线性表中最常见的操作是在最后一个元素之后插入一个元素和删除第一个元素，则采用( )存储方式最省时间。

    A. 单链表   B. 仅有头指针的单循环链表

    C. 双向链表   D. 仅有尾指针的单循环链表

25. 在双向链表中，在 p 所指的结点之前插入一个结点 q 的操作为( )。

    A. p->prior=q；q->next=p；p->prior->next=q；q->prior=p->prior；

    B. q->prior=p->prior；p->prior->next=q；q->next=p；p->prior=q->next；

    C. q->next=p；p->next=q；q->prior->next=q；q->next=p；

    D. p->prior->next=q；q->next=p；q->prior=p->prior；p->prior=q；

26. 在双向链表的存储结构中，删除 p 所指的结点时必须修改指针( )。

    A. p->prior->next=p->next；p->next->prior=p->prior；

    B. p->prior=p->prior->prior；p->prior->next=p；

    C. p->next->prior=p；p->next = p->next->next；

    D. p->next=p->prior->prior；p->prior=p->next->next；

27. 在长度为 n 的有序单链表中插入一个新结点，并仍然保持有序的时间复杂度是( )。

    A. $O(1)$ B. $O(n)$ C. $O(n^2)$ D. $O(n\log_2 n)$

28. 与单链表相比，双向链表的优点之一是( )。

    A. 插入、删除操作更方便   B. 可以进行随机访问

    C. 可以省略表头指针或表尾指针   D. 访问前后相邻的结点更灵活

29. 带头结点的双循环链表 L 为空的条件是( )。

    A. L->prior==L&&L->next==NULL

    B. L->prior==NULL&&L->next==NULL

    C. L->prior==NULL&&L->next==L

    D. L->prior==L&&L->next==L

30. 一个链表最常用的操作是在末尾插入结点和删除结点，则选用( )最节省时间。

    A. 带头结点的双循环链表   B. 单循环链表

    C. 带尾指针的单循环链表   D. 单链表

31. 对于只在表的首尾两端进行插入操作的线性表，宜采用的存储结构为( )。

    A. 单链表

    B. 用头指针表示的单循环链表

    C. 用尾指针表示的单循环链表

    D. 顺序表

32. 设对 $n(n>1)$ 个元素的线性表的运算只有 4 种：删除第一个元素；删除最后一个元素；在第一个元素之前插入新元素；在最后一个元素之后插入新元素，则最好使用( )。

    A. 只有尾结点指针没有头结点指针的循环单链表

    B. 只有尾结点指针没有头结点指针的非循环双链表

    C. 只有头结点指针没有尾结点指针的循环双链表

    D. 既有头结点指针也有尾结点指针的循环单链表

二、填空题

1. 当线性表的元素总数基本稳定，且很少进行插入和删除操作，但要求以最快的速度存取线性表中的元素时，应采用_____存储结构。

2. 线性表 L=$(a_1, a_2, \cdots, a_n)$ 用数组表示，假定删除表中任一元素的概率相同，则删除一个元素平均需要移动元素的个数是_____。

3. 在双向链表结构中，若要求在 p 指针所指的结点之前插入指针为 s 所指的结点，则需执行下列语句：

s->next=p; s->prior=_____;p->prior=s; _____ =s;

三、综合应用题

1. 设计一个递归算法，删除不带头结点的单链表 L 中所有值为 x 的结点。

2. 设 L 为带头结点的单链表，编写算法实现从尾到头反向输出每个结点的值。

3. 试编写算法将带头结点的单链表就地逆置，所谓"就地"是指空间复杂度为 $O(1)$。

4. 有一个带头结点的单链表 L，设计一个算法使其元素递增有序。

5. 将一个带头结点的单链表 A 分解为两个带头结点的单链表 A 和 B，使 A 表中含有原表中序号为奇数的元素，而 B 表中含有原表中序号为偶数的元素，且保持其相对顺序不变。

6. 在一个非递减有序的线性表中，有数值相同的元素存在。若存储方式为单链表，设计算法去掉数值相同的元素，使表中不再有重复的元素，如(7, 10, 10, 21, 30, 42, 42, 42, 51, 70)处理为(7, 10, 21, 30, 42, 51, 70)。

第3章　栈

栈是一种重要的线性结构。从数据结构角度来看，栈也是线性表。它是操作受限的线性表，操作限制在于栈的基本操作是线性表操作的子集。因此栈可称为限定性的数据结构。从数据类型角度看，栈是和线性表大不相同的抽象数据类型。栈广泛应用在各种实际场景及软件系统中。本章除讨论栈的定义、表示方法和实现外，还给出一些栈应用的实例。

3.1　栈的定义

3.1.1　栈的特点及定义

相对于一般的线性表，栈的一些操作在定义上做了一些限制。在操作上最典型的限制是对插入和删除操作的不同处理。在一般的线性表中，插入数据元素的合法位置是第 1 到第 $n+1$ 个位置，而删除一个数据元素的合法位置是第 1 到第 n 个位置，如果对插入位置限定为，只允许在第 $n+1$ 个位置，也就是表中所有数据元素之后进行插入操作，对删除位置也做一个限定为，只允许在第 n 个位置上进行删除操作，即删除操作只能删除表中的最后一个元素，那么做了这些限制的线性表，称为栈。

栈是限定仅在表尾进行插入或删除操作的线性表，表尾定义为栈顶，表头定义为栈底。插入操作称为入栈或进栈，删除操作称为出栈或退栈。不含元素的空表称空栈。栈的操作遵循先进后出(first in last out，FILO)或后进先出(last in first out，LIFO)的原则，如栈中的元素按照 $a_1, a_2, \cdots, a_n$ 的次序进栈，则出栈的第一个元素应为栈顶元素 a_n，如图 3-1(a)所示。

栈结构广泛地应用各种实际场景及软件系统中。如图 3-1(b)所示，日常洗碗过程中多个碗叠加，放碗及取碗时的操作就符合栈操作 FILO 的特点。栈在软件系统中的应用非常广泛，详见本章 3.3 节。

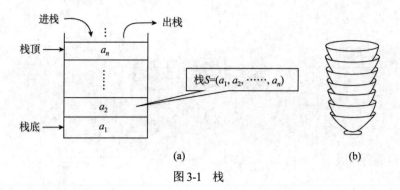

图 3-1　栈

3.1.2　栈的抽象数据类型定义

栈的基本操作，除在栈顶进行插入或删除操作外，还有栈的初始化、判空及取栈顶元素操作等。下面给出栈的抽象数据类型定义。

```
ADT Stack {
    数据对象: D={a_i|a_i∈ElemSet,i=1,2,…,n,n≥0}
    数据关系: R_1={<a_{i-1},a_i>|<a_{i-1},a_i∈D,i=1,2,…,n}
        约定 a_n 端为栈顶，a_1 端为栈底。
    基本操作:
    InitStack(&S)
    操作结果: 构造一个空栈 S。
    DestroyStack(&S)
    初始条件: 栈 S 已存在
    操作结果: 栈 S 被销毁。
    StackLength(S)
    初始条件: 栈 S 已存在。
    操作结果: 返回 S 中元素的个数，即栈的长度。
    StackEmpty(s)
    初始条件: 栈 S 已存在。
    操作结果: 若栈 S 为空栈，则返回 TRUE，否则 FALE。
    GetTop(S, &e)
    初始条件: 栈 S 已存在且非空。
    操作结果: 用 e 返回 S 的栈顶元素。
    ClearStack(&S)
    初始条件: 栈 S 已存在。
    操作结果: 将 S 清为空栈。
    Push(&S, e)
    初始条件: 栈 S 已存在。
    操作结果: 插入元素 e 为新的栈顶元素。
    Pop(&S, &e)
    初始条件: 栈 S 已存在且非空。
    操作结果: 删除 S 的栈顶元素，并用 e 返回其值。
} ADT Stack
```

3.2 栈的存储表示及实现

和线性表类似，栈也有两种存储表示方法。采用顺序存储结构的栈称为顺序栈，采用链式存储结构的栈称为链栈。下面详细介绍顺序栈及链栈的类型定义与典型操作。

3.2.1 栈的顺序存储表示

顺序栈即栈的顺序存储，类似于线性表的顺序映像，利用一组地址连续的存储单元依次存放自栈底到栈顶的数据元素。顺序栈附设指向表尾的指针 top，指示栈顶元素在顺序栈中的位置，称为栈顶指针。连续存储单元的基址用指针 base 指示，称为栈底指针。通常以下面的类型说明定义顺序栈。

```
#define STACK_INIT_SIZE 100;
#define STACKINCKEMENT 10;
typedef struct {
  SElemType *base;
  SElemType *top;
  int stacksize;          //当前可使用的最大容量
} SqStack;
```

其中，STACK_INIT_SIZE 为存储空间的初始分配量，STACKINCKEMENT 为存储空间每次的分配增量。初始时 top 指向栈底，即 top=base，此条件也可以作为判栈空的条件。在实际使用中，top 始终指向栈顶元素的下一个位置，有新元素入栈(插入新的栈顶元素)时 top 值增加 1，有元素出栈(删除栈顶元素)时 top 值减少 1。如图 3-2 所示为数据元素和栈顶指针 top 的关系。

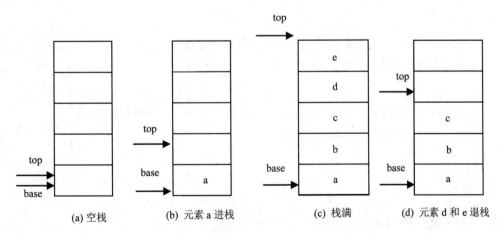

图 3-2 数据元素和栈顶指针 top 的关系

以下是顺序栈 3 个重要操作的实现算法。

1. 初始化栈

在栈初始化的过程中，首先为元素申请空间，然后令 *S*.top=*S*.base，将栈初始化为空栈，再为栈设定容量。

```
Status InitStack(SqStack &S){    //构造一个空栈
S.base=(SElemType *)malloc(STACK_INIT_SIZE *sizeof(SElemType));
if(!S.base) exit(OVERFLOW);
S.top=S.base;
S.stacksize= STACK_INIT_SIZE;
return OK;
} //InitStack
```

2. 进栈

从前面的分析可知，元素进栈时都是从栈顶位置插入的，因此新进栈的元素为新的栈顶元素。如果在元素进栈前栈已满，则可追加空间以存储新的栈顶元素。

```
Status Push(SqStack &S, SelemType &e){
 //插入元素 e 为新的栈顶元素
if(S.top-S.base>=S.stacksize){      //栈满，追加栈空间
S.base=(SElemType*)realloc(S.base,(S.stacksize+STACKINCREMENT) *sizeof(SElemType));
if(!S.base) exit(OVERFLOW);
S.top=S.base+S.stacksize;
S.stacksize+=STACKINCREMENT;
}
*S.top++ = e;
return OK;
} //Push
```

3. 出栈

在元素出栈之前，先要判断栈是否非空，如果栈为空栈，则返回 ERROR；如果栈非空，则返回栈顶元素的元素值，并删除该元素。

```
Status Pop(SqStack &S,SElemType &e){
 //若栈不为空，则删除 S 的栈顶元素，用 e 返回其值，并返回 OK, 否则返回 ERROR
 if(S.top==S.base) return ERROR;
 e= *--S.top;
 return OK;
} //Pop
```

3.2.2 栈的链式存储表示

采用链式存储结构的栈称为链栈。链栈是一种特殊的单链表。与单链表的不同之处在于，为方便操作，它的插入和删除操作均在链栈的表头进行。链栈的优点是不会产生栈满溢出的情

况。如图 3-3 所示为栈顶结点为 *top 的链栈，最后一个结点为栈底结点。

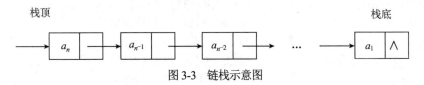

图 3-3 链栈示意图

链栈中结点的类型 LSNode 定义如下。

```
typedef struct {
    SELemType  data;
    struct LSNode *link;
} LSNode;
```

除插入、删除位置不同之外，栈的操作是线性表操作的特例，所以链栈的各种操作可参照第二章链表部分内容，在此不再重述。

3.3 栈的应用

由于栈结构具有后进先出的特点，栈成为了解决很多实际问题中常用的工具。本节介绍栈应用的几个实例。

3.3.1 数制转换

十进制数 N 和其他 d 进制数之间的转换是很多实际应用中的基本问题，解决算法可基于下列原理：

$$N=(N \text{ div } d)\times d + N \bmod d$$

其中，div 为整除运算，mod 为求余运算。例如，$(1348)_{10}=(2504)_8$，其运算过程如下。

	N	N div 8	N mod 8	
计	1348	168	4	↑输
算	168	21	0	出
顺	21	2	5	顺
序↓	2	0	2	序

将最右侧结果从下往上倒序输出即为转换结果：$(2504)_8$。在计算过程中，每步骤得出一个余数，但最终输出的顺序和计算顺序是相反的，即最早得出的结果最后输出。利用栈先进后出的特点，把每步骤得到的结果入栈计算结束时，依次出栈，完成数制转换，如图 3-4 所示。数制转换的具体算法如下。

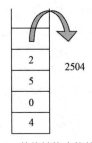

图 3-4 数值转换中栈的应用

```
void conversion() {
    InitStack(S);                    //先初始化栈 S
    scanf ("%d",N);                  //然后输入要转换的十进制数 N
    while (N) {                      //当 N 不等于零时
      Push(S, N % 8);               //把 N 整除 8 的余数压入栈 S 中
      N = N / 8;                    //用 N 整除 8 的商代替 N
    } //一直循环，直到 N=0 为止，退出循环
      //此时计算过程结束，下面进行输出
    while (!StackEmpty(S)) {        //当栈 S 非空时
      Pop(S,e);                     //每次栈顶元素出栈
      printf ( "%d", e );           //输出当前栈顶元素
    }                               //当出栈至栈空时，输出过程结束
} //conversion
```

3.3.2　括号匹配的检验

假设在表达式中，只有两种括号：圆括号和方括号，即()和[ ]，嵌套顺序随意，如([ ]()([ ]))、[([ ][ ])]等为正确的格式，[(])或([( ))或(( )]均为不正确的格式。

考虑下列括号序列：

[　(　[　] 　[　] 　) 　]
1 　2 　3 　4 　5 　6 　7 　8

当计算机接受了第一个括号后，它期待着与其匹配的第八个括号的出现，然而等来的却是第二个括号，此时第一个括号"["只能暂时靠边，而迫切等待与第二个括号相匹配的、第七个括号")"的出现，类似地，因等来的是第三个括号"["，其期待匹配的程度较第二个括号更急迫，则第二个括号也只能靠边，让位于第三个括号，显然第二个括号的期待急迫性高于第一个括号；在接受了第四个括号之后，第三个括号的期待得到满足，消解之后，第二个括号的期待匹配就成为当前最急迫的任务了，……，依次类推。可见，这个处理过程恰与栈的特点相吻合。

分析可能出现不匹配的情况，如考虑下列括号序列：[( ]]、[( )]]、[( )，分析可得出现不匹配的三种情形：

① 到来的右括号并非是所"期待"的；

② 到来的是"不速之客"；

③ 直到结束，也没有到来所"期待"的括号；

由此，在算法中设置一个栈，凡出现左括号，则进栈；凡出现右括号，首先检查栈是否为空，若栈为空，则表明该"右括号"多余，否则和栈顶元素进行比较；若相匹配，则"左括号出栈"，否则表明不匹配；表达式检验结束时，若栈为空，则表明表达式中的匹配正确，否则表明"左括号"有余。

括号匹配算法如下。

```
Status matching(string& exp) {
  state = 1;  i=0;
  while (i<Length(exp) && state) {
```

```
switch (exp[i]) {
  case "(","[":{Push(S,exp[i]); i++; break;}
  case")": {
    if(NOT StackEmpty(S)&&GetTop(S)="("
      {Pop(S,e); i++;}
    else {state = 0;}
    break; }
  case"]": {
    if(NOT StackEmpty(S)&&GetTop(S)="["
      {Pop(S,e); i++;}
    else {state = 0;}
    break; }
}
if (StackEmpty(S)&&state) return OK;
  else return ERROR;
}
```

3.3.3 行编辑程序问题

常用的文本编辑器有 Word、记事本等。最简单的文本编辑器实现的功能是接收用户从终端输入的程序或数据，并存入用户的数据区。在用户输入一行的过程中，应当允许用户输入出差错，并在发现有误时可以及时更正，所以"每接收一个字符即存入存储器"的做法显然是不恰当的。合理的做法是设立一个输入缓冲区，用以接收用户输入的一行字符，然后逐行存入用户数据区；并假设"#"为退格符，"@"为退行符。

假设从终端接收了这样两行字符：

```
whli##ilr#e (s#*s)
  outcha@putchar(*s=#++);
```

则实际有效的是下列两行：

```
while (*s)
  putchar(*s++);
```

为此可以设立一个栈结构，每当从终端接收了一个字符之后先进行如下判别：如果它既不是退格符，也不是退行符，则将该字符压入栈底；如果它是一个退格符，则从栈顶删除一个字符；如果它是一个退行符，则将当前栈清空。上述过程可用下述算法来实现。

```
void LineEdit() {
  InitStack(S);  ch = getchar();
  while (ch!= EOF && ch!= "\n") {
    switch (ch) {
      case '#' : Pop(S, c); break;
      case '@': ClearStack(S); break;    //重置 S 为空栈
```

```
            default : Push(S, ch); break;
        }
        ch = getchar();  //从终端接收下一个字符
    }
    将从栈底到栈顶的字符传送至调用过程的数据区;
    ClearStack(S);  //重置 S 为空栈
    if(ch != EOF) ch = getchar();
}
    DestroyStake(S);
} //LineEdit
```

3.3.4 迷宫求解问题

求迷宫中从入口到出口的路径是一个经典的程序设计问题。迷宫求解，通常用的是"穷举求解"的方法，即从入口出发，顺某一方向向前探索，若能走通，则继续往前走，否则沿原路退回，换一个方向再继续探索，直至所有可能的通路都探索到为止。为了保证在任何位置上都能沿原路退回，显然需要用一个后进先出的结构来保存从入口到当前位置的路径。因此，在求迷宫通路的算法中应用"栈"也就是自然而然的事了。

首先，在计算机中可以用如图 3-5 所示的方块图表示迷宫。图中的每个方块或为通道(以空白方块表示)，或为墙(以带#的方块表示)。所求路径必须是简单路径，即在求得的路径上不能重复出现同一通道块。假设"当前位置"指的是"在搜索过程中某一时刻所在图中的某个方块位置"，则求迷宫中一条路径的算法的基本思想是，若当前位置"可通"(即此位置既不在当前路径上，也不是已删除的"不可通"的位置)，则纳入"当前路径"，并继续朝"下一位置"探索，即切换"下一位置"为"当前位置"，如此重复直至到达出口；若当前位置"不可通"，则应顺着"来向"退回到"前一通道块"，然后朝着除"来向"外的其他方向继续探索；若该通道块的四周 4 个方块均"不可通"，则应从"当前路径"上删除该通道块。所谓"下一位置"指的是"当前位置"四周 4 个方向(东、南、西、北)上相邻的方块。假设以栈 S 记录"当前路径"，则栈顶中存放的是"当前路径上的最后一个通道块"。由此，"纳入路径"的操作即为"当前位置入栈"；"从当前路径上删除前一通道块"的操作即为"出栈"。

#	#	#	#	#	#	#	#	#	#
#	入口→	↓	#	$	$	$	#		#
#		↓	#	$	$	$	#		#
#	↓	←	$	$	#	#			#
#	↓	#	#					#	#
#	→	→	↓	#				#	#
#		#	→	→	↓	#			#
#	#	#	#		↓	#	#		#
#				→	→	→	↓	出口	#
#	#	#	#	#	#	#	#	#	#

图 3-5 迷宫

求迷宫中一条从入口到出口的路径的算法可描述如下。

```
typedef struct {
    int ord;                          //通道块在路径上的"序号"
    PosType seat;                     //通道块在迷宫中的"坐标位置"
    int di;                           //从此通道块走向下一通道块的"方向"
} SElemType;                          //栈的元素类型
Status MazePath ( MazeType maze, PosType start,PosType end ){
//若迷宫 maze 中存在从入口 start 到出口 end 的通道，则求得一条
//存放在栈中(从栈底到栈顶)，并返回 TRUE；否则返回 FALSE
    InitStack(S); curpos= start;      //设定"当前位置"为"入口位置"
    curstep = 1;                      //探索第一步
    do{
      if (Pass (curpos)){             //当前位置可通，即未曾走过的通道块
        FootPrint (curpos);           //留下足迹
        e = ( curstep, curpos, 1 );
        Push (S,e);                   //加入路径
        if( curpos = = end ) return (TRUE);   //到达终点(出口)
        curpos = NextPos ( curpos, 1 );       //下一位置是当前位置的右侧
        curstep++;                    //探索下一步
      } //if
      else {                          //当前位置不能通过
          if (!StackEmpty(S)) {
          Pop (S,e);
          while (e.di= =4 && !StackEmpty(S)){
              MarkPrint (e.seat);  Pop (S,e);   //留下不能通过的标记，并退回一步
           } // while
        if (e.di<4){
          e.di++; Push(S,e);          //换下一个方向探索
          curpos = NextPos (curpos, e.di );     //设定当前位置是该新方向上的相邻块
          }//if
        }//if
      }//else
    } while ( !StackEmpty(S) );
    return(FALSE);
}//MazePath
```

3.3.5　表达式求值

1. 表达式的定义及表示

表达式求值是程序设计语言编译中的一个基本问题。它的实现是栈应用的又一典型实例。

任何一个表达式都是由操作数(operand)、运算符(operator)和界限符(delimiter)组成的。一般情况下，操作数既可以是常数也可以是被说明的变量或标识符；运算符可以分为算术运算符(加、

减、乘、除运算)、关系运算符(大于、小于、不等于、大于等于等运算)和逻辑运算符(与、或、非等运算)3 类；基本界限符有左右括号和表达式结束符。

以下主要讨论限于双目算术运算符的表达式求值问题。

首先回顾四则算术运算的规则，即先乘除，后加减；运算方向为从左向右；括号中的操作先执行，括号外的操作后执行。如果有多层括号，则先执行内层括号中的操作，再执行外层括号中的操作。例如，要对下面的算术表达式求值：4+2×3-10/5；根据上述规则，计算顺序为4+2×3-10/5=4+6-10/5=10-10/5=10-2=8。

表达式的表示形式有中缀表达式、前缀表达式和后缀表达式(也称逆波兰式)3 种。中缀表达式是操作符处于两个操作数之间的表达式；前缀(后缀)表达式指操作符处于两个操作数之前(之后)的表达式。前缀表达式、中缀表达式和后缀表达式中都只有操作数和操作符，不再含有括号。

限于双目运算符的表达式定义如下。

表达式== (操作数)+(运算符)+(操作数)。

操作数==简单变量 | 表达式。

简单变量==标识符 | 无符号整数。

表达式有 3 种表示方法，设 $Exp = S1+OP+S2$，则 $OP+S1+S2$ 为其前缀表达式；$S1+OP+S2$ 为中缀表达式；$S1+S2+OP$ 为后缀表达式。

例如，$Exp = a \times b+(c-d/e) \times f$，则其前缀式表达为 $+ \times a b \times - c/d e f$，中缀表达式为 $a \times b + c - d/e \times f$；后缀表达式为 $a b \times c d e/- f \times +$。

分析可知，在 3 种表达式中，操作数之间的相对次序不变但运算符的相对次序不同；前缀表达式的运算规则为，连续出现的两个操作数和在它们之前且紧靠它们的运算符，构成一个最小表达式；中缀表达式丢失了括号信息，致使运算的次序不确定；后缀表达式的运算规则为，每个运算符和在它之前出现且紧靠它的两个操作数构成一个最小表达式，且运算符在式中出现的顺序恰为表达式的运算顺序。

因此选用表达式的后缀表达式形式更方便后续求值。

借助于后缀表达式进行表达式求值要解决两个问题：如何从原表达式求得后缀表达式？如何从后缀表达式求值？下面具体分析。

2. 后缀表达式的表示

从原表达式求得后缀表达式前，先分析原表达式和后缀表达式中的运算符。

原表达式：$a+b \times c-d/e \times f$。

后缀表达式：$a b c \times +d e/f \times -$。

分析发现，每个运算符的运算次序由它之后的一个运算符决定。在后缀表达式中，优先级高的运算符位置领先于优先级低的运算符。

从原表达式求得后缀表达式的过程为：设置暂存运算符的栈；设表达式的结束符为"#"，预设运算符栈的栈底为"#"；若当前字符是操作数，则直接发送给后缀表达式；若当前运算符的优先级高于栈顶运算符，则进栈；否则，退出栈顶，将运算符发送给后缀表达式；"("、")" 对它前后的运算符起隔离作用，")" 可视为自相应左括号开始的表达式的结束符。上述过程的具体算法实现如下。

```
void transform(char suffix[ ], char exp[ ] ) {
  InitStack(S);
  Push(S, '#');
  p = exp;
  ch = *p;
  k = 0;
  while (!StackEmpty(S)) {
      if (!IN(ch, OP))  suffix[k++] = ch;     //OP 为运算符集合
      else {  //如果是运算符
          switch (ch) {
            case '(' : Push(S, ch);
                   break;
            case ')' : Pop(S, c);
                   while (c!= '(' )            //先作括号内的运算
                     {  suffix[k++] = c;
                        Pop(S, c);
                     }
                   break;
           defult :
                   while(Gettop(S, c) && (precede(c,ch))) {
                          //栈顶运算符 c 的优先级高于当前运算符 ch
                     suffix[k++] = c;
                     Pop(S, c);
                   }
                   if ( ch!= '#' )  Push(S, ch);
                   break;
          } //switch
      } //else
      if ( ch!= '#' ) {
          p++;
          ch = *p;
      }
      else {
          Pop(S, ch);
          suffix[k++] = ch;                //最后一个运算符出栈
          suffix[k] = '\0';
      }
  } //while
} //transform
```

3. 后缀表达式的求值

根据后缀表达式的特性,求值时先找运算符再找操作数。运算时从左至右扫描表达式,遇到操作数则进栈保存,遇到运算符则将紧靠此运算符的前两个操作数出栈,与此运算符构成一

个最小表达式，计算得到部分结果后，将部分结果作为操作数重新压回栈中。按此方法依次扫描处理后继表达式，直到遇到结束符。此时栈中只有一个操作数，即为表达式的值。例如，后缀表达式 $ab\times cde/-f\times+$，运算时从左至右先扫描找到第一个运算符$\times$，再往前找紧靠运算符构成的最小表达式 $a\times b$，运算出部分结果 $A(A=a\times b)$，压回操作数栈；继续往后扫描找到第二个运算符$/$，与前面的两个操作数 d 和 e，运算得出结果 B，此时表达式为 $AcB-f\times+$，照此方法直到得出最终结果。算法实现过程如下。

```
OperandType EvaluateExpression(){        //后缀表达式求值
  InitStack(S);
  Push(S,'#');
  c=getch( );
  while(c!= '#' || GetTop(S)!= '#') {
      if ( ! In(c,OP) ) Push( S,c )      //OP 是运算符集合
      else {
            Pop( S,e2 );
            Pop( S,e1 );
            Push( S,Operate( e1,c,e2 ) );
            }
       c=getch();
       }
  return GetTop(OP)
  }
```

3.3.6 递归的实现

1. 函数的调用及递归

当一个函数在运行期间调用另一个函数时，在运行该被调用函数之前，需要先完成 3 项任务：将所有的实际参数、返回地址等信息传递给被调用函数保存；为被调用函数的局部变量分配存储区；将控制转移到被调用函数的入口。

而从被调用函数返回调用函数之前，应该完成下列 3 项任务：保存被调用函数的运算结果；释放被调用函数的数据区；依照被调用函数保存的返回地址将控制转移到调用函数。

多个函数嵌套调用时，应遵循"后调用的先返回"的规则，这与栈结构——后进先出的特点十分吻合，因此多个函数嵌套调用时内存管理实行"栈式管理"。

例如：

```
void main(){              void a(){              void b(){
……                       ……                     ……
a();                      b();
……                       ……
} //main                  } //a                  } //b
```

递归函数执行的过程可视为同一函数进行嵌套调用，如八皇后问题、汉诺塔问题等。

2. 汉诺塔问题

设有 3 个分别命名为 A、B 和 C 的塔座，在塔座 A 上有 n 个直径各不相同、从小到大依次编号为 1、2、3、…、n 的圆盘，现要求将塔座 A 上的 n 个圆盘移到塔座 C 上并仍按同样顺序叠放。

圆盘移动时必须遵守以下规则：每次只能移动一个圆盘；圆盘可以放在 A、B 和 C 中的任一塔座上；任何时候都不能将一个较大的圆盘放在较小的圆盘上。这就是著名的汉诺塔问题。

如何实现移动圆盘的操作呢？当 $n=1$ 时，问题比较简单，直接把圆盘从 A 移到 C 上即可；当 $n>1$ 时，先把上面 $n-1$ 个圆盘从 A 移到 B，然后将 n 号圆盘从 A 移到 C，再将 $n-1$ 个圆盘从 B 移到 C。上述过程把求解 n 个圆盘的汉诺塔问题转换为求解 $n-1$ 个圆盘的汉诺塔问题，以此类推，直至转换成只有一个圆盘的汉诺塔问题。

设 Hanoi(n, A, B, C) 表示将 1~n 号，共 n 个圆盘从塔座 A 通过塔座 B 移动到塔座 C 上，递归分解的过程如图 3-6 所示。

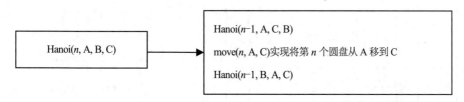

图 3-6　递归分解过程

具体实现算法如下。

```
void Hanoi(int n,char X,char Y,char Z)
    //将塔座 X 上按直径从小到大且编号自上而下为 1~n 的 n 个圆盘按规则搬到
    //塔座 Z 上，Y 可作为辅助塔座
    //移动圆盘动作 move(X,n,Z) 在运行时可定义为：
    //printf("%i.Move disk %i from %c to %c\n",++c,n,X,Z);
    //(其中 c 定义初值为 0 的全局变量，对移动圆盘计数)
{
    if(n==1)
        move(X,1,Z);                //将编号为 1 的圆盘从 X 移到 Z
    else{
        Hanoi(n-1,X,Z,Y);          //将 X 上编号为 1~n-1 的圆盘移到 Y，Z 作为辅助塔座
        move(X,n,Z);               //将编号为 n 的圆盘从 X 移到 Z
        Hanoi(n-1,Y,X,Z);          //将 Y 上编号为 1~n-1 的圆盘移到 Z，X 作为辅助塔座
    }
}
```

为了保证递归函数正确执行，系统需要设立一个递归工作栈作为递归执行过程中占用的数据区。每一层递归所需的信息构成一个工作记录，返回地址(用行号表示)和参数 n、x、y、z 称为递归工作记录保存的内容。栈顶指示的当前层的执行情况称为当前活动记录。递归工作栈的栈顶指针被称为当前环境指针。例如，表 3-1 展示了语句 hanoi(3, A, B, C) 的执行过程(从主函数进入递归函数到退出递归函数而返回至值函数)中递归工作栈状态的变化情况。

表 3-1 汉诺塔的递归函数运行示意图

递归运行层次	运行语句行号	递归工作栈状态 (返址,n值,x值,y值,z值)	塔与圆盘的状态	说明
1	1245	0, 3, a, b, c		由主函数进入第一层递归后，运行至语句(行)5，因递归调用而进入下一层递归
2	1245	6, 2, a, c, b 0, 3, a, b, c		由第一层的语句(行)5 进入第二层递归，执行至语句(行)5
3	1239	6, 1, a, b, c 6, 2, a, c, b 0, 3, a, b, c		由第二层的语句(行)5 进行第三层递归，执行语句(行)3，将 1 号圆盘由 a 移至 c 后从语句(行)9 退出第三层递归，返回至第二层的语句(行)6
2	67	6, 2, a, c, b 0, 3, a, b, c		将2号圆盘由 a 移至 b 后，从语句(行)7 进入下一层递归
3	1239	8, 1, c, a, b 6, 2, a, c, b 0, 3, a, b, c		将1号圆盘由 c 移至 b 后，从语句(行)9 退出第三层，返回至第二层的语句(行)8
2	89	6, 2, a, c, b 0, 3, a, b, c		从语句(行)9 退出第二层，返回至第一层的语句(行)6
1	67	0, 3, a, b, c		将 3 号圆盘由 a 移至 c 后，从语句(行)7 进入下一层递归
2	1245	8, 2, b, a, c 0, 3, a, b, c		从第二层的语句(行)5 进入第三层递归
3	1239	6, 1, b, c, a 8, 2, a, c, b 0, 3, a, b, c		将1号圆盘由 b 移至 a 后，从语句(行)9 退出第三层递归，返回至第二层的语句(行)6
2	67	8, 2, a, c, b 0, 3, a, b, c		将2号圆盘由 b 移至 c 后，从语句(行)7 进入下一层递归

（续表）

递归运行层次	运行语句行号	递归工作栈状态 (返址,n值,x值,y值,z值)	塔与圆盘的状态	说明
3	1239	8, 1, *a*, *b*, *c* 8, 2, *b*, *a*, *c* 0, 3, *a*, *b*, *c*		将 1 号圆盘由 *a* 移至 *c* 后,从语句(行)9 退出第三层,返回至第二层的语句(行)8
2	89	8, 2, *b*, *a*, *c* 0, 3, *a*, *b*, *c*		从语句(行)9 退出第二层,返回至第一层的语句(行)8
1	89	0, 3, *a*, *b*, *c*		从语句(行)9 退出递归函数,返回至主函数
0				继续运行主函数

3.4 习题

一、选择题

1. 栈操作数据的原则是( )。

    A. 先进先出　　　　　　　　　　　　B. 后进先出

    C. 后进后出　　　　　　　　　　　　D. 不分顺序

2. 当入栈序列为 ABC,出栈序列为 CBA 时,经过的栈操作为( )。

    A. push,pop,push,pop,push,pop　　　　　B. push,push,push,pop,pop,pop

    C. push,push,pop,pop,push,pop　　　　　D. push,pop,push,push,pop,pop

3. 若栈采用顺序存储方式存储,现两栈共享空间 $v[1 \cdots m]$,top[i] 代表第 i 个栈(i=1, 2)的栈顶,栈 1 的底在 $v[1]$,栈 2 的底在 $v[m]$,则栈满的条件是( )。

    A. |top[2]-top[1]|=0　　　　　　　　　B. top[1]+1=top[2]

    C. top[1]+top[2]=m　　　　　　　　　D. top[1]=top[2]

4. 若一个栈的输入序列是 1, 2, 3, $\cdots$, n;输出序列的第一个元素是 i,则第 j 个输出元素是( )。

    A. $i-j+1$　　　　　　　　　　　　　B. $i-j$

    C. $j-i+1$　　　　　　　　　　　　　D. 不确定

5. 表达式 $a×(b+c)-d$ 的后缀表达式是( )。

    A. $abcd×+-$ B. $abc+×d-$

    C. $abc×+d-$ D. $-+×abcd$

6. 在表达式 $3×2^(4+2×2-6×3)-5$ 求值过程中，当扫描到 6 时，操作数栈和运算符栈为( )，其中 ^ 为乘幂。

    A. 3,2,4,1,1；(×^(+×-   B. 3,2,8；(×^-   C. 3,2,4,2,2；(×^(-   D. 3,2,8；(×^(-

7. 一个递归算法必须包括( )。

    A. 递归部分   B. 终止条件和递归部分

    C. 迭代部分   D. 终止条件和迭代部分

二、填空题

1. 栈是＿＿＿＿的线性表，其运算遵循＿＿＿＿的原则。

2. 表达式 $23+((12×3-2)/4+34×5/7)+108/9$ 的后缀表达式是＿＿＿＿。

三、思考题

1. 若元素的进栈顺序为 1234，能否得到 3142 的出栈顺序？

2. 假设输入序列为 ABC，输出为 BC 时，经过的栈操作有哪些？

第4章　队列

在第 3 章中介绍了栈的定义、相关操作及应用。队列和栈类似，都是操作受限的线性表，同时也是重要的线性结构，在各种软件系统中有着广泛的应用。队列与栈的不同在于队列是先进先出的线性表。

本章讨论队列的定义、表示方法、实现以及应用实例。

4.1　队列的定义

队列是只允许在表的两个端点进行插入和删除操作的线性表，记为 $Q = (a_1, a_2, \cdots, a_n)$。在队列中，允许插入的一端称为队尾(rear)，允许删除的一端称为队头(front)。队列的插入操作称为入队，删除操作称为出队。

人们日常生活中的排队购物就是队列结构的一种常见形式。新到的顾客排在队尾(可理解为从队尾插入元素)，排在队头的顾客业务处理完毕后离开(可理解为从队头删除元素)，下一位顾客成为新的队头。通过队列内容的学习，希望读者更自觉地践行社会主义核心价值观，自觉遵守礼让有序的社会公德。

假设元素入队的顺序为 $a_1, a_2, \cdots, a_n$，则出队顺序只可能为 $a_1, a_2, \cdots, a_n$。即先进队的元素先出队，故队列也称为先进先出的线性表。

队列在计算机程序设计中被广泛应用。例如，操作系统中的输出队列，在一个允许多道程序运行的计算机系统中，有多个作业同时运行，而且运行的结果都要通过唯一的通道输出。若通道尚未完成输出，则后来的作业应等待，并按请求输出的先后次序排队。当通道传输完毕可以接收新任务时，排在队首的作业便从队列中出队，进入通道并输出。

队列的抽象数据类型定义如下。

```
ADT Queue{
数据对象：D={a_i|a_i∈ElemSet,i=1,2,…,n,n≥0}
数据关系：R₁={<a_{i-1},a_i>|<a_{i-1},a_i∈D,i=1,2,…,n}
         约定 a₁为队头元素，a_n为队尾元素。
基本操作：
 InitQueue(&Q)
     操作结果：构造一个空队列 Q。
```

```
DestroyQueue(&Q)
```
　　初始条件：队列 Q 已存在。
　　操作结果：队列 Q 被销毁，不再存在。
```
QueueEmpty(Q)
```
　　初始条件：队列 Q 已存在。
　　操作结果：若 Q 为空队列，则返回 TRUE，否则返回 FALSE。
```
QueueLength(Q)
```
　　初始条件：队列 Q 已存在。
　　操作结果：返回 Q 的元素个数，即队列的长度。
```
GetHead(Q, &e)
```
　　初始条件：Q 为非空队列。
　　操作结果：用 e 返回 Q 的队头元素。
```
ClearQueue(&Q)
```
　　初始条件：队列 Q 已存在。
　　操作结果：将 Q 清为空队列。
```
EnQueue(&Q, e)
```
　　初始条件：队列 Q 已存在。
　　操作结果：插入元素 e 为 Q 的新的队尾元素。
```
DeQueue(&Q, &e)
```
　　初始条件：Q 为非空队列。
　　操作结果：删除 Q 的队头元素，并用 e 返回其值。
```
QueueTraverse(Q,visit())
```
　　初始条件：Q 已存在且非空
　　操作结果：从队头到队尾，依次对 Q 的每个数据元素调用函数 visit()。一旦 visit() 失败，则操作失败。
```
}ADT Queue;
```

　　根据上述队列的定义与相关操作，以及前面章节介绍的线性表、栈的定义及操作，对比线性表、栈和队列的插入、删除操作的异同，如表 4-1 所示。

表 4-1　线性表、栈及队列的比较

	线性表	栈	队列
插入	Insert(L, i, x) $1 \leqslant i \leqslant n+1$	Insert($S, n+1, x$)	Insert($Q, n+1, x$)
删除	Delete(L, i) $1 \leqslant i \leqslant n$	Delete(S, n)	Delete($Q, 1$)

4.2　队列类型的实现

　　与其他线性结构相同，队列也有顺序存储和链式存储两种存储方式。但不同的是，对于队列而言。若采用顺序存储结构，需解决顺序结构在队列实际应用中产生的一些问题。

4.2.1 队列的顺序存储——循环队列

1. 循环队列的定义

和顺序栈相类似，在队列的顺序存储结构中，除用一组地址连续的存储单元依次存放从队列头到队列尾的元素外，还须附设两个指针 front 和 rear，分别指示队列头元素及队列尾元素的位置。为方便描述，约定：初始化建空队列时，令 front = rear = 0，每当插入新的队列尾元素时，"尾指针增 1"；每当删除队列头元素时，"头指针增 1"。因此，在非空队列中，头指针始终指向队列头元素，而尾指针始终指向队列尾元素的下一个位置，如图 4-1 所示。

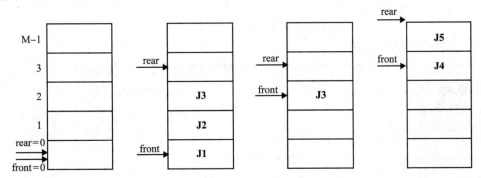

图 4-1　头尾指针和队列中元素之间的关系

设数组大小为 M，由图 4-1(d)可以看出，当 front 不等于 0 而 rear = M 时，再有元素入队会发生溢出，但此时队列中仍有空间，这种溢出称为假溢出；当 front=0、rear=M 时，再有元素入队发生溢出，此时队列中没有空间再储存新的元素，这种溢出称为真溢出。发生假溢出时，队列中仍有空间没有被使用，造成了空间浪费。

为了避免假溢出需要对队列的结构进行调整，尝试固定队首或许是一种办法，在每次出队时剩余元素向下移动，缺点是浪费时间并且效率低。与之类似的方法是在发生假溢出时再将元素向下移动，但同样也存在前面方法的缺点。因此，考虑把队列设想成环形，称为循环队列，如图 4-2 所示，让 sq[0]接在 sq[M-1]之后，若 rear==M 时，则令 rear=0。由此可见，循环队列不能使用动态分配的数组实现。

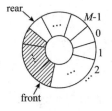

图 4-2　循环队列示意图

循环队列的关键是把队列头尾相连，入队操作仍是在队尾插入元素，假设队列空间足够，入队元素 x 先写入 Q.rear 所指单元；然后将尾指针 Q.rear 加 1。但当 Q.rear 等于 M-1 时，加 1 后应回到 0 号单元。实现上述操作使用模运算实现：设 m、n 为正整数，根据余数定理，模运算 $m\%n = m - (m / n)\times n$，其中 m/n 表示 m 除以 n 的商取整，用"$\lfloor\ \ \rfloor$"表示，$\lfloor x \rfloor$ 符号表示不

大于 x 的最大整数，故入队的基本操作如下。

```
Q. rear= (Q. rear + 1) % M;
Q->data[Q. rear] = x;
```

出队操作要返回当前队头的元素，应先取队头元素，然后将队头指针 Q.front 加 1。当 Q.front 等于 M-1 时，加 1 后应指向 0 号单元，故出队的基本操作如下。

```
Q.front = (Q.front +1) % M;
x = Q -> data[Q.front];
```

2. 循环队列类型的实现

从上述分析可知，不能用动态分配的一维数组来实现循环队列。如果用户的应用程序中使用循环队列，则必须为它设定一个最大队列长度；若用户无法预估所用队列的最大长度，则宜采用下节介绍的链队列。

```
//--------循环队列---------
#define MAXQSIZE 100        //最大队列长度
typedef struct {
  QElemType   *base;        //动态分配存储空间
  int front;     //头指针，若队列不空，则指向队列的头元素
  int rear;      //尾指针，若队列不空，则指向队列的尾元素的下一个位置
} SqQueue;

//--------循环队列的基本操作的算法描述---------
Status InitQueue (SqQueue &Q) {
//构造一个空循环队列Q
  Q.base = (QElemType * )malloc (MAXQSIZE *sizeof(QElemType));
  if (!Q.base) exit (OVERFLOW);
  Q.front = Q.rear = 0;
  return OK;
}
int QueueLength (SqQueue Q) {
//返回Q的元素个数，即队列的长度
   return (Q.rear - Q.front + MAXQSIZE) % MAXSIZE;
}
Status EnQueue ( SqQueue &Q, QElemType e) {
  //插入元素e为Q的新的队尾元素
 if (( Q.rear + 1) % MAXQSIZE = = Q. front)
    return ERROR;//队列满
 Q.base[Q.rear] = e;
 Q.rear = (Q.rear+1) % MAXQSIZE;
 return OK;
}
```

```
Status DeQueue (SqQueue &Q, ElemType &e){
 //若队列不空,则删除 Q 的队头元素,用 e 返回其值,并返回 OK;否则返回 ERROR
 if (Q.front == Q.rear)  return ERROR;
 e = Q.base[Q.front];
 Q.front = (Q.front + 1)%MAXQSIZE;
 return OK;
}
```

4.2.2　队列的链式存储——链队列

队列的链式存储结构简称链队列。链队列的实现和单链表类似,但插入、删除操作限定只在表的两端进行。随着插入和删除操作的动态执行,队首和队尾两端都是动态变化的,因此,需要设立队头和队尾两个指针指示当前的队头和队尾位置。

链队列的存储表示及基本操作算法如下。

```
//--------链队列---------
typedef struct QNode{
   QElemType  data;
   struct QNode *next;
}QNode,*QueuePtr;
Typedef struct {
   QuenePtr front;       //队头指针
   QuenePtr rear;        //队尾指针
} LinkQueue;


//--------链队列基本操作的算法描述(部分)---------
Status InitQueue (LinkQueue &Q) {
   //构造一个空队列 Q
 Q.front = Q.rear = (QueuePtr) malloc (sizeof (QNode));
 if ( ! Q.front ) exit (OVERFLOW);    //存储分配失败
 Q.front->next = NULL;
 return OK;
 }
Status EnQueue (LinkQueue &Q, QElemType e) {
 //插入元素 e 为 Q 的新的队尾元素
 p = (QueuePtr) malloc (sizeof (QNode));
 if ( ! p)  exit (OVERFLOW);// 存储分配失败
 p-> data = e;p-> next = NULL;
 Q.rear-> next = p;Q.rear = p;
  return OK;
}
Status DeQueue (LinkQueue &Q, QElemType &e) {
```

```
//若队列不空，则删除 Q 的队头元素，用 e 返回其值，并返回 OK；否则返回 ERROR
if (Q.front = = Q.rear)  return ERROR;
p = Q.front-> next;e = p-> data;    //带头结点
Q.front-> next = p-> next;
if (Q.rear == p) Q.rear = Q.front;
free (p);
return OK;
}
```

4.3 队列的应用——离散事件模拟

在日常生活中，经常会出现为了维护正常秩序而排队的情景。这类活动的模拟程序通常需要使用队列和线性表等数据结构。本节介绍停车场进出车事件的模拟程序。

设停车场可停放若干辆汽车，且只有一个大门可供汽车出入。顾客的汽车随时会进入，也随时会开走。汽车在车场内按到达的先后顺序由里向外排列。若停车场车辆已满，后到的汽车只能在车场外的便道上排队等候。一旦停车场内有汽车开走，则便道上的第一辆车可开入。另设当停车场内的某辆车要开走时，在它之后的车必须先退到临时停车场为其让路，以便汽车开出。

考虑将停车场设置成一个栈 s1，另设一个临时栈 s2，便道上的车设置成队列 Q。算法执行前，先将栈 s1、栈 s2 以队列 Q 置为空，然后开始接收入车(A)、出车(D)和车牌号的信息。

(1) 信号为 "A"：判断车栈 s1 是否满。若满，则汽车入便道队列 Q；否则，汽车入栈 s1。

(2) 信号为 "D"：根据输入的车号，将此车号后的车辆先依次送入临时栈 s2(为该车让路)，于是该车便可以从栈 s1 中开走(出栈)。再将 s2 中的车出栈，回到栈 s1。这时，若便道上的队列为非空，则取队头车辆进入栈 s1。

(3) 重复输入信号进行(1)、(2)的处理，在收到 "@" 时，算法终止运行。

上述栈和队列的类型定义如下：

```
typedef struct
{
  int data[maxsize];
  int top;
}sqstack, *sqslink;
typedef struct Qnode
{
    int data;
    Struct Qnode *next;
}Qnode, *Qlink;
typedef struct
{
    Qlink front;
```

```
    Qlink rear;
}linkqueue;
```

下面给出在上述数据结构下停车场进出车辆的实现算法。

```
void Clearstack(sqslink S)
{
  S->top = - 1;
}
int Emptystack(sqslink S)
{
  if(S->top<0) return 1;
    else return 0;
}
int Push(sqslink S,int x)
{
  if(S->top> = maxsize - 1) return 0;
    else
{
  S->top ++;
    S->data (S->top) = x;
    return 1;
}
}
int Pop(sqslink S)
{
  if (Emptystack(S))return -1;
    else
{
  S->top --;
    return (S->data(S->top + 1));
    }
}
int Getstop (sqslink S)
{
  if (Emptystack(S)) return -1;
    else return (S->data(S->top));
}

void Lcreatqueue (linkqueue *q)
{
    q->front = (Qlink) malloc (sizeof (Qnode));
    q->front->next = NULL;
```

```
       q->rear = q->front;
   }
int Lenptyqueue (linkqueue *q)
{
  if (q->front = = q->rear) return 1;
    else return 0;
   }


void Lenqueue (linkqueue *q)
{
  Qlink p;
    p=(Qlink)malloc(sizeof(Qnode));
    p->data=e;
    p->next=NULL;
    q->rear->next=p;
    q->rear=p
   }
int Ldequeue (linkqueue *q)
{
  Qlink p;
    if(Lemptyqueue(q))
     return;
    else
{
  p = q->front;
    p->front = p->next;
    free (p);
    return (q->front->data);
  }
   }


void main()
{
    char x;
    int no, temp, out = 0;
    Sqslink S1,S2;
    Linkqueue Q;
    S1= (sqslink) malloc (sizeof (sqstack));
    S2= (sqslink) malloc (sizeof (sqstack));
Clearstack (S1);
Clearstack (S2);
```

```
Lcreatqueue(&Q);
printf ("\n进还是出(A=进,D=出):");
X = putchar(getch());
printf ("\n汽车编号:");
scanf ("%d",&no);
while (x ! = '@')
{  switch(x)
{  case 'a';
    case 'A';
{  if ( S1->top >= maxsize - 1)
{  Lenqueue (&Q,no);
    printf("停车场满,%d号车开始在路边等待",no);
}
    else
{  Push(S1,no);
    printf("%d号车进入停车场",no);
}
}break;
    case'd';
    case'D';
{
    while(!Emptystack(S1)&&Getstop(S1) ! = no)
{
    temp=Pop(S1);
    Push(S2,temp);
}
if (Emptystack(S1)) printf("这里没有这辆车");
else
{
  out=1;
    printf (" %d号车已开出",Getstop(S1));
    temp = Pop(S1);
}
while (! Emptystack(S2))
{
  temp=Pop(S2);
    Push(S1,temp);
}
    if(out&&!Lemptyqueue(&Q))
{ temp=Ldequeue(&Q);
    out=0;
    Push(S1,temp);
```

```
    printf("\n%d 号车已从路边进入",Getstop(S1));
}
}break;
default: printf("Input error");break;
}
printf("\n 进还是出(A=进,D=出):");
X = putchar(getch());
printf("\n 汽车编号:");
scanf("%d",&no);
}
}
```

4.4 习题

一、选择题

1. 假设用数组 $A[m]$ 存放循环队列的元素，其头、尾指针分别为 front 和 rear，则当前队列中的元素个数为(   )。

    A. (rear−front+m)%m B. rear−front+1

    C. (front−rear+m)%m D. (rear−front)%m

2. 循环队列存储在数组 $A[0, \cdots, m]$ 中，则入队时的操作为(   )。

    A. rear = rear+1   B. rear = (rear+1) mod (m−1)

    C. rear = (rear+1) mod m D. rear = (rear+1) mod (m+1)

3. 若用一个大小为 6 的数组来实现循环队列，且当前 rear 和 front 的值分别为 0 和 3，从队列中删除一个元素，再加入两个元素后，rear 和 front 的值分别为(   )。

    A. 1和5   B. 2和4   C. 4和2   D. 5和1

4. 最大容量为 n 的循环队列，队尾指针是 rear，队头是 front，则队空的条件是(   )。

    A. (rear+1) MOD n = front   B. rear = front

    C. rear+1 = front   D. (rear−1) MOD n = front

5. 循环队列存储在数组 $A[0, \cdots, M-1]$ 中，front 指向队头元素，rear 指向队尾元素的后一个位置。队列中最多能容纳 $M-1$ 个元素。初始时为空。下列判断队空和队满的条件中，正确的是(   )。

    A. 队空时，front == rear；队满时，front == (rear + 1) mod M

    B. 队空时，front == rear；队满时，front == (front+1)mod (M−1)

    C. 队空时，rear == (front+1) mod M；队满时，front == (rear+1) mod M

    D. 队空时，front == (rear+1) mod M；队满时，front == (front+1) mod (M−1)

6. 在链队中删除数据元素时(　　)。

　　A. 仅修改头指针

　　B. 仅修改尾指针

　　C. 头、尾指针都要修改

　　D. 头、尾指针可能都要修改

二、填空题

1. 用下标从 0 开始的 n 元数组实现循环队列时，为实现下标变量 m 加 1 后在数组有效下标范围内循环，可采用的运算是 $m =$＿＿＿＿＿＿。

2. 设循环队列存放在向量 sq.data[0,..,M]中，则队头指针 sq.front 在循环意义下的出队操作可表示为＿＿＿＿＿＿，若采用少用一个存储单元的方式来区分何时队满和队空，则队满的条件为(设队尾指针为 sq.rear)＿＿＿＿＿＿。

3. 循环队列用数组 $A[0,..,m-1]$存放其元素值，已知其头、尾指针分别是 front 和 rear，则当前队列的元素个数是＿＿＿＿＿＿。

4. 队列是限制插入只能在表的一端，而删除在表的另一端进行的线性表，其特点是＿＿＿＿＿＿。

第5章　串

串又称为字符串，是一种特殊的线性表，它的每个元素仅由字符组成。计算机中非数值处理的对象大多是字符串数据。在较早的程序设计语言中，字符串仅作为输入和输出的常量出现。随着计算机应用的拓展，在越来越多的程序设计语言中，字符串也作为一种变量类型出现，并产生了一系列字符串的操作。信息检索系统、文字编辑程序、自然语言翻译系统等，都是以字符串数据作为处理对象的。本章讨论串的存储结构和基本操作。

5.1　串类型的定义

现今我们使用的计算机的硬件结构很大程度上反映了数值计算的需要。因此，在计算机中，处理字符串数据要比处理整数和浮点数复杂；而且，在不同类型的应用中，所处理的字符串具有不同的特点。要有效地实现字符串的处理，须根据具体情况使用合适的存储结构。本节介绍串的基本概念及数据类型定义。

5.1.1　串的基本概念

串(string)是由零个或多个字符组成的有限序列，一般记为

$$s = 'a_1 a_2 \cdots a_n ' (n \geqslant 0)$$

其中，s 是串名，用单引号括起来的字符串序列是串值；$a_i (1 \leqslant i \leqslant n)$可以是字母、数字或其他字符；串中所包含的字符个数称为该串的长度。长度为零的串称为空串，它不包含任何字符。注意：空串和空格串不同，如' '和''分别表示长度为 1 的空格串和长度为 0 的空串(ϕ)。

串中任意个连续的字符组成的子序列称为该串的子串，包含子串的串相应地被称为主串。空串是任意串的子串，任意串是其自身的子串。通常将子串在主串中首次出现时，该子串的首字符在主串中对应的序号定义为了串在主串中的位置(或序号)。所谓"子串在主串中的位置"，意指子串中的第一个字符在主串中的位序。即在主串 S 中，从第 1 个位置开始，向后寻找子串 T，如果出现子串 T，则子串第 1 次出现时其首字符在主串中的位置就是子串在主串中的位置。例如，A = 'This is a string'，B = 'is '，则 B 是 A 的子串，A 为主串。B 在 A 中出现了两次，其中首次出现所对应的主串位置是 3。因此，B 在 A 中的位置为 3。

5.1.2　串的抽象数据类型定义

串的抽象数据类型的定义如下。

```
ADT String {
    数据对象：D={a_i|a_i∈CharacterSet, i=1,2,…, n, n≥0}
    数据关系：R_1={<a_{i-1},a_i>|a_{i-1},a_i∈D,i=2,…, n}
    基本操作：
        StrAssign (&T, chars)
        初始条件：chars 是字符串常量。
        操作结果：把 chars 赋给 T。
        StrCopy (&T, S)
        初始条件：串 S 存在。
        操作结果：由串 S 复制得到串 T。
        StrEmpty (S)
        初始条件：串 S 存在。
        操作结果：若 S 为空串，则返回 TRUE，否则返回 FALSE。
        StrCompare (S, T)
        初始条件：串 S 和 T 存在。
        操作结果：若 S > T，则返回值大于 0；若 S = T，则返回值等于 0；若 S < T，则返回值小于 0。
        StrLength (S)
        初始条件：串 S 存在。
        操作结果：返回 S 的元素个数，称为串的长度。在串中，起始位置和子串长度之间存在约束关系为
                1≤pos≤StrLength(S),0≤len≤StrLength(S)-pos+1。
        Concat (&T, S1, S2)
        初始条件：串 S1 和 S2 存在。
        操作结果：用 T 返回由 S1 和 S2 连接而成的新串。
                例如，Concat( T, 'man', 'kind')，求得 T = 'mankind'。
        SubString (&Sub, S, pos, len)
        初始条件：串 S 存在，1≤pos≤StrLength(S)且 0≤len≤StrLength(S)-pos+1。
        操作结果：用 Sub 返回串 S 的第 pos 个字符起长度为 len 的子串。
        Index (S, T, pos)
        初始条件：串 S 和 T 存在，T 是非空串，1≤pos≤StrLength(S)。
        操作结果：若主串 S 中存在和串 T 值相同的子串，则返回它在主串 S 中第 pos 个字符之后第一次
                出现的位置；否则函数值为 0。
        Replace (&S, T, V)
        初始条件：串 S、T 和 V 存在，T 是非空串。
        操作结果：用 V 替换主串 S 中出现的所有与 T 相等的不重叠的子串。
        StrInsert (&S, pos, T)
        初始条件：串 S 和 T 存在，1≤pos≤StrLength(S)+1。
        操作结果：在串 S 的第 pos 个字符之前插入串 T。例如，S = 'chater'，T = 'rac'，则执
                行 StrInsert(S, 4, T) 后得 S = 'character'。
        StrDelete (&S, pos, len)
```

初始条件：串 S 存在，1≤pos≤StrLength(S)-len+1。

操作结果：从串 S 中删除第 pos 个字符起长度为 len 的子串。

DestroyString (&S)

初始条件：串 S 存在。

操作结果：串 S 被销毁。

ClearString (&S)

初始条件：串 S 存在。

操作结果：将 S 清为空串。

} ADT String

其中，StrCompare(S, T)是对两个字符串从左到右逐个字符进行比较(按照字符的 ASCII 码值进行比较)，直到出现不同的字符或遇到"\0"为止。如果全部字符都相等，则认为两个字符串相等；如果出现不相等的字符，则以第一个不相等字符的比较结果为两个字符串比较的最终结果。

例如：

$$\text{StrCompare('data', 'state')} < 0$$

$$\text{StrCompare('cat', 'case')} > 0$$

串的置换操作 Replace (&S, T, V)，指用 V 替换主串 S 中出现的所有与非空字符串 T 相等的不重叠的子串，如图 5-1 所示。若已有 S = 'abcaabcaaabca '，T = 'bca '，当 V = ' x '时，经置换得到 S = 'axaxaax '；当 V = 'bc '时，则经置换可得 S = 'abcabcaabc '。

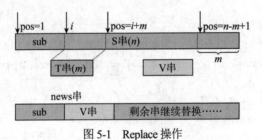

图 5-1　Replace 操作

算法如下。

```c
void Replace(String& S, String T, String V){
  n=StrLength(S);
  m=StrLength(T);
  pos = 1;
  StrAssign(news, NullStr);
  i=1;
  while(pos <= n-m+1 && i) {
    i=Index(S, T, pos);
    if(i){
      SubString(sub, S, pos, i-pos); //无须置换部分
      Concat(news, news, sub);
      Concat(news, news, V);
      pos = i+m;
```

```
    }//if
  }//while
  SubString(sub, S, pos, n-pos+1);        //剩余串
  Concat(S, news, sub);
}//Replace
```

定位函数 Index(*S*,*T*,pos)可利用判等、求串长和求子串等操作实现。算法的基本思想是在主串 S 中取从第 *i*(*i* 的初值为 pos)个字符起、长度和串 T 相等的子串和串 T 进行比较，若相等，则求得函数值为 *i*，否则 *i* 值增 1 直至串 S 中不存在和串 T 相等的子串为止，即求使 StrCompare(SubString(*S*, *i*, StrLength(*T*)), *T*) == 0 成立的 *i* 值。如图 5-2 所示。具体算法如下。

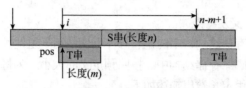

图 5-2　Index 操作

```
int Index (String S, String T, int pos) {
  //T 为非空串。若主串 S 中第 pos 个字符之后存在与 T 相等的子串，则返回第一个
  //这样的子串在 S 中的位置，否则返回 0
  if (pos > 0) {
    n = StrLength(S); m = StrLength(T); i = pos;
    while ( i <= n-m+1) {
      SubString (sub, S, i, m);
      if (StrCompare(sub,T) != 0)   ++i;
      else return i;
    } //while
  } //if
  return 0;//S 中不存在与 T 相等的子串
} //Index
```

5.1.3　串与线性表的区别

串的逻辑结构与线性表较为相似，区别在于：①串的对象被约束为字符集；②串的长度，即串中所占字符的个数，通常比线性表中的表长要大得多。串结构的特点是，每个字符取值范围并不大，但是串通常所含字符的个数比较多。③串的基本操作和线性表也有很大的区别。在串中，通常是以子串作为操作的基本单位，如求子串、串连接、串的替换等。而在线性表的基本操作中，基本上以“单个元素”作为操作对象，如在线性表中查找某个元素、求某个元素值、在某个位置插入一个元素或删除一个元素等。可以认为串是一种整体参与运算的数据结构，与人类社会中的团队工作类似。在团队工作中时，每个人都要摒弃个人主义思想，统一思想、统一行动、团结合作，将团队力量发挥出最大的效力。

5.2　串的表示和实现

在程序设计语言中，若串只作为输入、输出的常量出现，则只须存储串值，即字符序列。但在多数非数值处理的程序中，串也常以变量的形式出现。

串有 3 种存储表示方法，分别是定长顺序存储表示、堆分配存储表示和块链存储表示。下面介绍这 3 种机内表示法。

5.2.1　串的定长顺序存储表示

1. 定长顺序存储的定义及特点

类似于线性表的顺序存储结构，串的定长顺序存储是用一组地址连续的存储单元来存储串的字符序列。在串的定长顺序存储结构中，按照预定义的大小，为每个定义的串变量分配一个固定长度的存储空间，可用定长数组描述如下。

```
#define MAXSTRLEN 255  //用户可在 255 以内定义最大串长
Typedef  unsigned  char  SString[MAXSTRLEN + 1];   //0 号单元存放串的长度
```

串的定长顺序存储的特点是串的实际长度可在这个预定义长度的范围内随意设定，超过预定义长度的串值则被舍去，称为"截断"。

按这种串的表示方法实现串的运算时，其基本操作为"字符序列的复制"。

2. 顺序串的操作

在顺序串中，串的连接算法分 3 种情况处理。

假设有顺序串 S_1 和 S_2，对其进行串联接操作。

第 1 种情况是 S_1 和 S_2 连接后的新串没有超出串的规模 MAXSTRLEN，这时不会产生截断。具体算法如下所示。

```
Status Concat(SString S1, SString S2, SString &T) {
    //用 T 返回由 S1 和 S2 连接而成的新串。若未截断，则返回 TRUE，否则返回 FALSE
  if (S1[0]+S2[0] <= MAXSTRLEN) {   //没有截断
    T[ 1..S1[0] ] = S1[ 1..S1[0] ];
    T[ S1[0]+1..S1[0]+S2[0] ] = S2[ 1..S2[0] ];
    T[0] = S1[0]+S2[0];   uncut = TRUE;
  return uncut;
  }
```

第 2 种情况是串 S_1 和 S_2 都没有超出串的规模，但 S_1 和 S_2 连接后的新串超出了串的规模 MAXSTRLEN。此时，S_1 直接复制到串 T 中，但 S_2 只能复制一部分到串 T 中，超出的部分会被截断。该部分语法如下。

```
if (S1[0]+S2[0] <= MAXSTRLEN) {        //未截断
else if (S1[0] < MAXSTRLEN) {          //S2 截断，S1 未截断
T[ 1..S1[0] ] = S1[ 1..S1[0] ];
T[ S1[0]+1..MAXSTRLEN ] = S2[ 1..MAXSTRLEN-S1[0]];
T[0] = MAXSTRLEN;    uncut = FALSE;
```

第 3 种情况是 S_1 的长度恰好等于串的规模，S_1 和 S_2 连接后的新串超出了串的规模 MAXSTRLEN，这时只能保存串 S_1，串 S_2 不会被连接，全部被截断。该部分语句如下。

```
if (S1[0]+S2[0] <= MAXSTRLEN) {        //未截断
else if (S1[0] < MAXSTRLEN) {          //S2 截断，S1 未截断
else {       //S1 截断(仅取 S1)
  T[1..MAXSTRLEN] = S1[1..MAXSTRLEN];
  T[0] = MAXSTRLEN;
  uncut = FALSE;
}
```

顺序串有一个缺点，即串空间是静态的，这种静态定长的串空间较难以适应插入、连接等操作。在实际应用中常采用一种称为堆结构的动态存储结构，即串的堆分配存储表示。下面介绍串的堆分配存储结构。

5.2.2　串的堆分配存储表示

1. 串的堆分配存储表示的定义及特点

串的堆分配存储结构仍以一组地址连续的存储单元存放串的字符序列，但其存储空间是在算法执行过程中动态分配得到的。通常，C 语言中提供的串类型就是以这种存储方式实现的。系统利用函数 malloc() 和 free() 进行串值空间的动态管理，为每一个新产生的串分配一个存储区，若分配成功，则返回一个指向起始地址的指针作为串的基址，称串值共享的存储空间为"堆"。C 语言中的串以一个空字符 "\0" 为结束符，串长是一个隐含值。

串的堆分配存储结构描述如下。

```
typedef struct {    //串的堆分配存储表示
  char * ch;            //若是非空串，则按串实际长度分配存储区，否则 ch 为 NULL
  int length;           //串长，为操作方便，约定串长也是存储结构的一部分
} HString;
```

2. 堆分配存储结构操作

采用堆分配存储表示结构的这类串操作的实现算法一般先为新生成的串分配一个存储空间，然后进行串值的复制。

如串的堆分配存储结构的连接操作如下。

```
Status Concat (HString &T, HString S1, HString S2) {
    //用 T 返回由 S1 和 S2 连接而成的新串
    if (T.ch)  free(T.ch);        //释放旧空间
    if (! ( T.ch = ( char * ) malloc ( (S1.length + S2.length) * sizeof(char) ) ) )
        exit (OVERFLOW);          //如果申请失败，则退出程序
    T.length = S1.length + S2.length;
    T.ch[0..S1.length - 1] = S1.ch[0..S1.length - 1];
    T.ch[S1.length..T. length - 1] = S2.ch[0..S2.length - 1];
    return OK;
} // Concat
```

5.2.3　串的块链存储表示

1. 块链存储表示的定义及特点

和线性表类似，串也可以采用链式存储结构来存储串值。虽然串的数据元素是单个字符，但考虑到存储密度因素，用链表存储串时，通常一个结点中存放的不是一个字符，而是一个子串。存储密度可定义为

$$存储密度 = \frac{串值所占的存储位}{实际分配的存储位}$$

其中，实际分配的总的存储空间既包含数据域所占的空间，也包含指针域所占的空间。数据元素所占空间，在总空间中的比例越大，则存储密度越大。所以，要想提高存储密度，可以在每个结点中存放多个字符，以减少指针域所占存储空间的比例。

当使用链表存储串值时，存在一个"结点大小"的问题，即每个结点可以存放一个字符，也可以存放多个字符。通常将结点数据域中存放的字符个数定义为结点的大小。当结点大小大于 1 时，串的长度不一定正好是结点大小的整数倍。例如，图 5-3 所示的链表的结点大小是 4，而串长是 9，在最后一个结点中，数据值不会充满整个结点。此时，用特殊字符，如#来填充最后一个结点(通常#不是串的字符集，而是一个特殊的符号)，以表示串的结束。

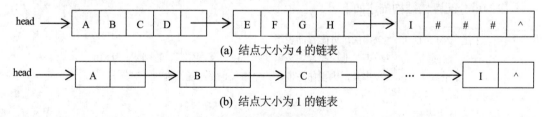

(a) 结点大小为 4 的链表

(b) 结点大小为 1 的链表

图 5-3　串的块链存储表示

2. 块链存储结构的表示

为了便于进行串的操作，当以链表存储串值时，除头指针外还可以附设一个尾指针，指示链表中的最后一个结点，并给出当前串的长度。

串的块链存储表示如下。

```
#define CHUNKSIZE 80          //可由用户定义块的大小
typedef struct Chunk {        //结点结构
  char ch[ CUNKSIZE];
  struct Chunk *next;
} Chunk;
typedef struct {              //串的链表结构
  Chunk *head, *tail;         //串的头指针和尾指针
  int   curlen;               //串的当前长度
} LString;
```

在实际应用时，可以根据问题所需来设置结点的大小。例如，在编辑系统中，整个文本编辑区可以看成是一个文本串，每一行是一个子串，构成一个结点，即同一行的串用定长结构(如80 个字符)表示，行和行之间用指针连接。

3. 块链结构的相关操作

串值的链式存储结构给某些串操作如连接操作等带来一定的方便，但总的说来不如另外两种存储结构灵活。它占用存储量大且操作复杂。此外，串值在采用链式存储结构时串操作的实现和线性表在链表存储结构中的操作类似，在此不作详细讨论。

5.3　串的模式匹配算法

在计算机科学领域，串的模式匹配算法一直都是研究焦点。在拼写检查、语言翻译、数据压缩、搜索引擎、网络入侵检测、计算机病毒模式匹配及 DNA 序列匹配等应用中，都会用到串的模式匹配。模式匹配，即前述串的抽象数据类型中提供的基本操作之一——Index 串匹配操作，指在主串中查找子串。子串也称为模式串，因此，串匹配操作也称为模式匹配。

下面讨论以定长顺序结构表示串时的几种模式匹配算法。

5.3.1　简单匹配算法

1. 简单匹配算法(也称 BF 算法)

简单匹配算法从主串 S 的第 pos 个字符起和模式串的第一个字符比较。若相等，则继续逐个比较后续字符；否则从主串的下一个字符起重新和模式串的字符进行比较，如图 5-4 所示。

i 指示主串 S 当前位置，j 指示子串 T 当前位置；i 初值为 pos，j 初值为 1，即主串 S 从第 pos 个位置开始与子串 T 进行匹配，如图 5-4(a)所示。

在某次匹配过程中，如果 i 和 j 所指字符相等，则 i、j 分别加 1 后继续比较；否则，出现不匹配，字串 T 应整体向右移动 1 个位置继续下一次匹配。指针 j 回溯到 1，而 i 应该回到 S 串的哪个位置呢？i 指针从 S 串中本次匹配的初值，直到出现此次不匹配，一共向右移动了 j 个位置，所以，S 串本次匹配的初值为 $i-j+1$。而本次匹配没有成功，所以字串 T 应整体向右移动 1 个位置与 S 串继续比较，即 i 要回溯到 $i-j+2$ 继续下一次匹配，如图 5-4(b)所示。

在某次匹配过程中，若 S 串和 T 串中对应字符始终相等，i、j 指针一直执行加 1 操作，当

指针 j 超出 T 串范围，即 $j=m+1$（m 为 T 串串长)时，匹配成功。此时，应返回 T 串在主串 S 中的位置，即当前 T 串中第 1 个字符在 S 中的位置 $i-m$，算法结束，如图 5-4(c)所示。

在整个匹配过程中，根据算法规则，S 串指针 i 有时向后移动，有时回溯向前移动，在指针 i 前后往复移动过程中，当出现 $i>n$ 时，说明到目前为止没有出现匹配成功的情形，而且在当前位置已经不可能有完整的 T 串出现在 S 串中了。此时，应返回匹配不成功的标志，算法结束，如图 5-4(d)所示。

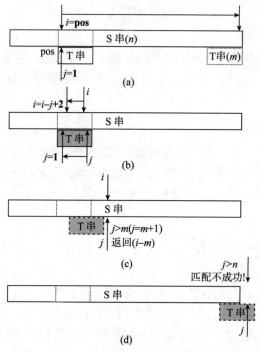

图 5-4 简单匹配算法匹配过程

算法如下。

```c
int Index(SString S, SString T, int pos) {
  //返回子串 T 在主串 S 中第 pos 个字符之后的位置，若不存在，则函数值为 0
  //其中，T 非空，1≤pos≤StrLength(S)
  i=pos; j = 1;
  while (i <= S[0] && j <= T[0]) {
    if (S[i] = = T[j]) { ++i; ++j;}       //继续比较后继字符
    else { i = i - j + 2;j = 1;}          //指针后退重新开始匹配
  }
  if ( j > T[0]) return i - T[0];
  else return 0;
} //Index
```

图 5-5 展示了模式 T='abcac'和主串 S='ababcabcacbab'的匹配过程(pos=1)。

第一趟匹配 a b a b c a b c a c b a b
　　　　　a b c
　　　　　　　↑ $j=3$

　　　　　　↓ $i=2$

第二趟匹配 a b a b c a b c a c b a b
　　　　　a
　　　　　↑ $j=1$

　　　　　　　　　　　↓ $i=7$

第三趟匹配 a b a b c a b c a c b a b
　　　　　　　a b c a c
　　　　　　　　　　↑ $j=5$

　　　　　　↓ $i=4$

第四趟匹配 a b a b c a b c a c b a b
　　　　　　a
　　　　　　↑ $j=1$

　　　　　　　↓ $i=5$

第五趟匹配 a b a b c a b c a c b a b
　　　　　　a
　　　　　　↑ $j=1$

　　　　　　　　　　　　　↓ $i=11$

第六趟匹配 a b a b c a b c a c b a b
　　　　　　　a b c a c
　　　　　　　　↑ $j=6$

图 5-5　简单匹配算法匹配过程实例

简单匹配算法过程易于理解，且在某些应用场合，如文本编辑等，效率也较高。然而，在有些情况下，该算法的效率却很低。例如，当模式串为 '00000001'，而主串为 '00000000000000000000000000000000000000000000000001' 时，由于模式中前 7 个字符均为 "0"，主串中前 52 个字符亦均为 "0"，每趟比较都在模式的最后一个字符出现不等，此时须将指针 i 回溯到 $i-6$ 的位置上，并从模式的第一个字符开始重新比较。整个匹配过程中指针 i 需回溯 45 次，而 WHILE 循环次数为 46×8 (index $\times m$)。可见，简单匹配算法在最坏情况下的时间复杂度为 $O(n \times m)$。这种反复回溯的情况在只有 0、1 两种字符的文本串处理中经常出现，因为在主串中可能存在多个和模式串 "部分匹配" 的子串，引起指针 i 的多次回溯。为了提高匹配效率，可考虑如何改进算法以减少指针反复回溯。

2. 首尾匹配算法

首尾匹配算法，先比较模式串的第一个字符，再比较模式串的最后一个字符，然后比较模式串中从第二个到第 $n-1$ 个字符，以防止出现模式中前面字符都匹配，仅最后一个字符不匹配的情况。在这种情况下，指针需向前回溯较大的距离，而指针向前回溯是算法效率较低的主要因素。首尾匹配算法能够在特定情况下，减少指针回溯范围，提高匹配效率。下节介绍的 KMP 算法中，主串中指针 i 不需要向前回溯，可进一步提高算法效率。首尾匹配的具体算法如下。

```
int Index_FL(SString S, SString T, int pos) {
    //返回子串 T 在主串 S 中第 pos 个字符之后的位置，若不存在，则函数值为 0。
    //其中，T 非空，1≤pos≤StrLength(S)
    sLength = S[0]; tLength = T[0];
    i = pos;
    patStartChar = T[1];
    patEndChar = T[tLength];
    while ( i < sLength - tLength + 1) {
      if ( S [i] ! = patStartChar) + + i;                    //首字符不匹配
      else if ( S [ i + tLength -1] ! = patEndChar) + + i;//尾字符不匹配
          else {                                  //检查中间字符的匹配情况
              k = 1;  j = 2;
              while ( j < tLength && S [ i+k] = T [j] )
               { + + k;  + + j; }
              if ( j = = tLength )  return i;
              else + + i;                         //重新开始下一次的匹配检测
          }
    }
    return 0;
} Index_FL
```

首尾匹配算法在模式串前面字符均匹配成功，而最后一个字符出现不匹配的特定极端情况下，可大幅提高实际的运行效率；但最坏情况下，首尾匹配算法的时间复杂度仍为 $O(m \times n)$。

5.3.2 KMP 算法

1. KMP 算法介绍

前面介绍的两种简单匹配算法的时间复杂度为 $O(m \times n)$，而由 D.E.Knuth 与 V.R.Pratt 和 J.H.Morris 同时发现的 KMP 算法的时间复杂度可以达到 $O(m+n)$。在简单模式算法中，当出现主串和子串中对应字符不匹配时，主串指针 i 和子串指针 j 除少数情况外都需要回溯，导致算法效率低；而 KMP 算法中主串指针不需回溯，利用已经得到的"部分匹配"的结果，将模式串向右滑动尽可能远的一段距离后，继续进行比较。

回顾图 5-2 中的匹配过程，在第三趟匹配中，当 $i=7$、$j=5$ 字符比较不等时，又从 $i=4$、$j=1$ 重新开始比较。经观察可发现，在 $i=4$ 和 $j=1$，$i=5$ 和 $j=1$ 这 2 次比较都是不必进行的。因为从第三趟部分匹配的结果就可得出，主串中第 4 个和第 5 个字符必然是'b'和 c'(即模式串中第 2、3 个字符)。因为模式中的第一个字符是 a，因此它无须再和这 2 个字符进行比较，而仅需将模式向右滑动 3 个字符的位置继续进行 $i=7$、$j=2$ 时的字符比较即可。同理，在第一趟匹配中出现字符不等时，仅需将模式向右移动两个字符的位置继续进行 $i=3$、$j=1$ 时的字符比较。由此，在整个匹配的过程中，i 指针没有回溯，如图 5-6 所示。

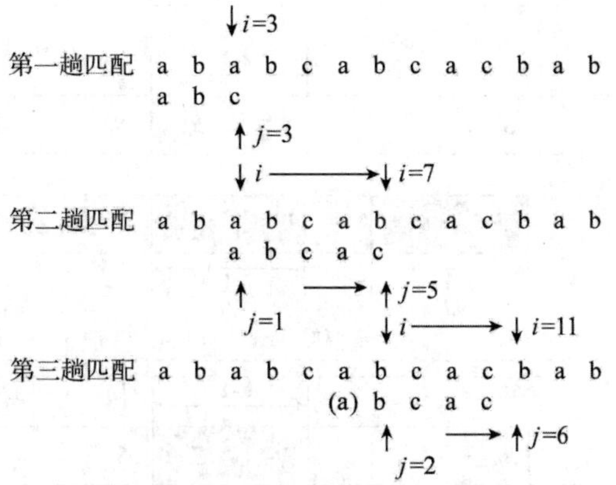

图 5-6 改进算法的匹配过程示例

现在讨论一般情况。假设主串为$'s_1 s_2 \ldots s_n'$，模式串为$'p_1 p_2 \ldots p_m'$，从上例的分析可知，为了实现 KMP 算法，需要解决下述问题：当匹配过程中产生"失配"（即$s_i \neq p_j$）时，模式串"向右滑动"可行的距离有多远？换句话说，当主串中第 i 个字符与模式中第 j 个字符"失配"时，主串中第 i 个字符（i 指针不回溯）应与模式中哪个字符再比较？

假设此时应与模式中第 $k(k<j)$ 个字符继续比较，则模式中前 $k-1$ 个字符组成的子串必须满足下列关系式，且不存在 $k'>k$ 满足下列关系式：

$$'p_1 p_2 \ldots p_{k-1}' = {}'s_{i-k+1} s_{i-k+2} \ldots s_{i-1}' \tag{5-1}$$

而已经得到的"部分匹配"的结果是：

$$'p_{j-k+1} p_{j-k+2} \ldots p_{j-1}' = {}'s_{i-k+1} s_{i-k+2} \ldots s_{i-1}' \tag{5-2}$$

由此推得：

$$'p_1 p_2 \ldots p_{k-1}' = {}'p_{j-k+1} p_{j-k+2} \ldots p_{j-1}' \tag{5-3}$$

反之，若模式串中存在满足式(5-3)的两个子串，则当匹配过程中，主串中第 i 个字符与模式中第 j 个字符比较不等时，仅需将模式向右滑动至模式中第 k 个字符和主串中第 i 个字符对齐，此时，模式中前 $k-1$ 个字符组成的子串$'p_1 p_2 \ldots p_{k-1}'$必定与主串中第 i 个字符之前长度为 $k-1$ 的子串$'s_{i-k+1} s_{i-k+2} \ldots s_{i-1}'$相等。由此，匹配仅需从模式中第 k 个字符与主串中第 i 个字符起继续进行比较，如图 5-7 所示。

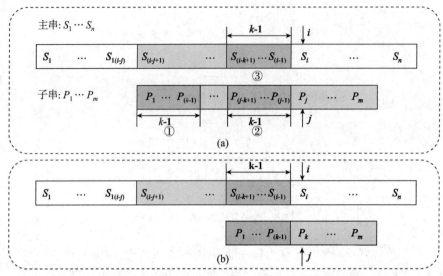

图 5-7　出现不匹配时，利用"部分匹配"的结果，模式串尽量向右滑动

(a) 已经匹配的部分结果（若子串本身满足①=②，则有①=②=③）；(b) 主串指针不动，模式串尽量向右滑动（利用①=③）

下面给出 KMP 算法中非常关键的 next 数组的定义。

2. next 函数的定义

next[j]函数仅针对模式串定义，它指当模式中第 j 个字符与主串中相应字符"失配"时，在模式中需重新和主串中该字符进行比较的字符的位置。模式串的 next 函数定义如下：

$$
next[j] = \begin{cases}
0, & \text{当 } j=1 \text{ 时} \\
Max\ \{k\ |\ 1 < k < j\ \text{且} \ 'p_1 p_2 \cdots p_{k-1}' = 'p_{j-k+1} p_{j-k+2} \cdots p_{j-1}'\}, & \text{当此集合不为空时} \\
1, & \text{其他情况}
\end{cases}
$$

【例 5-1】设模式串为'a b a a b c a c'，字符下标从 1 开始。请列出模式串的 next 函数值表。

当 j=1 时，由定义得 next[1]=0。

当 j=2 时，表示模式串中第 2 个字符在和主串对应字符比较时发生了不匹配，观察前面长度为 1 的子串'a'有没有相等的前缀和后缀；需要说明的是，前缀和后缀不包括串自身，所以长度为 1 的子串中，无法取前缀和后缀。因此，这种情况属于 next 函数定义中的其他情况，所以 next[2]定义为 1。

当 j=3 时，表示模式串中第 3 个字符在和主串对应字符比较时发生了不匹配，须观察前面长度为 2 的子串'ab'中有没有相等的前缀和后缀；取前缀'a'，后缀'b'，可知前缀和后缀不相等。这是 next 函数定义中，没有相等的前缀和后缀，集合为空时的情况，所以 next[3]值为 1。

当 j=4 时，表示模式串中第 4 个字符在和主串对应字符比较时发生了不匹配，观察前面长度为 3 的子串'aba'中有没有相等的前缀和后缀；其中长度为 1 的前缀'a'和后缀'a'是相等的；长度为 2 的前缀'ab'，后缀'ba'不相等；所以长度最长的相等的前缀和后缀，其长度是 1。根据定义，若相同的前缀后缀的长度为 $k-1$，则返回值为 k；即相同的前缀后缀的最大长度值加 1，所以 next[4]的值为 2。

当 $j=5$ 时，表示模式串中第 5 个字符在和主串对应字符比较时发生了不匹配，观察前面长度为 4 的子串 'abaa' 中有没有相等的前缀和后缀；观察发现，前缀 'a' 等于后缀 'a'，所以 next[5]的值为 2。

当 $j=6$ 时，观察前面长度为 5 的子串 'abaab' 中有没有相等的前缀和后缀；观察发现，前缀 'ab' 等于后缀 'ab'，所以，next[6]的值为 3。

当 $j=7$ 时，观察前面长度为 6 的子串 'abaabc' 中有没有相等的前缀和后缀；观察发现，没有任何相等的前缀和后缀。这是 next 函数定义中，没有相等的前缀和后缀，集合为空时的情况，所以 next[7]值为 1。

当 $j=8$ 时，观察前面长度为 7 的子串 'abaabca' 中有没有相等的前缀和后缀；观察发现，前缀 'a' 等于后缀 'a'，所以 next[8]的值为 2。

由上述分析，得出模式串的 next 函数值如表 5-1 所示。

表 5-1　模式串的 next 函数值

j	1	2	3	4	5	6	7	8
模式串	a	b	a	a	b	c	a	c
Next[j]	0	1	1	2	2	3	1	2

在求得模式的 next 函数之后，匹配可如下进行：假设以指针 i 和 j 分别指示主串和模式中正待比较的字符，令 i 的初值为 pos，j 的初值为 1。若在匹配过程中 $s_i=p_j$，则 i 和 j 分别增 1，否则，i 不变，而 j 退到 next[j]的位置再继续比较；若相等，则指针各自增 1，否则 j 再退到下一个 next 值的位置，依次类推，继续比较。直至下列两种可能：一种是 j 退到某个 next 值(next[next[…next[j]…]])时字符比较相等，则指针各自增 1，继续进行匹配；另一种是 j 退到值为零(即模式的第一个字符"失配")，则此时需将模式继续向右滑动一个位置，即从主串的下一个字符 s_{i+1} 起和模式第一个字符重新开始匹配。图 5-8 所示是上述匹配过程的一个示例。

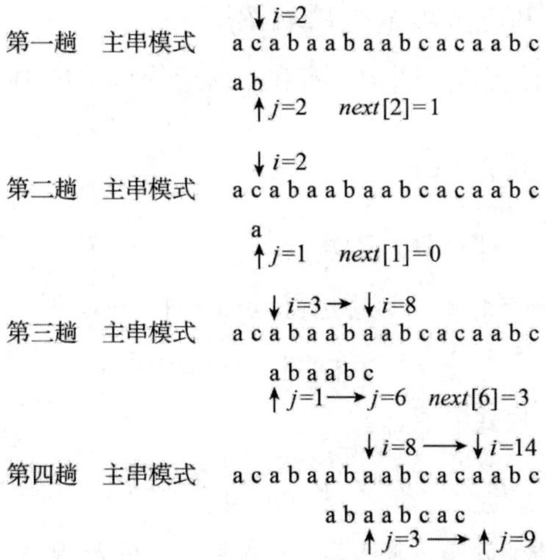

第一趟　主串模式　　　　　$\downarrow i=2$
　　　　　　　　　　acabaabaabcacaabc
　　　　　　　　　　a b
　　　　　　　　　　$\uparrow j=2$　　$next[2]=1$

第二趟　主串模式　　　　　$\downarrow i=2$
　　　　　　　　　　acabaabaabcacaabc
　　　　　　　　　　a
　　　　　　　　　　$\uparrow j=1$　　$next[1]=0$

第三趟　主串模式　　　$\downarrow i=3 \rightarrow \downarrow i=8$
　　　　　　　　　　acabaabaabcacaabc
　　　　　　　　　　a b a a b c
　　　　　　　　　　$\uparrow j=1 \longrightarrow j=6$　$next[6]=3$

第四趟　主串模式　　　　$\downarrow i=8 \longrightarrow \downarrow i=14$
　　　　　　　　　　acabaabaabcacaabc
　　　　　　　　　　a b a a b c a c
　　　　　　　　　　$\uparrow j=3 \longrightarrow \uparrow j=9$

图 5-8　利用模式的 next 函数进行匹配的过程示例

3. 已知 next 函数的 KMP 算法

若已知模式的 next 函数，KMP 算法如下：

```
int Index_KMP(SString S, SString T, int pos) {
//已知 next 函数的 KMP 算法,1≤pos≤StrLength(S)
  i = pos;   j = 1;
  while (i <= S[0] && j <= T[0]) {
     if (j = = 0 || S[i] = = T[j]) { ++i;  ++j; }    //继续比较后继字符
     else  j = next[j];                              //模式串向右移动
  }
  if ( j > T[0] )  return i - T[0];                   //匹配成功
  else return 0;
} //Index_KMP
```

Index_KMP 算法在形式上和上节简单匹配算法极为相似。不同之处仅在于：当匹配过程中产生"失配"时，指针 i 不变，指针 j 退回到 next[j]所指示的位置上重新进行比较；当指针 j 退至零时，指针 i 和指针 j 需同时增 1，即若主串的第 i 个字符和模式的第 1 个字符不等时，应从主串的第 i+1 个字符起和模式的第一个字符重新开始进行匹配。

Index_KMP 算法是在已知模式串的 next 函数值的基础上执行的。那么，如何求得模式串的 next 函数值呢？

4. next 函数的实现

从上述讨论可见，next 函数值仅取决于模式串本身而和相匹配的主串无关。可从分析其定义出发用递推的方法求得 next 函数值。

由定义得知：next[1]=0。

设 next[j]=k，这表明在模式串中存在下列关系：

$$'p_1 p_2 \cdots p_{k-1}' = 'p_{j-k+1} p_{j-k+2} \cdots p_{j-1}' \tag{5-4}$$

其中 k 为满足 $1<k<j$ 的某个值，并且不存在 $k'>k$ 满足等式(5-4)。此时，nent[j+1]的取值可能有以下两种情况：

(1) 若 $p_k=p_j$，则表明在模式串中

$$'p_1 p_2 \cdots p_k' = 'p_{j-k+1} p_{j-k+2} \cdots p_j' \tag{5-5}$$

并且不存在 $k'>k$ 满足等式(5-4)，这样可得 next[j+1]=k+1，即

$$next[j+1] = next[j]+1 \tag{5-6}$$

(2) 若 $p_k \neq p_j$，则表明在模式串中

$$'p_1 p_2 \cdots p_k' \neq 'p_{j-k+1} p_{j-k+2} \cdots p_j' \tag{5-7}$$

此时可把求 nert 函数值的问题也看成是一个模式匹配问题，整个模式串既是主串又是子串，而当前在匹配的过程中，已有 $p_{j-k+1} = p_1$，$p_{j-k+2} = p_2$，…，$p_{j-1} = p_{k-1}$，则当 $p_k \neq p_j$ 时，

应将模式向右滑动至以模式中的第 next[k] 个字符和主串中的第 j 个字符相比较。若 next[k] = k'，则比较 p_j 和 $p_{k'}$，若 $p_j = p_{k'}$，则说明在主串中第 $j+1$ 个字符之前存在一个长度为 k'（即 next[k]）的最长子串，和模式串中从首字符起长度为 k' 的子串相等，即

$$'p_1 p_2 \cdots p_{k'}' = 'p_{j-k'+1} p_{j-k'+2} \cdots p_j' \quad (1 < k' < k < j) \tag{5-8}$$

此时 next[$j+1$] = k'+1 即

$$\text{next}[j+1] = \text{next}[k]+1 \tag{5-9}$$

同理，若 $p_j \neq p_{k'}$，则将模式继续向右滑动直至将模式中第 next[k'] 个字符和 p_j 对齐，……，依次类推，直至 p_j 和模式中某个字符匹配成功或者不存在任何 k'（$1 < k' < j$）满足等式(5-8)，则

$$\text{next}[j+1]=1 \tag{5-10}$$

例如，图 5-9 中的模式串，已求得前 6 个字符的 next 函数值，现求 next[7] 和 next[8]。

$$
\begin{array}{c|c|c}
j & 1\ 2\ 3\ 4\ 5\ 6 & 7\ 8 \\
\text{模式} & \text{a b a a b c} & \text{a c} \\
& \underline{} & \\
\text{next}[j] & 0\ 1\ 1\ 2\ 2\ 3 & 1\ 2
\end{array}
$$

(a b a)

(a)

图 5-9　模式串的 next 函数值

求解 next[7] 过程为：

首先求得 next[6]=3，则需比较 p_6 和 p_3：$p_6 \neq p_3$；

继续求得 next[3]=1，则需比较 p_6 和 p_1（这相当于将模式向右滑动）：$p_6 \neq p_1$；

继续求得 next[1]=0，由式(5-10)得 next[7]=1。

求解 next[8] 过程为：

首先求得 next[7]=1，则需比较 p_7 和 p_1：$p_7 = p_1$；由式(5-6)得 next[8]= next[7]+1=2。

根据 next 函数定义和上述分析所得结果，参考 KMP 算法，得到下述求 next 函数值的算法。

```
void get_next(SString T, int &next[ ] ) {
//求模式串 T 的 next 函数值并存入数组 next
  i=1; next[1]= 0;
  j=0;
  while (i < T[0]){
    if(j==0 || T[i]==T[j]) {++i; ++j; next[i]=j;}
    else j= next[j]
  }//get_next
```

算法 get_next 的时间复杂度为 $O(m)$。通常，模式串的长度 m 比主串的长度 n 要小得多；因此，对整个匹配算法来说，对先求得 next 函数所增加的这部分时间开销是值得的。

5. next 函数的改进

上述定义的 next 函数在某些情况下并不完美。如图 5-10 所示，模式'aaaab'在和主串'aaabaaaab'匹配时：当 i=4、j=4 时若 $s_4 \neq p_4$，根据 next[j]的指示还须进行 i=4、j=3；i=4、j=2；i=4、j=1 等三次比较。实际上，模式中第 1、2、3 个字符和第 4 个字符都相等，如果模式第 4 个字符和主串相应字符比较时产生了不匹配；若主串指针不动，则第 1、2、3 个字符在和主串同一字符比较时必定也不匹配。这种情形下，模式第 1、2、3 个字符不需要再和主串第 4 个字符比较，而可以一气向右滑动 4 个字符的位置，直接进行 i=5、j=1 时的字符比较，效率最高。

j	1 2 3 4 5
模式	a a a a b
next[j]	0 1 2 3 4
nextval[j]	0 0 0 0 4

图 5-10　模式串的 next 函数修正值

也就是说，若按上述定义得到 next[j]=k，而模式中 $p_j = p_k$，则当主串中字符 s_i 和 p_j 比较不等时，不需要再和 p_k 进行比较，而直接和 $P_{\text{next}[k]}$ 进行比较，换句话说，此时的 next[j]应设置为和 next[k]相同的值。由此得到的 next 函数值称为 next 函数的修正值，记为 nextval 函数。

计算 nextval 函数的算法如算法下所示。此时匹配算法不变。

```c
void get_nextval(SString T, int &nextval[ ]) {
//求模式串 T 的 next 函数修正值并存入数组 nextval
  i=1;
  nextval[1]=0;
  j=0;
  while (i<T[0]) {
    if(j==0||T[i]==T[j]) {
        ++i;++j;
        if(T[i]!= T[j]) nextval[i]=j;
        else nextval[i]=nextval[j];
    }
    else j= nextval[j];
  }
// get_ nextval
```

6. 模式匹配算法分析

虽然简单匹配算法的时间复杂度是 $O(n \times m)$，但在一般情况下，其实际的执行时间近似于 $O(n+m)$，因此至今仍被采用。KMP 算法仅当模式与主串之间存在许多"部分匹配"的情况下才显得比简单匹配算法快得多。但是 KMP 算法的最大特点是指示主串的指针不需回溯，整个匹配过程中，对主串仅需从头至尾扫描一遍，这对处理从外设输入的庞大文件很有效，可以边读入边匹配，而无需回头重读。

5.4　串应用举例——文本编辑

文本编辑程序是一种面向用户的系统服务程序，可以用于源程序的输入和修改，报刊和书籍的编辑排版，以及办公室的公文书信的起草和润色等。

5.4.1 文本编辑概述

可用于文本编辑的程序很多，功能强弱差别很大，但基本操作是一致的：都包括串的查找、插入和删除等基本操作。

对于用户来说，一个文本(文件)可以包括若干页，每页包括若干行，每行包括若干文字。

对于文本编辑程序来说，可以把整个文本看成一个长字符串，称为文本串，页是文本串的子串，行是页的子串。为简化程序复杂程度，也可以不分页，把文本串简单地划分成若干行。

例如，下面的一段源程序可以看成一个文本串。

```
main(){
  float a,b,max;
  scanf("%f,%f",&a,&b);
  if (a>b) max = a;
  else max = b;
}
```

这个文本串在内存中的存储映像如图 5-11 所示。

m	a	i	n	(	)	{	\n			f	l	o	a	t		a	,	b	,
m	a	x	;	\n			s	c	a	n	f	(	"	%	f	,	%	f	"
,	&	a	,	&	b	)	;	\n			i	f		a	>	b			m
a	x	=	a	;	\n			e	l	s	e			m	a	x	=	b	;
\n	}	\n																	

图 5-11　文本格式示例

为了管理文本串的页和行，在进入文本编辑时，编辑程序先为文本串建立相应的页表和行表，即建立各子串的存储映像。页表的每一项给出了页号和该页的起始行号。而行表的每一项则指示每一行的行号、起始地址和该行子串的长度。假设如图 5-11 所示的文本串只占一页，且起始行号为 100，则该文本串的行表如图 5-12 所示。

行号	起始地址	长度
100	201	8
101	209	17
102	226	24
103	250	17
104	267	15
105	282	12

图 5-12　文本串的行表

5.4.2 文本编辑程序

在编辑时，为指示当前的编辑位置，程序中要设立页指针、行指针、字符指针，分别指示当前页、当前行、当前字符。因此程序中要设立页表、行表便于查找。文本编辑程序中设立页指针、行指针和字符指针，分别指示当前操作的页、行和字符。如果在某行内插入或删除若干字符，则要修改行表中该行的长度。若该行的长度超出了分配给它的存储空间，则要为该行重新分配存储空间，同时还要修改该行的起始位置。如果要插入或删除一行，就要涉及行表的插入或删除。若被删除的行是所在页的起始行，则还要修改页表中相应页的起始行号(修改为下一行的行号)。为了查找方便，行表是按行号递增的顺序存储的，因此，对行表进行的插入或删除，需移动操作位置以后的全部表项。页表的维护与行表类似，在此不再赘述。由于访问是以页表和行表为索引的，所以在进行行和页的删除操作时，可以只对行表和页表进行相应的修改，不必删除所涉及的字符，这可以节省不少时间。

以上概述了文本编辑程序中的基本操作。具体的算法，请根据上述思路自行编写。

5.5 习题

一、选择题

1. 下列关于串的叙述中，不正确的是(　　)。
   A. 串是字符的有限序列　　　　　　B. 空串是由空格构成的串
   C. 模式匹配是串的一种重要运算　　D. 串既可以采用顺序存储，也可以采用链式存储

2. 若串 S1 = 'ABCDEFG '，S2 = '9898 '，S3 = '### '，S4 = '012345 '，则执行 concat(replace(S1,substr(S1,length(S2),length(S3)),S3),substr(S4,index(S2, '8 '),length(S2)))后，其结果为(　　)。
   A. ABC###G0123　　　　　　　　　B. ABCD###2345
   C. ABC###G1234　　　　　　　　　D. ABCD###1234

3. 设有两个串 p 和 q，其中 q 是 p 的子串，求 q 在 p 中首次出现的位置的算法称为(　　)。
   A. 求子串　　　　　　　　　　　　B. 串联接
   C. 串匹配　　　　　　　　　　　　D. 求串长

4. 串的长度是指(　　)。
   A. 串中所含不同字母的个数　　　　B. 串中所含字符的个数
   C. 串中所含不同字符的个数　　　　D. 串中所含非空格字符的个数

5. 串"ababaaababaa"的 next 数组为(　　)。
   A. 012345678999　　B. 012121111212　　C. 011234223456　　D. 0123012322345

二、填空题

1. 串是一种特殊的线性表，其特殊性表现在_____；串的 3 种最基本的存储方式是_____、_____、_____；两个串相等的充分必要条件是_____。

2. 模式串 P='abaabcac'的 next 函数值序列为_____。

第6章 数 组

前几章讨论的线性结构中的数据元素都是非结构的原子类型，元素值不可再分解。本章讨论的数组结构可以看成是线性表在下述含义上的扩展：表中的数据元素本身也可以是另外一个数组。以下讨论数组的抽象数据类型定义、存储结构和实现。

6.1 数组的基本概念

数组是人们所熟悉的一种数据类型。大多数的程序设计语言都把数组类型设定为固有类型。本节介绍数组的定义、性质、其抽象数据类型定义，以及数组与线性表的关系。

6.1.1 数组的定义及性质

数组是 $n(n>1)$ 个相同类型的数据元素 $a_0, a_1, a_2, \cdots, a_{n-1}$ 构成的有限序列，通常该有限序列存储在一组地址连续的内存单元里。数组的定义类似于顺序存储结构的线性表。数组也可以看作是线性表的推广，其每个元素都由一个值和一个下标确定。

数组具有以下性质。

(1) 数组中的数据元素数目相对固定。一旦定义了一个数组，其数据元素数目一般不再变化。

(2) 数组中的数据元素具有相同的数据类型。

(3) 数组中的每个数据元素都和一组唯一的下标值对应。

(4) 数组是一种随机存储结构，可随机存取数组中的任意数据元素。

6.1.2 数组的抽象数据类型定义

数组的抽象数据类型定义如下。

```
ADT Array{
数据对象：j_i=0,…,b_i-1,i=1,2,…,n,
        D={a_{j_1j_2…j_n}|n(n>0)称为数组的维数, b_i是数组地第i维的长度,
          j_{ij}是数组元素的第i维下标,  a_{j_1j_2…j_n}∈ElemSet}
数据关系：R = {R_1, R_2, …, R_n}
        Ri={<a_{j_1…j_i…j_n},a_{j_1…j_i+1…j_n}>| 0≤j_k≤b_k-1, 1≤k≤n且k≠i,
```

$$0 \leqslant j_i \leqslant b_i - 2,$$

$$a_{j_1 \cdots j_i \cdots j_n}, a_{j_1 \cdots j_i+1 \cdots j_n} \in D, i=2, \cdots, n \ \}$$

基本操作：

　　InitArray(&A, n, bound1, bound2,…, boundn)

　　　　操作结果：若维数 n 和各维长度合法，则构造相应的数组 A，并返回 OK。

　　DestroyArray(&A)

　　　　操作结果：销毁数组 A。

　　Value(A, &e, index1,…, indexn)

　　　　初始条件：A 是 n 维数组，e 是元素变量，随后是 n 个下标值。

　　　　操作结果：若各下标不超界，则 e 赋值为所指定的 A 的元素值，并返回 OK

　　Assign(&A, e, index1,…, indexn)

　　　　初始条件：A 是 n 维数组，e 是元素变量，随后是 n 个下标值

　　　　操作结果：若下标不超界，则将 e 的值赋给所指定的 A 的元素，并返回 OK

}ADT Array

6.1.3　数组与线性表的关系

显然当维数 $n=1$ 时，n 维数组退化为定长的线性表。反之，n 维数组也可以看成是线性表的推广。由此，可以从另一个角度来定义 n 维数组。以下面 $m \times n$ 的二维数组为例：

$$A_{m \times n} = \begin{bmatrix} a_{00} & a_{01} & a_{02} & \cdots & a_{0(n-1)} \\ a_{10} & a_{11} & a_{12} & \cdots & a_{1(n-1)} \\ \vdots & \vdots & \vdots & \vdots & \vdots \\ a_{(m-1)0} & a_{(m-1)1} & a_{(m-1)2} & \cdots & a_{(m-1)(n-1)} \end{bmatrix}$$

当把二维数组看成是线性表时，它的每个结点又是一个一维数组(向量)。上述二维数组 A 可以看成是如下的线性表：

$$A_0, A_1, A_2, \cdots, A_{m-1}$$

即 A 中的每一行成为线性表的一个元素，其中每个 $A_i(0 \leqslant i \leqslant m-1)$ 都是一个行向量：

$$(a_{i0}, \ a_{i1}, \ a_{i2}, \cdots, \ a_{i(n-1)})$$

也可以将上述二维数组 A 看成如下的线性表：

$$A_0', A_1', A_2', \cdots, A_{n-1}'$$

即 A 中的每一列成为线性表的一个元素，其中每一个 $A_i'(0 \leqslant i \leqslant n-1)$ 都是一个列向量：

$$(a_{0i}, \ a_{1i}, \ a_{2i}, \cdots, a_{(m-1)i})$$

由上述分析可知，二维数组 A 中的每一个元素 a_{ij} 都同时属于两个向量，即第 $i+1$ 行的行向量和第 $j+1$ 列的列向量；因此每个元素最多有两个前驱结点 $a_{(i-1)j}$ 和 $a_{i(j-1)}$，也最多有两个后继结点 $a_{(i+1)j}$ 和 $a_{i(j+1)}$(只要这些结点存在)。特别的，a_{00} 没有前驱结点，$a_{(m-1)(n-1)}$ 没有

后继结点；边界上的结点 $a_{0j}(1 \leqslant j \leqslant n-1)$、$a_{(m-1)j}0 \leqslant j \leqslant n-2)$、$a_{i0}(1 \leqslant i \leqslant m-1)$ 和 $a_{i(n-1)}(0 \leqslant i \leqslant n-2)$ 均只有一个前驱结点或后继结点。

6.2　数组的顺序存储及实现

数组是有限的元素构成的有序集合，数组的大小和元素之间的关系一旦确定，就不再发生变化。因此，数组均采用顺序存储结构实现，要求使用连续的存储空间存储。

存储空间中存储单元的分布是一维的结构，用它存储一维数组是非常方便的。对于多维数组的存储，须约定元素的存储次序，以便对数组元素进行存取。

6.2.1　数组的存储方式

在不同的程序语言中，多维数组数据元素的存储顺序有不同的规定，归纳起来主要分为两类：以行序为主序存储和以列序为主序存储。以行序为主序存储的基本思想是，从第一行的元素开始按顺序存储，第 1 行元素存储完成后，再按顺序存储第 2 行的元素，然后依次存储第 3 行、第 4 行等，直到最后一行的所有元素存储完毕为止，如 PASCAL、C 语言。以列序为主序存储的基本思想是，依次按顺序存储第 1 列、第 2 列等，直到最后一列的所有元素存储完毕为止，如 FORTRAN、VB 语言，如图 6-1 所示。本章均使用以行序为主序的存储结构进行说明。

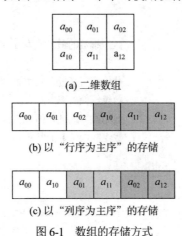

(a) 二维数组

(b) 以"行序为主序"的存储

(c) 以"列序为主序"的存储

图 6-1　数组的存储方式

给出了数组的维数和各维的长度，便可为它分配存储空间。反之，给出一组下标即可求得数组相应元素的存储位置。

假设每个数据元素占 L 个存储单元，用 $\text{LOC}(i,j)$ 表示数据元素 a_{ij} 的存储位置，则二维数组 A 中任一元素 a_{ij} 的存储位置可表示为

$$\text{LOC}(i,j) = \text{LOC}(0,0) + (b_2 \times i + j)L$$

其中，$\text{LOC}(0,0)$ 是 a_{00} 的存储位置，即二维数组 A 的起始存储位置，也称为基地址或基址；b_2 是二维数组 A 第二维的长度。

将上式推广到一般情况，即可得到 n 维数组的数组元素存储位置的映像函数。

$$LOC(j_1, j_2, \cdots, j_n)$$
$$= LOC(0,0,\cdots,0) + (b_2 \times \cdots \times b_n \times j_1 + b_3 \times \cdots \times b_n \times j_2 + \cdots + b_n \times j_{n-1} + j_n)L$$
$$= LOC(0,0,\cdots,0) + \left(\sum_{i=1}^{n-1} j_i \prod_{k=i+1}^{n} b_k + j_n\right)L$$

将上式缩写为

$$LOC(j_1, j_2, \cdots, j_n) = LOC(0,0,\cdots,0) + \sum_{i=1}^{n} c_i j_i$$

其中，$c_n = L$，$c_{i-1} = b_i \times c_i$，$1 < i \leqslant n$。

上式称为 n 维数组的映象函数。可以看出，数组元素的存储位置是其下标的线性函数，一旦确定了数组的各维长度，c_i 就是常数。因为计算各元素存储位置的时间相等，所以存储数组中任一元素的时间也相等。具有这一特点的存储结构称为随机存储结构。

6.2.2　数组的顺序存储表示和实现

以下是数组的顺序存储表示和实现，在程序中设计了标准头文件的引入、数组的定义及对数组的初始化、销毁、赋值、定位等操作。

```
//-------数组的顺序存储表示--------
#include <string.h>
#define MAX_ARRAY_DIM  8         //数组维数的最大值为8
Typede struct{
    ElemType *base;             //数组元素基址，由 InieArray 分配
    int dim;                    //数组维数
    int *bounds;                //数组维界地址，由 InitArray 分配
    int *constants;             //数组映像函数的常量基址，由 InitArray 分配
}Array;
//--------基本操作算法描述-------
Status InitArray(Array &A,int dim,…){
   if(dim<1 || dim>MAX_ARRAY_DIM) return ERROR;
   A.dim=dim;
   A.bounds=(int *)malloc(dim *sizeof(int));
   if ( !A. bounds) exit(OVERFLOW);
   elemtotal = 1;
   va_start (ap, dim);
   for (i=0;i<dim;++i){
       A.bounds [i] = va_arg(ap, int);
       if ( A.bounds[i]<0 ) return UNDERFLOW;
       elemtotal *= A.bounds[i];
   }
```

```
    va_end(ap);
    A.base = (ElemType *) malloc(elemtotal *sizeof ( ElemType ));
    if(!A.base) exit(OVERFLOW);
    A.constants = (int *) malloc (dim* sizeof (int));
    if(!A.constants) exit (OVERFLOW);
    A.constants [dim-1] = 1;
    for(i = dim-2;i>=0;--i)
            A.constants[i] = A.bounds [i+1]* A.constants[i+1];
    return OK;
}
Status DestroyArray (Array &A){
    if(!A.base)return ERROR;
    free(A.base);A.base = NULL;
    if(!A.bounds) return ERROR;
    free(A.bounds); A.bounds=NULL;
    if(!A.constants) return ERROR;
    free(A.bounds);A.constants = NULL;
    return OK;
}
Status Locate(Array A, va_list ap, int &off){
  off = 0;
  for(i=0;i<A.dim;++i){
     ind = va_arg(ap,int);
     if(ind<0 || ind >= A.bounds[i]) return OVERFLOW;
     off += A.constants[i]* ind;
  }
    return OK;
}
Status Value (Array A,ElemType &e,···){
    va_start(ap,e);
    if((result = Locate(A,ap,off))<=0) return result;
    e = *(A.base + off);
    return OK;
}
Status Assign (Array &A, ElemType e,···){
    va_start(ap, e);
    if((result = Locate(A , ap , off))<=0) return result;
    *(A.base + off ) = e;
    return OK;
}
```

6.3 矩阵的压缩存储

矩阵是很多科学与工程计算问题中研究的数学对象。本节重点讨论如何存储矩阵，使矩阵的各种运算都能有效运行。

用高级语言编制程序时，通常用二维数组来存储矩阵元素。有的程序设计语言还提供了各种矩阵运算，方便用户使用。

然而，在数值分析中经常出现一些阶数很高的矩阵，同时在矩阵中有很多值相同的元素或很多零元素。有时为了提高空间利用率，可以对这类矩阵进行压缩存储。压缩存储的思想是，多个相同的非零元素共享同一个存储单元，对零元素不分配存储空间。

特殊矩阵是指非零元素或零元素的分布有一定规律的矩阵，反之，把含零元素较多且分布没有规律的矩阵称为稀疏矩阵。为了节省存储空间，特别是在高阶矩阵中，可以利用特殊矩阵元素分布的规律对矩阵进行压缩存储。

特殊矩阵的主要形式有对称矩阵、三角矩阵、对角矩阵等。它们都是方阵，即矩阵的行数和列数相等。下面分别讨论它们的压缩存储。

6.3.1 对称矩阵的压缩存储

若 n 阶方阵 $A[n][n]$ 中元素满足 $a_{ij} = a_{ji}(0 \leq i, j \leq n-1)$，则称其为 n 阶对称矩阵，如图 6-2 所示。因为对称矩阵中的元素关于主对角线对称，所以存储时可只存储对称矩阵中上三角或下三角中的元素，令对称的元素共享一个存储空间。这样，就可以将 n^2 个元素压缩存储到 $n(n+1)/2$ 个元素的空间中。一般情况下，对称矩阵的压缩存储采用以行序为主序存储的方式存储其下三角(包括对角线)中的元素。

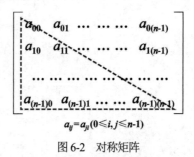

$$a_{ij} = a_{ji}(0 \leq i, j \leq n-1)$$

图 6-2 对称矩阵

假设以一维数组 $B\left[\dfrac{n(n+1)}{2} - 1\right]$ 作为 n 阶对称矩阵 A 的存储结构，在数组 B 中只存储矩阵 A 的下三角元素(包括对角线) $a_{ij}(i \geq j)$。矩阵 A 的下三角中元素 a_{ij} 存储在数组 B 的 b_k 元素中，则上三角部分的元素 $a_{ij}(i < j)$ 在数组中对应的元素就是 a_{ji} 在数组 B 中对应的元素。对于元素 $a_{ij}(i \geq j)$，不包括它所在的当前行，它前面共有 i 行(行下标为 $0 \sim i-1$，第 0 行有 1 个元素，第

1 行有 2 个元素，……，第 i-1 行有 i 个元素)，则这 i 行共有 $1+2+\cdots+i=\dfrac{i(i+1)}{2}$ 个元素。在

当前行中，元素 a_{ij} 前有 j 个元素，则元素 a_{ij} 之前共有 $\dfrac{i(i+1)}{2}+j$ 个元素。由以上分析可知，矩

阵 A 中任一元素 a_{ij} 和 $B[k]$ 之间存在着如下对应关系。

$$k=\begin{cases} \dfrac{i(i+1)}{2}+j, & \text{当}\ i\geqslant j\ \text{时} \\[2mm] \dfrac{j(j+1)}{2}+i, & \text{当}\ i<j\ \text{时} \end{cases}$$

令 $I=\max\{i,j\}$、$J=\min\{i,j\}$，则 $k=\dfrac{I(I+1)}{2}+J$。

综上，矩阵 A 中的数据元素 a_{ij} 在一维数组中的对应位置映像函数如下：

$$\mathrm{LOC}(a_{ij})=\mathrm{LOC}(B[k])=\mathrm{LOC}(B[0])+k\times d$$

其中，d 为每个元素所占的字节数。

对称矩阵的压缩存储如图 6-3 所示。

a_{00}	a_{10}	a_{11}	a_{20}	$\cdots$	$a_{n-1,0}$	$\cdots$	$a_{n-1,\,n-1}$
$k=$ 　0	1	2	3	$\cdots$	$\dfrac{n(n-1)}{2}$		$\dfrac{n(n+1)}{2}-1$

图 6-3　对称矩阵的压缩存储

6.3.2　三角矩阵的压缩存储

三角矩阵与对称矩阵的结构特点类似，可利用与对称矩阵类似的压缩存储方式压缩存储三角矩阵。三角矩阵又分为上三角矩阵和下三角矩阵。所谓下(上)三角矩阵，是指矩阵的上(下)三角 (不包括对角线)中的元素均为常数 c 或 0。与对称矩阵相比，三角矩阵除要存储其下(上)三角矩阵中的元素外，还需要一个存储常数 c 的存储空间。以 n 阶下三角矩阵为例，其矩阵表示及压缩存储如图 6-4 所示。

$$A=\begin{bmatrix} a_{00} & 0 & \cdots & 0 \\ a_{10} & a_{11} & \cdots & 0 \\ \vdots & \vdots & \ddots & \vdots \\ a_{(n-1)0} & a_{(n-1)1} & \cdots & a_{(n-1)(n-1)} \end{bmatrix}$$

(a) n 阶下三角矩阵

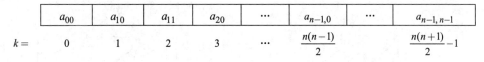

a_{00}	a_{10}	a_{11}	a_{20}	$\cdots$	$a_{n-1,\,0}$	$\cdots$	$a_{n-1,\,n-1}$	c
$k=$ 　0	1	2	3		$\dfrac{n(n-1)}{2}$	$\cdots$	$\dfrac{n(n+1)}{2}-1$	$\dfrac{n(n+1)}{2}$

(b) 下三角矩阵的压缩存储

图 6-4　下三角矩阵及其压缩存储

其中，矩阵 $A_{n\times n}$ 表示下三角矩阵，矩阵 $B\left[\dfrac{n(n+1)}{2}\right]$ 为压缩存储矩阵，用矩阵 B 中的前 $\dfrac{n(n+1)}{2}-1$ 个空间存储矩阵 A 中的下三角矩阵元素，用第 $\dfrac{n(n+1)}{2}$ 个空间存储所有相同常数元素 c。对任意元素 a_{ij}，当 $i>=j$ 时，该元素在下三角形中，$k=\dfrac{i(i+1)}{2}+j$；当 $i<j$ 时，该元素在下三角形中，$a_{ij}=c$，共用一个空间 $k=\dfrac{n(n+1)}{2}$。

对于与下三角矩阵结构类似的上三角矩阵请参考上述过程自行推导。

6.3.3　对角矩阵的压缩存储

若一个 n 阶方阵 A 满足其所有非零元素都集中在以主对角线为中心的带状区域中，则称其为 n 阶对角矩阵，又称为带状矩阵。其主对角线上下方各有 b 条次对角线，称 b 为矩阵半带宽，$(2b+1)$ 为矩阵的带宽。对于半带宽为 $b\left(0\leqslant b\leqslant \dfrac{n-1}{2}\right)$ 的对角矩阵，其 $|i-j|\leqslant b$ 的元素 a_{ij} 不为零，其余元素为零。如图 6-5(a)所示为半带宽为 b 的对角矩阵。

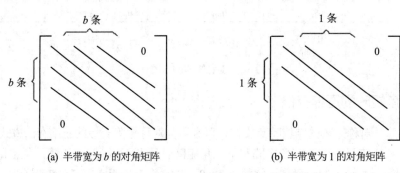

(a) 半带宽为 b 的对角矩阵　　　　　　　(b) 半带宽为 1 的对角矩阵

图 6-5　对角矩阵

下面以半带宽为 1 的对角矩阵(如图 6-5(b)所示)为例，对 n 阶对角矩阵的压缩存储进行讨论。

对于 $b=1$ 的对角矩阵，只存储其非零元素，并存储到一维数组 B 中，将矩阵 A 的非零元素 a_{ij} 存储到数组 B 的对应位置 $B[k]$ 中。

矩阵 A 中第 0 行和第 $n-1$ 行均只有 2 个非零元素，其余各行均有 3 个非零元素。对于不在第 0 行的非零元素 a_{ij}，在它前面存储的前 $i(i\neq 0)$ 行非零元素总数为 $3i-1$；对于第 0 行的非零元素 a_{ij}，在它前面存储的前 $i(i=0)$ 行非零元素总数为 0。

在非零元素 a_{ij} 所在的第 $i+1$ 行上，当 $i=0$ 时，a_{ij} 之前有 j 个非零元素；当 $0<i<n$ 时，a_{ij} 之前有 $j-i+1$ 个非零元素。

综上可得，$k=\begin{cases} j, & \text{当}i=0,\ 0\leqslant j\leqslant 1\text{时}；\\ 2i+j, & \text{当}1\leqslant i\leqslant n-1,\ i-1\leqslant j\leqslant i+1\text{时}。\end{cases}$

所以非零元素 a_{ij} 对应的空间位置映像函数如下。

$$\text{LOC}(a_{ij}) = \text{LOC}(B[k]) = \text{LOC}(B[0]) + k \times d$$

其中，d 为每个元素所占空间的大小。

6.4　稀疏矩阵

6.3 节介绍了特殊矩阵的压缩存储，在特殊矩阵中，非零元素的分布都有明显的规律，因此可以将其压缩存储到一维数组中，并找到每个非零元素在一维数组中的对应关系。

在实际应用中还会经常遇到另一类矩阵，其非零元素较零元素少，且分布没有一定的规律的稀疏矩阵。本节介绍稀疏矩阵的压缩存储。

6.4.1　稀疏矩阵的定义

若矩阵中的非零元素个数相对于矩阵元素总个数十分少，并且非零元素的分布没有规律，则把它称为稀疏矩阵。例如，一个 100×100 的矩阵 A，若其中只有 10 个非零元素，且非零元素的分布没有规律，则 A 可称为稀疏矩阵。

到底非零元的个数多少算十分少？假设在 $m \times n$ 矩阵中，有 t 个元素不为零。令 $\delta = \dfrac{t}{m \times n}$，称 δ 为矩阵的稀疏因子。通常认为 $\delta \leqslant 0.05$ 的矩阵为稀疏矩阵。

6.4.2　稀疏矩阵的抽象数据类型定义

矩阵运算的种类很多，在下列抽象数据类型稀疏矩阵的定义中，只列举了几种常见的运算。稀疏矩阵的抽象数据类型定义如下。

```
ADT SparseMatrix{
    数据对象: D={a_ij|i=1,2,3,…,m;j=1,2,…,n;a_ij∈ElemSet}
              m 和 n 称为矩阵的行数和列数
    数据关系: R={Row,Col}
              Row={<a_ij,a_i(j+1)>|1≤i≤m,1≤j≤n-1}}
              Col={<a_ij,a_(i+1)j>|1≤i≤m-1,1≤j≤n}}
    基本操作:
      CreateSMatrix(&M)
        操作结果: 创建稀疏矩阵 M。
      DestroySMatrix(&M)
        初始条件: 稀疏矩阵 M 存在。
        操作结果: 销毁稀疏矩阵 M。
      PrintSMatrix(M)
        初始条件: 稀疏矩阵 M 存在。
        操作结果: 输出稀疏矩阵 M。
```

```
CopySMatrix(M,&T)
    初始条件：稀疏矩阵 M 存在。
    操作结果：由稀疏矩阵 M 复制得到 T。
AddSMatrix(M,N,&Q)
    初始条件：稀疏矩阵 M 与 N 的行数和列数对应相等。
    操作结果：求稀疏矩阵的和 Q=M+N。
SubtMatrix(M, N, &Q)
    初始条件：稀疏矩阵 M 与 N 的行数和列数对应相等。
    操作结果：求稀疏矩阵的差 Q=M-N。
MultSMatrix(M, N, &Q)
    初始条件：稀疏矩阵 M 与 N 的行数和列数对应相等。
    操作结果：求稀疏矩阵的乘积 Q=M×N。
TransposeSMatrix(M, &T)
    初始条件：稀疏矩阵 M 存在。
    操作结果：求稀疏矩阵的转置矩阵 T。
}ADT SparseMatrix
```

6.4.3 稀疏矩阵的压缩存储

由于稀疏矩阵中零元素的个数很多，如果按一般的矩阵存储方式进行存储，必然会浪费大量的空间。

如何进行稀疏矩阵的压缩存储呢？

按照压缩存储的概念，可只存储稀疏矩阵的非零元素。由于稀疏矩阵中的非零元素的分布没有规律，所以在存储非零元素时还必须同时存储该非零元素所在的行列位置(i, j)。这样稀疏矩阵中的每一个非零元素需要由一个三元数组(i, j, a_{ij})唯一确定，稀疏矩阵中所有非零元素的三元组构成其三元组线性表。

1. 三元组顺序表

假设有一个 6×7 阶的稀疏矩阵 A，如图 6-6(a)所示。

$$A = \begin{bmatrix} 0 & 6 & 0 & 0 & 4 & 0 & 0 \\ -2 & 0 & 0 & 0 & 0 & 3 & 0 \\ 0 & 0 & 7 & 0 & 0 & 0 & 0 \\ 0 & 0 & 0 & 0 & -5 & 0 & 0 \\ 0 & 0 & 0 & 0 & 0 & 16 & 0 \\ 0 & 0 & 0 & 0 & 0 & 0 & -4 \end{bmatrix}$$

$$T = \begin{bmatrix} 0 & -2 & 0 & 0 & 0 & 0 \\ 6 & 0 & 0 & 0 & 0 & 0 \\ 0 & 0 & 7 & 0 & 0 & 0 \\ 0 & 0 & 0 & 0 & 0 & 0 \\ 4 & 0 & 0 & -5 & 0 & 0 \\ 0 & 3 & 0 & 0 & 16 & 0 \\ 0 & 0 & 0 & 0 & 0 & -4 \end{bmatrix}$$

(a) 稀疏矩阵 A　　　　　(b) 稀疏矩阵 A 的转置矩阵

图 6-6　稀疏矩阵及其转置

则 A 对应的三元组线性表为((1,2,6),(1,5,4),(2,1,-2),(2,6,3),(3,3,7),(4,5,-5),(5,6,16),(6,7,-4))。

若把稀疏矩阵的三元组线性表按顺序存储结构进行存储，则称为稀疏矩阵的三元组顺序表，三元组顺序表的数据结构定义如下。

```
#define MAXSIZE 12500            //假设非零元素个数的最大值为12500
Typedef struct{
    int i, j;                   //该非零元素的行下标和列下标
    ElemType e;
}Triple
typedef struct{
    Triple data[MAXSIZE+1];     //非零元素三元组, data[0]未用
    int mu, nu, tu;             //矩阵的行数、列数和非零元素个数, 可存储在0号单元中
}TSMatrix
```

其中, data 域中表示的非零元素通常以行序为主序顺序排列, 这是一种下标按行有序存储的结构。这种有序存储结构可简化大多数稀疏矩阵的运算算法。下面的讨论均假设 data 域按行有序存储。

矩阵运算通常包括矩阵转置、矩阵加、矩阵减、矩阵乘等。这里仅讨论矩阵转置运算算法。

(1) 矩阵的转置。

转置运算是一种较简单的矩阵运算。对于一个 $m \times n$ 矩阵 M, 它的转置矩阵是一个 $n \times m$ 矩阵, 且 $T(i, j) = A(j,i)$, $1 \leqslant i \leqslant n$, $1 \leqslant j \leqslant m$。例如, 图 6-6 中的矩阵 A 和矩阵 T 互为转置矩阵。假设 a 和 b 是 TSMatrix 型的变量, 分别表示矩阵 A 和矩阵 T, 两矩阵的三元组顺序表如图 6-7 所示。

i	j	e
1	2	6
1	5	4
2	1	-2
2	6	3
3	3	7
4	5	-5
5	16	
6	7	-4

i	j	e
1	2	-2
2	1	6
3	3	7
5	1	4
5	4	-5
6	2	3
6	5	16
7	6	-4

(a) 矩阵 A 的三元顺序表 a.data   (b) 转置矩阵 T 的三元顺序表 b.data

图 6-7　矩阵 A 和矩阵 T 的三元组顺序表

显然, 一个稀疏矩阵的转置矩阵仍然是稀疏矩阵。

如何实现矩阵的转置运算呢?

对比 a,b 之间的差异, 不难看出, 通过以下步骤可实现矩阵的转置: 将矩阵的行列数相互交换; 将每个三元组中的 i 和 j 相互调换; 重排三元组之间的次序。

算法描述如下。

```
Status TransposeSMatrix(TSMatrix M, TSMatrix &T){
    T.mu = M.nu;
    T.nu = M.mu;
    T.tu = M.tu;
    if(T.tu){
    q = 1;
    for(col = 1;col<=M.nu;  ++col)
    for(p = 1;p<=M.tu;++p)
    if(M.data[p].j == col){
    T.data[q].i = M.data[p].j;
    T.data[q].j = M.data[p].i;
    T.data[q].e = M.data[p].e;
    ++q;
        }
    }
    return OK;
}
```

上述算法中，按矩阵 M 的列序进行转置。其时间复杂度为 $O(nu \times tu)$，即和 M 的列数和非零元素个数成正比。

而一般矩阵的转置算法的主要语句为

```
for (col=1;col<=nu;++col)
    for (row=1;row <= mu;++row)
        T[col][row] = A[row][col];
```

其时间复杂度为 $O(mu \times nu)$。当非零元素的个数 tu 和 $mu \times nu$ 同数量级时，算法 TransposeSMatrix 的时间复杂度为 $O(mu \times nu^2)$，这种情形下，压缩存储虽然节省了存储空间，但提高了时间复杂度。因此，算法 TransposeSMatrix 仅适用于 $tu \ll mu \times nu$ 的情形。

(2) 快速转置法。

另外一种算法可在压缩存储节省存储空间的前提下，不提高时间复杂度，称为三元组顺序表的快速转置算法。

其基本思想是按照 a.data 中的三元组的次序进行转置，并将转置后的三元组置于 b 中恰当的位置。如果能预先确定矩阵 A 中的每一列(即 T 中每一行) 的第一个非零元素在 b.data 中的位置，那么在对 a.data 中的三元组依次进行转置时，便可直接放到 b.data 中恰当的位置上。为了确定这些位置，在转置前，应先求得 A 的每一列中非零元素的个数，进而求得每一列的第一个非零元素在 b.data 中的位置。

在此，需要附设 num 和 cpot 两个向量。num[col]表示矩阵 A 中第 col 列中非零元素的个数，copt[col]指示矩阵 A 中第 col 列的第一个非零元素在 b.data 中的恰当位置。显然有 cpot[1]=1；cpot[col]=cpot[col-1]+num[col-1]($2 \le col \le a.nu$)。

例如，图 6-6 所示矩阵 A 的 num 和 cpot 值如表 6-1 所示。

表 6-1 矩阵 A 的向量 cpot 的值

col	1	2	3	4	5	6	7
num[col]	1	1	1	0	2	2	1
copt[col]	1	2	3	4	4	6	8

快速转置法的算法如下。

```
Status FastTransposeSMatrix(TSMatrix M, TSMatrix &T) {
  T.mu = M.nu; T.nu = M.mu; T.tu = M.tu;
  if(T.tu) {
    for(col = 1;col <= M.nu;++col)  num[col] = 0;
    for(t=1;t <= M.tu;++t)  ++num[M.data[t]. j];
    cpot[1] = 1;    //以上求 M 中每一列含非零元素的个数
    for(col = 2;col<=M.nu;++col)  cpot[col] = cpot[col-1] + num[col-1];
    for(p=1;p <= M.tu;++p) {
    col = M.data[p].j;
    q = cpot[col];//指示 M 中第 col 列当前非零元素在 mb.data 中的恰当位置
    T.data[q].i = M.data[p].j;
    T.data[q].j = M.data[p].i;
    T.data[q].e = M data[p].e;
    ++ cpot[col]
    } //for
  } //if
  return OK;
} //FastTransposeSMatrix
```

从时间上看，上述算法中有 4 个并列的单循环，循环次数分别是 nu、tu、nu、tu，因此总的时间复杂度 $O(nu+tu)$。当矩阵 A 中的非零元素个数 tu 和 $mu \times nu$ 等数量级时，其时间复杂度为 $O(mu \times nu)$，和经典的转置算法的时间复杂度相同。

三元组顺序表又称为有序的双下标法。它的特点是：非零元素在表中按行序有序存储，因此便于进行依行顺序处理的矩阵算法。然而，若需要按行号存取某一行的非零元素时，则需要从头开始进行查找。为了方便类似操作，下面介绍行逻辑链接的顺序表。

2. 行逻辑链接的顺序表

有时为了便于随机存取任一行的非零元素，在按行优先存储的三元组中，加入一个行表来记录稀疏矩阵中每行的非零元素在三元组表中的起始位置。当将行表作为三元组表的一个新增属性加以描述时，就得到了稀疏矩阵的另一种顺序存储结构——带行表的三元组表。该三元组表带有"行链接信息"，又称其为行逻辑链接的顺序表。其类型描述如下。

```
#define MAXMN 500
typedef  struct {
  Triple data[MAXSIZE + 1];
```

```
    int rpos[MAXMN + 1];            //各行第一个非零元素的位置
    int mu,nu,tu;
} RLSMatrix;                        //行逻辑链接顺序表类型
```

在下面讨论的两个稀疏矩阵相乘的例子中，容易看出这种表示方法的优越性。

设 M 是 $m_1 \times n_1$ 的矩阵，N 是 $m_2 \times n_2$ 的矩阵，当 $n_1 = m_2$ 时，两矩阵可相乘，设其乘积为 $Q = M \times N$，矩阵 Q 为 $m_1 \times n_2$ 矩阵。

矩阵相乘的经典算法(使用二维数组作为存储结构)主要语句如下。

```
for(i=1; i<=m1; ++i)
    for(j=1; j<=n2; ++j) {
        Q[i][j] = 0;
        for(k=1; k<=n1; ++k)  Q[i][j] += M[i][k] * N[k][j];
    }
```

此算法的时间复杂度为 $O(m_1 \times n_1 \times n_2)$。

当 M 和 N 是稀疏矩阵并用三元组表作为存储结构时，因存储结构不同，不能使用上述算法。假设 M 和 N 分别是

$$M = \begin{pmatrix} 3 & 0 & 0 & 5 \\ 0 & -1 & 0 & 0 \\ 2 & 0 & 0 & 0 \end{pmatrix} \qquad N = \begin{pmatrix} 0 & 2 \\ 1 & 0 \\ -2 & 4 \\ 0 & 0 \end{pmatrix}$$

则 $Q = M \times N$ 为

$$Q = \begin{pmatrix} 0 & 6 \\ -1 & 0 \\ 0 & 4 \end{pmatrix}$$

它们的三元组 M.data、N.data 和 Q.data 如图 6-8 所示。

i	j	e
1	1	3
1	4	5
2	2	-1
3	1	2

(a) M.data

i	j	e
1	2	2
2	1	1
3	1	-2
3	2	4

(b) N.data

i	j	e
1	2	6
2	1	-1
3	2	4

(c) Q.data

图 6-8　三元组表示意图

在三元组结构下，如何从矩阵 M 和矩阵 N 求得矩阵 Q 呢？

(1) 由矩阵乘法规则可知，乘积矩阵 Q 中的元素

$$Q(i,j) = \sum_{k=1}^{n_1} M(i,k) \times N(k,j) \qquad \begin{aligned} &1 \leqslant i \leqslant m_1 \\ &1 \leqslant j \leqslant n_2 \end{aligned} \qquad (6\text{-}1)$$

在经典算法中，不论 $M(i,k)$ 和 $N(k,i)$ 的值是否为零，都要进行一次乘法运算，而实际上，这两者有一个值为零时，其乘积也为零。因此，在对稀疏矩阵进行运算时，应免去这种无效操作，换句话说，为求矩阵 Q 的值，只须找出 M.date 中的 j 值和 N.date 中的 i 值相等的各对元素相乘即可。

由此可见，为了得到非零的乘积，只要对 M.data[p] （$p=1,2,\cdots$, M.tu）中的每个元素 $(i,k,M(i,k))(1 \leqslant i \leqslant m_1, 1 \leqslant k \leqslant n_1)$ 找到 N.data 中所有相应元素 $(k, j, N(k, j))(1 \leqslant k \leqslant m_2, 1 \leqslant j \leqslant n_2)$ 相乘即可，为此需要在 N.data 中寻找矩阵 N 中第 k 行的所有非零元素。在稀疏矩阵的行逻辑链接的顺序表中，N.rops 提供了有关信息。如上例中矩阵 N 的 rops 值如表 6-2 所示。

表 6-2　矩阵 N 的 rops 值

row	1	2	3	4
rpos[col]	1	2	3	5

rops[row]指示矩阵 N 的第 row 行中的第一个非零元素在 N.data 中的序号，所以 rops[row+1]−1 指示矩阵 N 的第 row 行中最后一个非零元素在 N.data 中的序号。而最后一行中最后一个非零元素在 N.data 中的位置显然是 N.tu。

(2) 稀疏矩阵相乘的基本操作是，对于矩阵 M 中的每个元素 M.data[p]($p=1,2,\cdots$,M.tu)，找到矩阵 N 中所有满足条件 M.data[p].j=N.data[q].i 的元素 N.data[q]($q=1,2,\cdots$,N.tu)，求得 M.data[p].e 和 N.data[q].e 的乘积，而由式(6-1)得，乘积矩阵 Q 中每个元素的值是个累计和，乘积 M.data[p].e×N.data[q].e，只是 $Q[i][j]$ 中的一部分。为便于操作，应对每个元素设一累计和的变量，其初值为零，然后扫描数组 M，求得相应元素的乘积并累加到适当的求累计和的变量上。如图 6-9 所示，以矩阵 M 第 2 行为例，求得乘积矩阵 Q 的第二行元素。

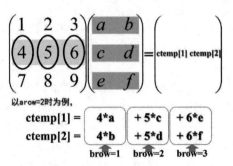

图 6-9　按行求得相乘结果

(3) 两个稀疏矩阵相乘的乘积不一定是稀疏矩阵。反之，即使矩阵 Q 中的每个分量 $M(i,k) \times N(k,i)$ 不为零，其累加值 $Q(i,j)$ 也可能为零。因此乘积矩阵 Q 中的元素是否为非零元素，只有在求得其累加和后才能得知。由于矩阵 Q 中元素的行号和 M 中元素的行号一致，且矩阵 M 中元素的排列是以矩阵 M 的行序为主序的，由此可对矩阵 Q 进行逐行处理，先求得累计求和的中间结果(矩阵 Q 的一行)，然后压缩存储到 Q.data 中。

由以上分析，两个稀疏矩阵相乘($Q = M \times N$)的过程可大致描述如下。

```
    Q 初始化；
    if(Q 是非零矩阵) {          //逐行求积
       for (arow=1; arow<=M.mu; ++arow) {     //处理 M 中的每一行
         ctemp[ ] = 0;                //累加器清零
         计算 M 中的第 arow 行元素与 N 中的第 arrow 列对应元素乘积的和，并存入 ctemp[ ]中；
         将 ctemp[ ]中的非零元素压缩存储到 Q.data 中；
       } //for arow
    } //if
```

经细化后的算法如下。

```
Status MultSMatrix(RLSMatrix M, RLSMatrix N, RLSMatrix &Q) {
    //求矩阵乘积 Q = M×N，采用行逻辑链接存储表示
    if(M.nu != N.mu)  return ERROR;
    Q.mu = M.mu;Q.nu = N.nu;Q.tu = 0; //Q 初始化
    if(M.tu*N.tu != 0) {    //Q 是非零矩阵
       for(arow=1; arow<=M.mu; ++arow) {      //处理 M 中的每一行
          ctemp[ ] = 0;                  //当前行各元素累加器清零
    Q.rpos[arow] = Q.tu+1;
    //Q 中第 arow 行的第一个非零元素的位置，Q.tu 是运行状态下 Q 中当前非零元素的数目
          if (arow < M.mu )  tp = M.rpos[arow+1];
          else { tp = M.tu+1; }          //tp 是 M 中 arow 行的最后一个非零元素之后的位置
          for (p=M.rpos[arow]; p<tp;++p) {   //对当前行中的每一个非零元素
           brow=M.data[p].j;                //找到对应元素在 N 中的行号
           if (brow < N.mu )  t = N.rpos[brow+1];
           else { t = N.tu+1; }         //t 是 N 中 brow 行的最后一个非零元素之后的位置
           for (q=N.rpos[brow]; q< t; ++q) {
            ccol = N.data[q].j;             //乘积元素在 Q 中的列号
            ctemp[ccol] += M.data[p].e * N.data[q].e;
           } //for q
          } //求 Q 中第 arow 行的非零元素，下面压缩存储该行的非零元素
          for(ccol=1; ccol<=Q.nu; ++ccol)     //压缩存储该行的非零元素
           if(ctemp[ccol]) {
            if(++Q.tu > MAXSIZE) return ERROR;
               Q.data[Q.tu] = (arow, ccol, ctemp[ccol]);
            } //if
          } //for arow
    } //if
    return OK;
} //MultSMatrix
```

分析上述算法的时间复杂度：累加器 ctemp 初始化的时间复杂度为 $O(M.mu \times N.nu)$，求矩阵 Q 的所有非零元素的时间复杂度为 $O(M.tu \times N.tu / N.mu)$，进行压缩存储的时间复杂度为

$O(M.mu \times N.nu)$，因此总的时间复杂度就是 $O(M.mu \times N.nu + M.tu \times N.tu/N.mu)$。

3. 十字链表

当矩阵的非零元素个数和位置在操作过程中的变化较大时，就不宜采用顺序存储结构来表示三元组的线性表。例如，在进行"将矩阵 **B** 加到矩阵 **A** 上"的操作时，由于非零元素的插入和删除将会引起 *A*.data 中元素的移动，对于这种类型的矩阵，采用链式存储结构表示三元组的线性表更恰当。

在链表中，每个非零元素可用一个含 5 个域的结点表示，如图 6-10 所示。其中 i、j 和 e 这 3 个域分别表示该非零元素所在的行、列和非零元素的值，向右域 right 用以链接同一行中的下一个非零元素，向下域 down 用以链接同一列中的下一个非零元素。同一行的非零元素通过 right 域链接成一个线性链表，同一列的非零元素通过 down 域链接成一个线性链表。每个非零元素既是某个行链接表中的一个结点，又是某个列链接表中的一个结点，整个矩阵构成一个十字交叉的链表，因此称这样的存储结构为十字链表，可用两个分别存储行链接表的头指针和列链接表的头指针的一维数组表示。

图 6-10　十字链表结点的结构示意图

【例 6-1】矩阵 **M** 如下所示。

$$M = \begin{pmatrix} 4 & 0 & 9 & 0 \\ 0 & -1 & 0 & 0 \\ 2 & 0 & 0 & 0 \end{pmatrix}$$

其十字链表表示如图 6-11 所示。

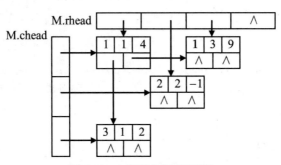

图 6-11　十字链表实例示意图

稀疏矩阵的十字链表存储表示和建立十字链表的算法如下。

```
//------------稀疏矩阵的十字链表存储表示-----------
 typedef struct OLNode{
     int i, j;
```

```
    ElemType e;
    struct OLNode *right, *down;
}OLNode;*OLink;

typedef struct{
    OLink rhend, chead;
    int mu, nu, tu;
}CrossList;
```
//----------建立十字链表的算法-----------
```
Status CreateSMatrix_OL(CrossList &M){
 //创建稀疏矩阵M，采用十字链表存储表示
 if(M) free(M);
 scanf(&m,&n,&t);  //输入M的行数、列数和非零元素的个数
 M.mu = m;M.nu = n;M.tu = t;
 if(!(M.rhend = (OLink*)malloc((m+1)*sizeof(OLink)))) exit(OVERFLOW);
 if(!(M.chend = (OLink*)malloc((n+1)*sizeof(OLink)))) exit(OVERFLOW);
 M.rhead[] = M.chead[]=NULL;  //初始化行列头指针向量;各行列链表为空链表
 for(scanf(&i,&l,&e);i!=0;scanf(&i,&j,&e)){  //按任意顺序输入非零元素
 if(!(p=(OLNode *)malloc(sizeof(OLNode)))) exit(OVERFLOW);
 p->i=i;p->j=j;p->e=e;     //生成结点
 if(M.rhead[i] = = NULL || M.rchead[i]->j>j){
   p->right = M.rhead[i];M.rhead[i] = p;
 }
 else{
   for(q = M.rhead[i];(q->right)&&q->right->j<j;q = q->right)
   p->right = q->right;q->right = p;}      //完成行插入
 if(M.chead[j] = = NULL | |M.rchead[i]->i>i){
   p->down = M.chead[j];M.chead[j] = p;
 }
 else{
  for(q = M.chead[j];(q->down)&&q->down->i<i;q = q->down)
  p->down = q->down;q->down = p; }   //完成列插入
   }
 return OK;
 } //CreateSMatrix_OL
```

对于m行n列具有t个非零元素的稀疏矩阵,上述算法的执行时间为$O(t \times s)$, $s = \max\{m,n\}$。这是因为每建立一个非零元素的结点时都要寻查它在行表和列表中的插入位置，此算法对非零元素输入的先后次序没有要求。反之，若按以行序为主序的次序依次输入三元组，则可将建立十字链表的算法改进为$O(t)$数量级的。

6.5 习题

一、选择题

1. 下列关于数组存储方式的说法中，不正确的是(　　)。

  A. 数组一般采用顺序存储结构实现

  B. 在存储多维数组时，元素的存储次序不需要约定

  C. 在存储多维数组时，按行序为主序又称为低下标优先，按列序为主序又称为高下标优先

  D. 一般不对数组进行插入及删除操作

2. 设有一个 10 阶的对称矩阵 A，采用压缩存储方式，以行序为主序存储，a_{11} 为第一元素，其存储地址为 1，每个元素占一个地址空间，则 a_{85} 的地址为(　　)。

  A. 63　　　　　B. 33　　　　　C. 48　　　　　D. 40

3. 若二维数组 A 的元素都是由 6 个字符组成的串，行下标 i 的范围为 0～8，列下标 j 的范围为 1～10。从供选择的答案中选出应填入下列括号中的正确答案。

(1) 存放 A 至少需要(　　)字节。

(2) A 的第 8 列和第 5 行共占(　　)字节。

(3) 若 A 按行存放，元素 $A[8, 5]$ 的起始地址与 A 按列存放时的元素(　　)的起始地址一致。

(1) A. 90　　　　B. 180　　　　C. 240　　　　D. 270　　　　E. 540

(2) A. 108　　　B. 114　　　C. 54　　　　D. 60　　　　E. 150

(3) A. $A[8, 5]$　　　B. $A[3, 10]$　　　C. $A[5, 8]$　　　D. $A[0, 9]$

4. 若对 n 阶对称矩阵 A 以行序为主序方式，将其下三角形的元素(包括主对角线上所有元素) 依次存放于一维数组 $B[1 \cdots (n(n+1))/2]$ 中，则在 B 中确定 a_{ij} $(i<j)$ 的位置 k 的表达式为(　　)。

  A. $i\times(i-1)/2+j$　　B. $j\times(j-1)/2+i$　　C. $i\times(i+1)/2+j$　　D. $j\times(j+1)/2+i$

5. $A[N, N]$是对称矩阵，将下三角(包括对角线)以行序存储到一维数组 $T[N(N+1)/2]$中，则与任一上三角元素 $a[i][j]$对应的 $T[k]$的下标 k 是(　　)。

  A. $i\times(i-1)/2+j$　　　B. $j\times(j-1)/2+i$　　　C. $i\times(j-i)/2+1$　　　D. $j\times(i-1)/2+i$

6. 对稀疏矩阵进行压缩存储的目的是(　　)。

  A. 便于进行矩阵运算

  B. 便于输入和输出

  C. 节省存储空间

  D. 降低运算的复杂度

7. 下列关于稀疏矩阵存储方法的叙述中，不正确的是(　　)。

  A. 当矩阵的稀疏因子≤0.05 时被称为稀疏矩阵

  B. 一个三元组(i, j, a_{ij})唯一地确定了一个矩阵的非零元素

  C. 行逻辑链接的顺序表法与"带行链接信息"的三元组表不同

  D. 在十字链表中，每个非零元素用 5 个域表示

8. 100×90 的稀疏矩阵中非零元素有 10 个，设每个整型数占 2 字节，则用三元组表示该矩阵时，所需的字节数是(   )。

A. 60 　　　　　　　B. 66 　　　　　　　C. 18000 　　　　　　　D. 33

二、填空题

1. 设二维数组 $A[-20\cdot\cdot30, -30\cdot\cdot20]$，每个元素占 4 个存储单元，存储起始地址为 200。如果按行优先顺序存储，则元素 $A[25, 18]$ 的存储地址为_____；如果按列优先顺序存储，则元素 $A[-18, -25]$ 的存储地址为_____。

2. 用一维数组 B 采用列优先存放带状矩阵 A 中的非零元素 $A[i, j]$($1\leqslant i\leqslant n, i-2\leqslant j\leqslant i+2$)，$B$ 中的第 8 个元素是矩阵 A 中的第_____行第_____列的元素。

3. 设数组 $A[0\cdot\cdot8, 1\cdot\cdot10]$，数组中任一元素 $A[i, j]$ 均占内存 48 个二进制位，从首地址 2000 开始连续存放在主内存中，主内存的字长为 16 位，那么存放该数组至少需要的单元数是_____；存放数组的第 8 列的所有元素至少需要的单元数是_____；数组按列存储时，元素 $A[5, 8]$ 的起始地址是_____。

4. 设 n 行 n 列的下三角矩阵 A 压缩到一维数组 $B[1\cdot\cdot n\times(n+1)/2]$ 中，若按行为主序存储，则 $A[i, j]$ 对应的 B 中的存储位置为_____。

5. n 阶对称矩阵 A 中元素满足 $a[i][j]=a[j][i]$，$i, j=1\cdots n$，用一维数组 t 存储时，t 的长度为_____，当 $i=j$ 时，$a[i][j]=t[$_____$]$；当 $i>j$ 时，$a[i][j]=t[$_____$]$，$i<j$ 时，$a[i][j]=t[$_____$]$。

第7章　广义表

广义表，顾名思义，是线性表的推广，也称为列表(lists，用复数形式以示与统称的表 list 的区别)。广泛地用于人工智能等领域的表处理语言——LISP 语言，把广义表作为基本的数据结构，就连程序也表示为一系列的广义表。本章介绍广义表的定义、表示方法及存储结构。

7.1　广义表的定义

广义表，也称为列表，与第 6 章介绍的数组类似，都是递归定义的线性结构。广义表是递归定义的结构，在定义广义表时，使用了广义表自身。

广义表是 $n(n{\geqslant}0)$ 个元素 $d_1,d_2,\cdots,d_i,\cdots,d_n$ 的有限序列。其中，d_i 或者是原子或者是广义表；广义表通常记作 $LS=(d_1,d_2,\cdots,d_i,\cdots,d_n)$；LS 是广义表的名称，$n$ 是它的长度；若 d_i 是广义表，则称它为 LS 的子表。

为了区分原子和广义表，书写时用大写字母表示广义表，用小写字母表示原子。

当广义表 $LS=(d_1,d_2,\cdots,d_i,\cdots,d_n)(n{\geqslant}1)$ 不空时，称第一个数据元素 d_1 为该广义表的表头(head)。去掉第一个数据元素，称其余数据元素组成的广义表 $(d_2,\cdots,d_n)$ 为该广义表的表尾(tail)。

根据表头、表尾的定义可知，任何一个非空广义表的表头是表中的第一个元素，它可以是原子，也可以是子表，而其表尾必定是子表。例如，$A=(\ )$；$F=(d,(e))$；$D=(E,F)=((a,(b,c)),F)$；$\text{Head}(D)=E$；$\text{Tail}(D)=(F)=((d,(e)))$。

广义表的深度定义为广义表中括号的重数，是广义表的一种量度。空表的深度为 1；非空表深度为其子表最大深度加 1。

```
ADT Glist {
    数据对象：D＝{eᵢ|i=1,2,…,n;n≥0;eᵢ∈AtomSet 或 eᵢ∈GList,
                                    AtomSet 为某原子类型 }
    数据关系：LR＝{<eᵢ₋₁,eᵢ>|eᵢ₋₁,eᵢ∈D,2≤i≤n}
    基本操作：
        InitGList(&L)
          操作结果：创建空的广义表 L。
        CreateGList(&L,S)
```

初始条件：S 是广义表的书写形式串。

操作结果：由 S 创建广义表 L。

DestroyGList(&L)

初始条件：广义表 L 存在。

操作结果：销毁广义表 L。

CopyGList(&T,L)

初始条件：广义表 L 存在。

操作结果：由广义表 L 复制得到广义表 T。

GListLength(L)

初始条件：广义表 L 存在。

操作结果：求广义表 L 的长度，即元素个数。

GListDepth(L)

初始条件：广义表 L 存在。

操作结果：求广义表 L 的深度。

GListEmpty(L)

初始条件：广义表 L 存在。

操作结果：判定广义表 L 是否为空。

GetHead(L)

初始条件：广义表 L 存在。

操作结果：取广义表 L 的表头。

GetTail(L)

初始条件：广义表 L 存在。

操作结果：取广义表 L 的表尾。

InsertFirst_GL(&L,e)

初始条件：广义表 L 存在。

操作结果：插入元素 e 作为广义表 L 的第一元素。

DeleteFirst_GL(&L,&e)

始条件：广义表 L 存在。

操作结果：删除广义表 L 的第一元素，并用 e 返回其值。

Traverse_GL(L,Visit())

初始条件：广义表 L 存在。

操作结果：遍历广义表 L，用函数 visit 处理每个元素。

} ADT Glist

从上述定义可得出广义表的下列 3 个重要结论。

(1) 广义表的元素可以是子表，而子表的元素还可以是子表……，由此可知，广义表是一个多层次的结构。

(2) 广义表可通过名称为其他广义表所共享。

(3) 广义表可以是一个递归的表，即广义表可以是其他广义表的子表，也可以是其本身的一个子表。例如，广义表 $E=(a, E)$ 就是一个递归的表。

7.2 广义表的存储结构

由于广义表 $(d_1, d_2, \cdots, d_i, \cdots, d_n)$ 中的数据元素可以具有不同的结构(或是原子,或是列表),因此广义表难以用顺序存储结构表示,通常采用链式存储结构,每个数据元素可用一个结点表示。本节介绍广义表的链式存储表示。

7.2.1 广义表的头尾链表存储表示

在广义表存储时,需要特别考虑列表中的数据元素可能为原子或列表的特点,所以需要两种结构的结点:一种是表结点,用以表示列表;另一种是原子结点,用以表示原子。由 7.1 节知,若列表不空,则可分解成表头和表尾;反之,一对确定的表头和表尾可唯一确定原列表。由此,一个表结点可由 3 个域组成,即标志域、指示表头的指针域和指示表尾的指针域。原子结点只需两个域,即标志域和值域,如图 7-1 所示。

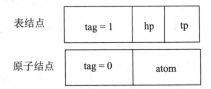

图 7-1 列表的两种结点结构

广义表的头尾链表存储形式定义说明如下:

```
//——广义表的头尾链表存储表示——
    typedef enum {ATOM,LIST}ElemTag;    //ATOM==0,表示原子;LIST==1,表示子表
    typedef Struct GLNode {
    ElemTag tag;//公共部分,用于区分原子结点和表结点
    union{  //原子结点和表结点的联合部分
        AtomType atom;  //atom 是原子结点的值域,AtomType 由用户定义
        struct{struct GLNod *hp,*tp;}ptr;
        //ptr 是表结点的指针域,ptr.hp 和 ptr.tp 分别指向表头和表尾
        }
}*GList //广义表类型
```

【例 7-1】广义表 $L = (a, (x, y), ((x)))$ 的存储结构如图 7-2 所示。

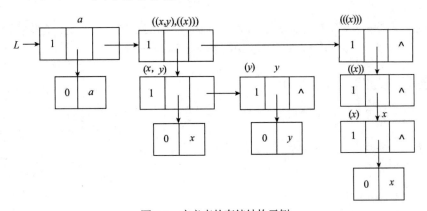

图 7-2 广义表的存储结构示例

7.2.2 广义表的元素存储表示

广义表的元素存储表示, 对于空的广义表, 用 NIL 指针表示; 对于非空表, 无论其所含元素为原子还是子表, 均用一个表结点表示。若元素为原子, 则在下一层用原子结点表示; 若元素为子表, 在下一层先用一个表结点表示, 再按上述方式递推, 如图 7-3 所示。

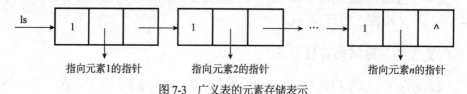

图 7-3 广义表的元素存储表示

【例 7-2】广义表 $L = (a, (x, y), ((x)))$ 的元素存储表示如图 7-4 所示。

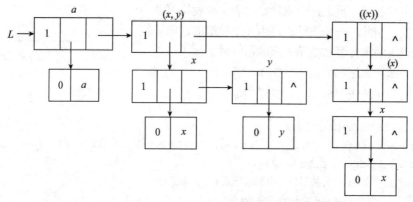

图 7-4 广义表的元素存储表示示例

观察例 7-1 和 7-2 可知, 广义表的头尾链表存储表示和广义表的元素存储表示对同一个广义表来说是相同的, 只是建表时解释不同。

7.3 广义表操作的实现

下面以广义表的头尾链表存储表示为例, 介绍广义表的创建、求深度、查找和删除等操作的实现。约定本节所讨论的广义表都是非递归表且无共享子表。

7.3.1 创建广义表

按照广义表的表示字符串(如 $(((a,b),(c)),d)$), 创建一个广义表, 代码如下。

```
typedef struct GLNode {
    int tag;
    union {
        DataType atom;
        struct {
```

```
        struct GListNode *head;
        struct GListNode *tail;
    } subList;
  } val;
} GLNode;
void DecomposeStr(char str[ ],char hstr[ ])
{
  int i, j, tag, n = strlen(str);
  char ch;
  ch = str[0];
  tag = 0;
  for(i = 0;i <= n-1;i++)
{
/*搜索最外层的第一个","*/
  if (str[i] = = ',' && tag = = 1)
  break;
  ch = str[i];
  if(ch = = '(' ) tag++;
  if(ch = = ')' ) tag--;
}
if( i <= n-1 && str[i] == ',') /*表尾非空*/
{
  for(j = 0; j < i-1; j++)
    hstr[j] = str[j+1];
  hstr[j] = '\0';
  if(str[i] = = ',') i++;
  str[0] = '(';
  for(j = 1; i< n-2; i++, j++)
    str[j] = str[i];
  str[j] = ')';
  str[++j] = '\0';
}
else
{   /*表尾空*/
  str ++;
  strncpy(hstr, str, n-2);
  hstr[n-2] = '\0';
  str --;
  strcpy(str, '( )' );
  }
}
GLNode *GListCreat(char str[ ])
```

```
{
GLNode *h;
char hstr[200];
int len = strlen(str);
if( strcmp ( str,'()') == 0 )
  h = NULL;
else if(len == 1)
{
  if((h = (GLNode *)malloc(sizeof(GLNode))) == NULL)
  exit(0);
  h->tag = 0;
  h->val.atom = str[0];
}
else
{
  if((h = (GLNode *) malloc( sizeof( GLNode))) == NULL)
  exit(0);
}
else
{
if((h = (GLNode *)malloc(sizeof(GLNode))) == NULL)
  exit(0);
  h->tag = 1;
  DecomposeStr (str,hstr);
  h->val.subList.head = GListCreat(hstr);
  if(strcmp(str,'()') != 0 )
  h->val.subList.tail = GListCreat(str);
else
  h->val.subList.tail = NULL;
}
return h;
}
/*主调此函数的示例语句
char str[] ='(((a,b),(d)),e)';
GLNode *h;
h = GListCreat(str);   */
```

7.3.2 求表的深度

广义表的深度定义为广义表中括号的重数，是广义表的一种量度。例如，多元多项式广义表的深度为多项式中变量的个数。

设非空广义表为

$$LS = (\alpha_1, \; \alpha_2, \cdots, \; \alpha_n)$$

其中，$a_i(i=1, 2, \cdots, n)$或为原子或为 LS 的子表，则求 LS 的深度可分解为 n 个子问题，每个子问题为求 a_i 的深度，若 a_i 是原子，则由定义得其深度为零，若 a_i 是广义表，则和上述一样处理；而 LS 的深度为各 $a_i(i=1, 2, \cdots, n)$的深度中的最大值加 1。空表也是广义表，并由定义可知空表的深度为 1。

由此可见，求广义表的深度的递归算法有两个终结状态：空表和原子，且只要求得 a_i ($i=1$, $2, \cdots, n$)的深度，广义表的深度就容易求得了。显然，它应比子表深度的最大值多 1。具体算法如下。

```c
int GListDepth(GLnode *h)
{
int max,dep;
GLNode *pre;
if(h == NULL) return 1;
if(h->tag == 0)return 0;
pre = h;
for(max = 0; pre != NULL; pre = pre->val.subList.tal)
{
  dep = GListDepth(pre->val.subList.head);
  if(dep > max)
  max = dep;
}
return max+1;
}
```

7.3.3　广义表的结点操作

广义表由原子结点和表结点组成，而它们的不同之处就在于原子结点的标志域为 0，表结点的标志域为 1，通过此特征容易实现原子结点的查找、统计及输出。

```c
/*使用回溯的方法查找原子结点*/
GLNode *GListSearch(GLNode *h,DataType x)
{
GLNode *p;
if(h == NULL)
  return NULL;
if(h->tag == 0 && h->val.atom == x)
  return h;
if(h->tag == 1 && h->val.subList.head != NULL){
  p = GListSearch(h->val.subList.head, x);
  if(p != NULL)
```

```
    return p;
  }
  if(h->tag = = 1 && h->val.subList.tal!= NULL){
    p = GListSearch(h->val.subList.tal, x);
    if(p != NULL)
    return p;
  }
  return NULL;
  }
  /*求广义表中的原子个数*/
  int GListAtomNum(GLNode *h)
  {
   if(h == NULL) return 0;
   if (h -> tag = = 0) return 1;
   if (h -> tag = = 1)
     return GListAtomNum (h -> val.subList.head) +
     GListAtomNum (h -> val. ubList.tail);
  }

  /*按广义表中原子项的层次输出所有的原子项*/
  void GListPrint(GLNode *h,int n)
  {
   int i;
   GLNode *p;
   if(h = = NULL)  return ;
   if(h->tag = = 0)
   {
     for(i = 0; i < n; i++)  print(' ');
     printf('%c\n', h-> val.atom);
     return ;
   }
   for(p = h; p != NULL; p = p->val.subList.tail)
     GListPrint(p->val.subList.head,n+1);
  }
```

7.3.4 删除广义表

从广义表头结点开始，逐一分离表头元素，如果是原子结点就直接删除；如果是表结点则暂不删除，直接进入子表，再分离表头元素，然后使用相同的方法删除，子表删除完成后向上回溯，继续删除上一层的子表；如此不断进行直到整个广义表被删除为止。

/*删除广义表*/

```
void GListDelete(GLNode *h)
{
if(h == NULL)
  return;
if(h->tag == 1 && h->val.subList.head != NULL)
  GListDelete(h->val.subList.head);
if(h->tag == 1 && h->val.subList.head != NULL)
  GListDelete(h->val.subList.tail);
free(h);
}
```

7.3.5　求广义表的长度

　　广义表的长度指广义表中所包含数据元素的个数。计算机在存储广义表时同时存储表结点和原子结点两种类型的数据，所以在计算广义表的长度时规定，广义表中存储的每个原子算作一个数据，同样每个子表也只算作是一个数据。

```
/*求长度*/
int GListNumber(GLNode *h)
{
 int number;
 GLNode *p;
 for(number == 0, p = h; p != NULL; p =p->val.subList.tail)
   number ++;
 return number;
}
```

7.3.6　广义表的复制

　　由上一节可知，任何一个非空广义表均可分解成表头和表尾；反之，一对确定的表头和表尾可唯一确定一个广义表。由此，复制一个广义表时，只要分别复制其表头和表尾，然后合成即可。假设 LS 是原表，NEWLS 是复制表，则复制操作的递归定义如下。

　　基本项：InitGList(NEWLS){置空表}，当 LS 为空表时。

　　归纳项：

```
COPY(GetHead(LS)->GetHead(NEWLS)){复制表头}
COPY(GetTail(LS)->GetTail(NEWLS)){复制表尾}
```

　　若原表以图 7-4 所示的链表表示，则复制表的操作便是建立相应的链表。因此，只要建立和原表中的结点一一对应的新结点，便可得到复制表的新链表。复制广义表的递归算法如下。

```
/*复制广义表*/
```

```
GLNode *GListCopy(GLNode *la)
{
 GLNode *p;
 if(la = = NULL)
   p = NULL;
 else
 {
    p = (GLNode *) malloc (sizeof(GLNode));
    p->tag = la->tag;
    if (la->tag = = 0)
      p->val.atom = la->val.atom;
  else
  {
   p->val.subList.head = GListCopy(la->val.subList.head);
   p->val.subList.tail = GListCopy(la->val.subList.tail);
  }
 }
 return p;
}
```

/*把复制建立的广义表 lb 作为参数，算法如下 (参数 lb 为指向指针类型的指针类型) */

```
void GListCopy2(GLnode *la,GLNode * *lb)
{
 if(la == NULL)
   (*lb) == NULL;
 else
 {
  (*lb) = (GLNode *)malloc(sizeof(GLNode));
  (*lb)->tag = la->tag;
  if(la->tag == 0)
   (*lb)->val.atom = la->val.atom;
  else
  {
   GListCopy2(la->val.subList.head,&(*lb)->val.subList.head);
   GListCopy2(la->val.subList.tail,&(*lb)->val.subList.tail);
  }
 }
}
```

7.4 习题

一、选择题

1. 已知广义表 $L=((x,y,z), a, (u, t, w))$，从 L 中取出原子项 t 的运算是(　　)。
   A. head(tail(tail(L)))
   B. tail(head(head(tail(L))))
   C. head(tail(head(tail(L))))
   D. head(tail(head(tail(tail(L)))))

2. 广义表 $A=(a, b, (c, d), (e, (f, g)))$，则 Head(Tail(Head(Tail(Tail(A))))) 的值为(　　)。
   A. (g)　　　　B. (d)　　　　C. c　　　　D. d

3. 广义表 $(( ), (e), (a,(b,c,d)))$ 的深度为(　　)。
   A. 1　　　　B. 2　　　　C. 3　　　　D. 4

4. 下列关于广义表的说法中，错误的是(　　)。
   A. 广义表是递归定义的线性结构　　B. 广义表是一种多层次的线性结构
   C. 广义表是线性表的推广　　D. 广义表是树形结构

5. 广义表 $A=(a, b, (c, d), (e, (f, g)))$，则 Head(Tail(Head(Tail(Tail(A))))) 的值为(　　)。
   A. (g)　　　　B. (d)　　　　C. c　　　　D. d

6. 已知广义表 $A=(a, b)$，$B=(A, A)$，$C=(a, (b, A), B)$，则求 tail(head(tail(C))) 的运算结果是(　　)。
   A. (a)　　　　B. a　　　　C. (b)　　　　D. b　　F. (A)

7. 广义表运算式 Tail(((a,b),(c,d))) 的操作结果是(　　)。
   A. (c, d)　　B. c, d　　　　C. $((c, d))$　　　　D. $( )$

8. 广义表 $L=(a, (b, c))$，进行 Tail(L) 操作后的结果为(　　)。
   A. c　　　　B. b, c　　　　C. (b, c)　　　　D. $((b, c))$

9. 广义表 $((a,b,c,d))$ 的表头是(　　)，表尾是(　　)。
   A. a　　　　B. $( )$　　　　C. (a, b, c, d)　　　　D. (b, c, d)

10. 设广义表 $L=((a, b, c))$，则 L 的长度和深度分别为(　　)。
    A. 1 和 1　　B. 1 和 3　　　　C. 1 和 2　　　　D. 2 和 3

11. 下列说法中，不正确的是(　　)。
    A. 非空广义表的表头总是一个广义表
    B. 非空广义表的表尾总是一个广义表
    C. 广义表难以用顺序存储结构表示
    D. 广义表可以是一个多层次的结构

12. 设广义表 $L=((a, b, c))$，则 L 的长度和深度分别为(　　)。
    A. 2 和 3　　B. 1 和 3　　　　C. 1 和 2　　　　D. 1 和 1

13. 下列关于广义表的存储结构及部分操作的说法中，错误的是(　　)。
    A. 广义表通常采用链式存储结构
    B. 复制一个广义表时只要分别复制其表头和表尾，然后合成即可
    C. 一个表结点需要 3 个域，而一个原子结点需要 2 个域
    D. 空表不属于广义表

二、填空题

1. 当广义表中的每个元素都是原子时，广义表便成了_____。

2. 非空广义表的表尾是指除第一个元素之外，_____。

3. 广义表简称列表，是由零个或多个原子或子表组成的有限序列，原子与表的差别仅在于_____。为了区分原子和表，一般用 _____表示表，用_____表示原子。一个表的长度是指_____，而表的深度是指_____。

4. 设广义表 $L=((\ ),(\ ))$，则 head(L)是_____；tail(L)是_____；L 的长度是_____；深度是_____。

5. 已知广义表 $A=(\ 9,7,(\ 8,10,(\ 99\ )),12\ )$，试用求表头和表尾的操作 Head( )和 Tail( )将原子元素 99 从 A 中取出_____。

6. 广义表 $A=(((\ \ \ ),(a,(\ b\ ),c\ )\ )$，head(tail(head(tail(head(A))))等于_____。

7. 已知广义表 $A=(((\ a,b\ ),(c),(d,e)\ ))$，head (tail (tail (head (A))))的结果是_____。

三、应用题

画出下列广义表的存储结构图。

(1) $F=((((a),b)),((\ ),(d)),(e,f))$

(2) $G=(((a,b,(\ )),(\ ),(a,(b))),(\ ))$

第8章 树

树形结构是一类重要的非线性数据结构，是以分支关系定义的层次结构。树形结构在客观世界中广泛存在，如人类社会的族谱和各种社会组织机构，都可以用树来形象表示。树在计算机领域也得到了广泛应用，如：在编译程序中，可用树形结构来表示源程序的语法结构；在数据库系统中，树形结构是信息的重要组织形式之一；AVL 树用于 Windows 对进程地址空间的管理；红黑树用于 Linux 进程调度；B-树用于数据库索引；B⁺树用于文件系统；Tire 树用于字符串处理等。

8.1 树的类型定义和基本术语

本节介绍树的定义、抽象数据类型定义、表示方法及树形结构中的常用术语。

8.1.1 树的定义

树(tree)是 $n(n \geq 0)$ 个结点的有限集 T，其中当 $n \geq 1$ 时，有且仅有一个特定的结点，称为树的根(Root)。当 $n>1$ 时，其余结点可分为 $m(m>0)$ 个互不相交的有限集 $T_1,T_2,\cdots,T_m$，其中每一个集合本身又是一棵树，称为根的子树(Sub Tree)。树中各子树是互不相交的集合，如图 8-1 所示，图 8-1(a)是只有一个根结点的树；图 8-1(b)是有 13 个结点的树，其中 A 是根，其余结点分为 3 个互不相交的子集：$T_1=\{B,E,F,J\}$，$T_2=\{C,G\}$，$T_3=\{D,H,I,K,L,M\}$；T_1、T_2 和 T_3 都是根 A 的子树，且本身也是一棵树。例如 T_1，其根为 B，其余结点分为两个互不相交的子集；$T_{11}=\{E,J\}$，$T_{12}=\{F\}$。T_{11} 和 T_{12} 都是 B 的子树。T_{12} 是只有一个根结点的树。

```
ADT Tree{
    数据对象D：D是具有相同特性的数据元素的集合。
    数据关系R：若D为空集，则称为空树；
        若D仅含一个数据元素，则R为空集，否则R={H}，H是如下二元关系：
        (1)在D中存在唯一的称为根的数据元素root，它在关系 H 下无前驱；
        (2)若D-{root}≠Φ，则存在D-{root}的一个划分 D₁,D₂,…,Dₘ(m>0)，对任意j≠k(1≤j,k≤m)
            有 Dⱼ∩Dₖ=Φ，且对任意的i(1≤i≤m)，唯一存在数据元素 xᵢ∈Dᵢ，有<root,xᵢ>∈H；
```

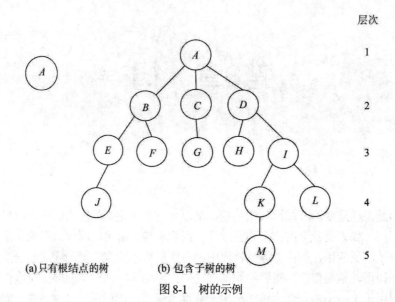

层次

(a)只有根结点的树　　　(b) 包含子树的树

图 8-1　树的示例

(3) 对应于 D-{root}的划分，H-{<root,x_1>,…,< root,x_m>}有唯一的一个划分 H_1，…，H_m(m>0)，对任意 j≠k(1≤j，k≤m)有 $H_j \cap H_k$= Φ，且对任意 i(1≤i≤m)，H_i 是 D_i 上的二元关系，(D_i，{H_i})是一棵符合本定义的树，称为根 root 的子树。

基本操作 P：

InitTree(&T)

　　操作结果：构造空树 T。

DestroyTree(&T)

　　初始条件：树 T 存在。

　　操作结果：销毁树 T。

CreateTree(&T,definition)

　　初始条件： definition 给出树 T 的定义。

　　操作结果：按 definition 构造树 T。

ClearTree(&T)

　　初始条件：树 T 存在。

　　操作结果：将树 T 清为空树。

TreeEmpty(T)

　　初始条件：树 T 存在。

　　操作结果：若 T 为空树，则返回 TRUE，否则 FALSE。

TreeDepth(T)

　　初始条件：树 T 存在。

　　操作结果：返回 T 的深度。

Root(T)

　　初始条件：树 T 存在。

　　操作结果：返回 T 的根。

Value(T,cur_e)

　　初始条件：树 T 存在，cur_e 是 T 中的某个结点。

　　操作结果：返回 cur_e 的值。

Assign(T,cur_e, value)

 初始条件：树 T 存在，cur_e 是 T 中的某个结点。

 操作结果：将结点 cur_e 赋值为 value。

Parent(T,cur_e)

 初始条件：树 T 存在，cur_e 是 T 中的某个结点。

 操作结果：若 cur_e 是 T 的非根结点，则返回它的双亲，否则函数值为"空"。

LeftChild(T,cur_e)

 初始条件：树 T 存在，cur_e 是 T 中的某个结点。

 操作结果：若 cur_e 是 T 的非叶子结点，则返回它的最左孩子，否则返回"空"。

RightSibling(T,cur_e)

 初始条件：树 T 存在，cur.e 是 T 中的某个结点。

 操作结果：若 cur_e 有右兄弟，则返回它的右兄弟，否则函数值为"空"。

InsertChild(&T,&p,I,c)

 初始条件：树 T 存在，p 指向 T 中的某个结点，1≤i≤p 所指结点的度+1，非空树 c 与 T 不相交。

 操作结果：插入 c 为 T 中 p 指结点的第 i 棵子树。

DeleteChild(&T,&p,i)

 初始条件：树 T 存在，p 指向 T 中的某个结点，1≤i≤p 指结点的度。

 操作结果：删除 T 中 p 所指结点的第 i 棵子树。

TraverseTree(T,Visit())

 初始条件：树 T 存在，visit 是对结点操作的应用函数。

 操作结果：按某种次序对 T 的每个结点调用函数 visit() 一次且至多一次。

 一旦某次 visit() 失败，则 TraverseTree 操作失败。

}ADT Tree

  树的结构定义是一个递归的定义，即在树的定义中又用到了树的概念，这是树的固有特性。可用如图 8-2 所示图形形象地表示树，称为树的树形表示法。

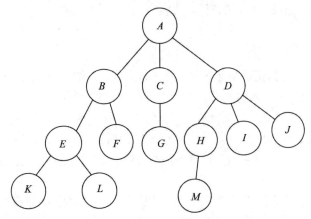

图 8-2　树形表示法

  树还可以有其他的表示形式，如图 8-3 所示为树的凹入表示法，类似书籍章节目录。

  如图 8-4 所示是以嵌套集合(即一些集合的集体，对于其中任何两个集合，或者不相交，或者一个包含另一个)的形式表示的树，称为树的嵌套集合表示法。

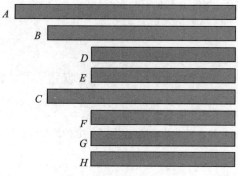

图8-3 树的凹入表示法

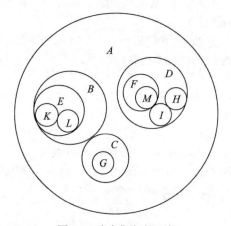

图8-4 嵌套集合表示法

树还可以用广义表表示，称为树的广义表表示法，根结点作为由子树森林组成的表的表名写在表的左边。例如，图8-2所示的树的广义表表示为$(A(B(E(K, L), F), C(G), D(H(M), I, J)))$。

8.1.2 树的常用术语

树的结点包含一个数据元素及若干指向其子树的分支。结点拥有的子树数目称为结点的度(degree)。例如，在图8-2中，A的度为3，C的度为1，F的度为0。度为0的结点称为叶子(leaf)或终端结点。图8-2中的结点K、L、F、G、M、I、J都是树的叶子。度不为0的结点称为非终端结点或分支结点。除根结点外，分支结点也称为内部结点。树的度是树内各结点的度的最大值。如图8-2所示的树的度为3。(从根到结点的)路径由从根到该结点所经的分支和结点构成。

结点的子树的根称为该结点的孩子(child)，相应地，该结点称为孩子的双亲(parent)。例如，在图8-2所示的树中，D为A的子树T_3的根，则D是A的孩子，而A则是D的双亲。同一个双亲的孩子之间互称兄弟(sibling)，如H、I和J互为兄弟。将这些关系进一步推广，可认为D是M的祖父。结点的祖先是从根到该结点所经分支上的所有结点，如M的祖先为A、D和H。反之，以某结点为根的子树中的任一结点都称为该结点的子孙，如B的子孙为E、K、L和F。

结点的层次(level)从根开始定义起，根为第一层，根的孩子为第二层。若某结点在第 l 层，则其子树的根就在第 $l+1$ 层。其双亲在同一层的结点互为堂兄弟。例如，结点 G 与 E、F、H、I、J 互为堂兄弟。树中结点的最大层次称为树的深度(depth)或高度，图 8-2 所示的树的深度为 4。

如果将树中结点的各子树看成从左至右是有次序的(即不能互换)，则称该树为有序树，否则称为无序树。在有序树中，最左边的子树的根称为第一个孩子，最右边的称为最后一个孩子。

森林(forest)是 $m(m \geqslant 0)$ 棵互不相交的树的集合。对于树中每个结点而言，其子树的集合即为森林。由此，也可以用森林和树相互递归的定义来描述树。

就逻辑结构而言，任何一棵非空树都是一个二元组 $Tree=(root, F)$，其中 $root$ 被称为根结点，F 被称为子树森林，F 是 $m(m \geqslant 0)$ 棵树的森林，$F=(T_1, T_2, \cdots, T_m)$，其中 $T_i=(r_i, F_i)$ 称为根 $root$ 的第 i 棵子树；当 $m \neq 0$ 时，在树根和其子树森林之间存在下列关系：

$$RF = \{<root, r_i> | i = 1, 2, \cdots, m, m > 0\}$$

这个定义将有助于得到森林和树与二叉树之间转换的递归定义。

8.1.3 线性结构与树形结构的比较

前文介绍了线性结构的特点及其表示，以及树形结构的特点及其表示。若把树形结构的根结点看作此结构的第一个数据元素，把叶子结点看作最后的元素，则可与线性结构进行对比，如表 8-1 所示。

表 8-1 线性结构与树形结构的比较

线性结构	树形结构
第一个数据元素(无前驱)	根结点(无前驱)
最后一个数据元素(无后继)	多个叶子结点(无后继)
其他数据元素(一个前驱、一个后继)	其他数据元素(一个前驱、多个后继)

8.2 树和森林的存储结构

本节介绍树的表示及其遍历操作。

8.2.1 树的存储结构

本节介绍树的 3 种常用的链式存储结构。

1. 双亲表示法

双亲表示法以一组连续空间存储树的结点，同时在每个结点中附设一个指示器指示其双亲结点在链表中的位置，其结点结构如图 8-5 所示。

| data | parent |

图 8-5 双亲表示法的结点结构

双亲表示法的 C 语言类型描述如下。

```
//-------------树的双亲存储表示--------------------
#define MAX_TREE_SIZE 100
typedef struct PTNode {
    TElemType data;
    int  parent;//双亲位置域
} PTNode;
//树结构
typedef struct {
    PTNode nodes [MAX_TREE_SIZE];
    int r,n;//根结点的位置和结点个数
} PTree;
```

图 8-6 为树的双亲表示法示例。

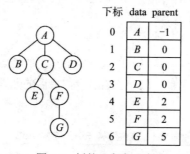

图 8-6　树的双亲表示法

双亲表示法利用每个结点至多有一个双亲的性质，对于求双亲或祖先(包括根结点)的操作均十分方便，但若求结点的孩子或子孙，则需遍历整个结构，效率较低。

2. 孩子链表表示法

由于树中的每个结点可能包含多棵子树，可以采用多叉链表，即每个结点有多个指针域，其中每个指针指向一棵子树的根结点，此时链表中的结点可以有以下两种结点格式。

(1) 若以树的度 d 来设置指针域的个数，显然各个结点是同构的，便于各种操作。但由于树中很多结点的度都小于 d，一棵度为 d 且含有 n 个结点的树必有 $n \times d - (n-1) = n \times (d-1)+1$ 个空指针域，显然会造成很大的空间浪费。

(2) 若每个结点按其实际的孩子数来设置指针域的个数，并在结点内设置度数域 "degree" 指出当前结点所包含的指针的数目。然而此时，各结点是不同构的，虽然节省了空间，但给运算带来不便。

以上两种方法在实际应用中都会遇到困难。较实用的方法是为树中的每个结点建立一个孩子链表，n 个结点对应的 n 个头指针可组成一个线性表，为了便于查找，头指针采用顺序存储结构。

孩子链表表示法的结点结构如图 8-7 所示。

孩子结点	child	nextchild
双亲结点	data	firstchild

图 8-7　孩子链表表示法的结点结构

孩子链表表示法的 C 语言类型描述如下。

```
typedef struct CTNode{ //孩子结点结构
    int child;
    struct CTNode *nextchild
  }*Childptr
typedef struct CTBox{  //双亲结点结构
    TElemType data;
    ChildPtr firstchild:
    //孩子链表的头指针
  } CTBox;
typedef struct { //树结构
    CTBox nodes [MAX_TREE_SIZE];
    int n,r;//结点数和根结点的位置
  } CTree;
```

与双亲表示法相反,孩子链表表示法(如图 8-8 所示)便于实现涉及孩子的操作,却不太适合涉及双亲的操作。

为了方便各种操作,可以把双亲表示法和孩子链表表示法结合起来,形成带双亲的孩子链表表示法(如图 8-9 所示)。

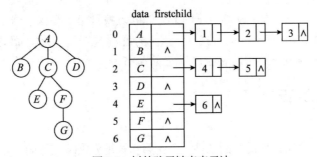

图 8-8　树的孩子链表表示法

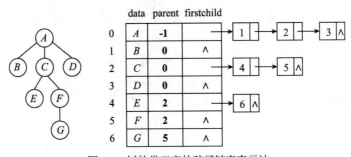

图 8-9　树的带双亲的孩子链表表示法

3. 孩子兄弟表示法

孩子兄弟表示法(如图 8-10 所示)又称为二叉树表示法，或二叉链表表示法，即以二叉链表作为树的存储结构。在二叉链表中，结点的两个指针域分别指向该结点的第一个孩子结点和它的下一个兄弟结点，分别命名为 firstchild 域和 nextsibling 域。其结点结构如图 8-11 所示，C 语言定义如下。

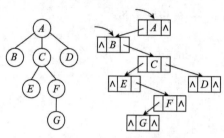

图 8-10 树的孩子兄弟表示法

firstchild	data	nextsibling

图 8-11 孩子兄弟表示法的结点结构

```
//--------------------树的二叉链表(孩子兄弟) 存储表示------------------
typedef struct CSNode{
  TElemType data;
  struct CSNode *firstchild,*nextsibling;
} CSNode,*CSTree;
```

利用这种存储结构便于实现各种树的操作，如易于实现寻找孩子结点的操作。若要访问结点 x 的第 i 个孩子，则只需要先从结点 x 的 firstchild 域找到第 1 个孩子结点，然后沿着孩子结点的 nextsibling 域连续走 $i-1$ 步，即可找到结点 x 的第 i 个孩子。当然，如果为每个结点增设一个 parent 域，则同样能方便地实现 PARENT(T, x) 操作。

8.2.2 树和森林的遍历

1. 树的遍历

由树结构的定义可给出遍历树的三种次序：第一种是先根(次序) 遍历，若树不空，则先访问根结点，然后依次先根遍历各棵子树；第二种是后根(次序) 遍历，若树不空，则先依次后根遍历各棵子树，然后访问根结点；第三种是按层次遍历，若树不空，则自上而下、自左至右访问树中的各个结点。

例如，对如图 8-12 所示的树进行先根遍历，结点的访问序列为 $ABEFCDGHIJK$。

进行后根遍历，结点的访问序列为 $EFBCIJKHGDA$。

按层次进行遍历，结点的访问序列为 $ABCDEFGHIJK$。

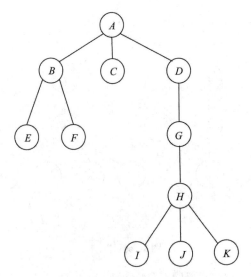

图 8-12　树的遍历示意图

2. 森林的遍历

森林通常如图 8-13 所示，可以将森林分解成以下 3 部分。

(1) 森林中第一棵树的根结点(如图 8-13 中的结点 B)。

(2) 森林中第一棵树中根结点的子树森林(如图 8-13 中以结点 C、D 为根结点的森林)。

(3) 森林中其他树构成的森林(如图 8-13 中以 E、F 为根结点的森林)。

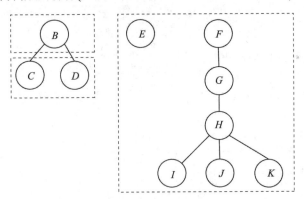

图 8-13　森林示意图

按照森林和树相互递归的定义，可以给出森林的两种遍历方法。

(1) 先序遍历：若森林不空，则访问森林中第一棵树的根结点；先序遍历森林中第一棵树的子树森林；先序遍历森林中(除第一棵树外)其余树构成的森林。也就是依次从左至右对森林中的每一棵树进行先根遍历。

(2) 中序遍历：若森林不空，则中序遍历森林中第一棵树的子树森林；访问森林中第一棵树的根结点；中序遍历森林中(除第一棵树外)其余树构成的森林。也就是依次从左至右对森林中的每一棵树进行后根遍历。

【例 8-1】写出如图 8-14 所示树的先根、后根及按层次遍历的遍历序列。

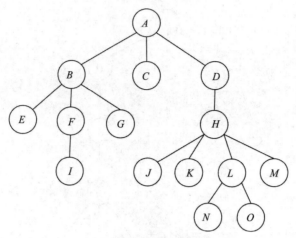

图 8-14 树 1

先根遍历序列：$ABEFIGCDHJKLNOM$。

后根遍历序列：$EIFGBCJKNOLMHDA$。

层次遍历序列：$ABCDEFGHIJKLMNO$。

3. 树的遍历的应用

(1) 求树的深度。

假设树采用孩子链表存储结构进行存储，树的深度为树中所有结点深度的最大值，则求树的深度递归算法如下。

```
int TreeDepth (CtreeT){
    //T 是树的孩子链表存储结构
    //返回该树的深度
  if (T.n == 0) return 0;
  else
    return Depth(T, T.r);
} //TreeDepth
int Depth(Ctree T,int root){
  max = 0;
  p = T.nodes [root].firstchild;
  while (p)
    h = Depth(T,p);
    if (h>max) max = h;
    p=p->nextchild;
  return max+1;
}
```

(2) 输出树中所有从根到叶子结点的路径。

如图 8-15 所示的树，其路径的输出结果为：ABE、ABF、AC、$ADGHI$、$ADGHJ$、$ADGHK$。

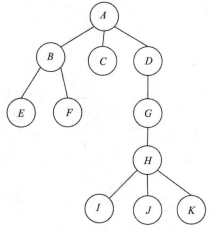

图 8-15　树 2

```
//设树的存储结构为孩子兄弟链表
typedef struct CSNode{
    TElemType data;
    struct CSNode *firstchild,*nextsibling;
} CSNode,*CSTree;
```

输出树中所有从根到叶子结点的路径算法如下。

```
void OutPath( Bitree T, Stack& S ) {
    while (!T) {
        Push(S, T->data );
        if (!T->firstchild ) PrintStack(S);
          else OutPath( T->firstchild, S );
        Pop(S);
        T = T -> nextsibling;
    } //while
} //OutPath，可以推广到森林
```

(3) 建立树的存储结构。

假设以二元组(Parent, Child)的形式自上而下、自左而右依次输入树的各边，建立树的孩子-兄弟链表。

输入('#', 'A')代表 A 是根结点。假设输入序列为: ('#', 'A'), ('A', 'B'), ('A', 'C'), ('A', 'D'), ('C', 'E'), ('C', 'F'), ('E', 'G')；则对应的树如图 8-16 所示。

分析建树的过程可知，算法中需要一个队列保存已建好的父结点的指针。算法如下：

```
void CreatTree( CSTree &T ) {
    T = NULL;
    for( scanf(&pa, &ch); ch!=' '; scanf(&pa, &ch);) {
      if (!(p=(CSNode*)malloc(sizeof(CSNode))))
          exit(OVERFLOW);                //创建结点
```

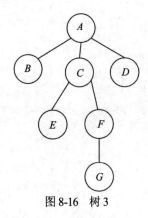

图 8-16　树 3

```
p->data=ch;
p-> firstchild = p-> nextsibling =Null;
EnQueue(Q, p);                    //指针入队列
if (pa = ='#')  T = p;            //所建为根结点
else {                            //非根结点的情况
    GetHead(Q,s);                 //取队列头元素(指针值)
    while (s->data != pa ) {      //查询双亲结点
       DeQueue(Q,s);
       GetHead(Q,s);
     }
    if (!(s->firstchild)) {       //链接第一个孩子结点，指针 r 指示当前孩子
       s->firstchild = p;
       r = p;
    }
    else {                        //链接其他孩子结点
       r->nextsibling = p;
       r = p;  }
  }
} //for
} //CreateTree
```

8.3　习题

一、选择题

1. 树最适合用来表示(　　)。

A. 有序数据元素　　　　　　　　　　　　B. 无序数据元素

C. 元素之间具有分支层次关系的数据　　　D. 元素之间无联系的数据

2. 下列说法中，错误的是(　　)。

　　A. 树形结构的特点是一个结点可以有多个直接前驱

　　B. 线性结构中的结点至多只有一个直接后继

　　C. 树形结构可以表达更复杂的数据

　　D. 树(及一切树形结构)是一种分支层次结构

　　E. 任何只含一个结点的集合可以看作一棵树

3. 下列不是树的表示形式的是(　　)。

　　A. 嵌套集合法　　　　　　　　　　　　B. 孩子兄弟表示法

　　C. 广义表表示法　　　　　　　　　　　D. 凹入表示法

4. 在下列存储形式中，(　　)不是树的存储形式。

　　A. 双亲表示法　　　　　　　　　　　　B. 孩子链表表示法

　　C. 孩子兄弟表示法　　　　　　　　　　D. 顺序存储表示法

二、简答题

1. 观察图 8-17，写出图中树结构的叶子结点、非终端结点、每个结点的度及树的深度。

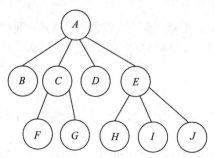

图 8-17　树 4

2. 分别使用嵌套组合法、凹入表示法、广义表法表示如图 8-17 所示的树。

3. 分别使用双亲表示法、孩子链表表示法、孩子兄弟表示法表示如图 8-18 所示的树。

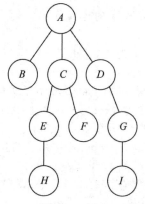

图 8-18　树 5

第9章 二叉树

本章介绍二叉树结构。二叉树与树都是非线性数据结构——树形结构中的重要代表。二叉树结构广泛应用于哈夫曼编码、海量数据并发查询及路由器的路由搜索引擎等领域。本章重点讨论二叉树的存储结构及其各种操作，并介绍树、森林与二叉树的转换关系。

9.1 二叉树的定义和性质

二叉树(binary tree)，从命名来看，会使人以为它是树的一种特殊形态，尤其容易被误认为是度为2的有序树。其实不然，二叉树与树一样，都是一种独立的树型结构。

9.1.1 二叉树的定义

二叉树或为空树，或是由一个根结点加上两棵分别称为左子树和右子树的、互不相交的二叉树组成的。

在二叉树中，每个结点至多有两棵子树(即不存在度大于2的结点)。二叉树的子树有左、右之分，其次序不能任意颠倒。二叉树不是上一章定义的树概念的特殊形式，而是另外一种独立的数据结构。

ADT BinaryTree{
数据对象 D：D 是具有相同特性的数据元素的集合。
数据关系 R：
　若 D=Φ，则 R=Φ，称 BinaryTree 为空二叉树；
　若 D≠Φ，则 R={H}，H 是如下二元关系：
　　(1) 在 D 中存在唯一的称为根的数据元素 root，它在关系 H 下无前驱；
　　(2) 若 D-{root}≠Φ，则存在 D-{root}={D_1,D_r}，且 $D_1 \cap D_r$=Φ；
　　(3) 若 D_1≠Φ，则 D_1 中存在唯一的元素 x_1，<root,x_1>∈H，且存在 D_1 上的关系 $H_1 \subset H$；若 D_r≠Φ，则 D_r 中存在唯一的元素 x_r，<root,x_r>∈H，且存在 D_r 上的关系 $H_r \subset H$；H={<root,x_1>,<root,x_r>, H_1, H_r}；
　　(4) (D1, {H_1}) 是一棵符合本定义的二叉树，称为根的左子树，(D_r, {H_r}) 是一棵符合本定义的二叉树，称为根的右子树。
基本操作 P：
　InitBiTree(&T)

操作结果：构造空二叉树 T。

DestroyBiTree(&T)

    初始条件：二叉树 T 存在。

    操作结果：销毁二叉树 T。

CreateBiTree(&T,definition)

    初始条件：definition 给出二叉树 T 的定义。

    操作结果：按 definition 构造二叉树 T。

ClearBiTree(&T)

    初始条件：二叉树 T 存在。

    操作结果：将二叉树 T 清为空树。

BiTreeEmpty(T)

    初始条件：二叉树 T 存在。

    操作结果：若 T 为空二叉树，则返回 TRUE，否则返回 FALSE。

BiTreeDepth(T)

    初始条件：二叉树 T 存在。

    操作结果：返回 T 的深度。

Root(T)

    初始条件：二叉树 T 存在。

    操作结果：返回 T 的根。

Value(T,e)

    初始条件：二叉树 T 存在，e 是 T 中的某个结点。

    操作结果：返回 e 的值。

Assign(T,&e,value)

    初始条件：二叉树 T 存在，e 是 T 中的某个结点。

    操作结果：将结点 e 赋值为 value。

Parent(T,e)

    初始条件：二叉树 T 存在，e 是 T 中的某个结点。

    操作结果：若 e 是 T 的非根结点，则返回它的双亲，否则返回"空"。

LeftChild(T,e)

    初始条件：二叉树 T 存在，e 是 T 中的某个结点。

    操作结果：返回 e 的左孩子，若 e 无左孩子，则返回"空"。

RightChild(T,e)

    初始条件：二叉树 T 存在，e 是 T 中的某个结点。

    操作结果：返回 e 的右孩子，若 e 无右孩子，则返回"空"。

LeftSibling(T,e)

    初始条件：二叉树 T 存在，e 是 T 中的某个结点。

    操作结果：返回 e 的左兄弟，若 e 是 T 的左孩子或无左兄弟，则返回"空"。

RightSibling(T,e)

    初始条件：二叉树 T 存在，e 是 T 中的某个结点。

    操作结果：返回 e 的右兄弟，若 e 是 T 的右孩子或无右兄弟，则返回"空"。

InsertChild(T,p,LR,c)

初始条件：二叉树 T 存在，p 指向 T 中的某个结点，LR 为 0 或 1，非空二叉树 c 与 T 不相交且右子树为空。

操作结果：根据 LR 为 0 或 1，插入 c 为 T 中 p 所指结点的左或右子树。p 所指结点的原有左或右子树则成为 c 的右子树。

DeleteChild(T,p,LR)

初始条件：二叉树 T 存在，p 指向 T 中的某个结点，LR 为 0 或 1。

操作结果：根据 LR 为 0 或 1，删除 T 中 p 所指结点的左或右子树。

PreOrderTraverse(T,Visit())

初始条件：二叉树 T 存在，Visit 是对结点操作的应用函数。

操作结果：先序遍历 T，对每个结点调用函数 Visit() 一次且仅一次。一旦 Visit() 失败，则操作失败。

InOrderTraverse(T,Visit())

初始条件：二叉树 T 存在，Visit 是对结点操作的应用函数。

操作结果：中序遍历 T，对每个结点调用函数 Visit() 一次且仅一次。一旦 Visit() 失败，则操作失败。

PostOrderTraverse(T,Visit())

初始条件：二叉树 T 存在，Visit() 是对结点操作的应用函数。

操作结果：后序遍历 T，对每个结点调用函数 Visit() 一次且仅一次。一旦 Visit() 失败，则操作失败。

LevelOrderTraverse(T,Visit())

初始条件：二叉树 T 存在，Visit() 是对结点操作的应用函数。

操作结果：层序遍历 T，对每个结点调用函数 Visit() 一次且仅一次。一旦 Visit() 失败，则操作失败。

}ADT BinaryTree

由二叉树的递归定义可推知，二叉树有 5 种基本形态：空二叉树、只含根结点的二叉树、右子树为空的二叉树、左子树为空的二叉树、左右子树均不为空的二叉树。如图 9-1 所示。

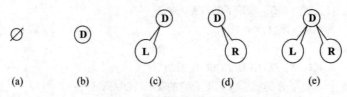

图 9-1　二叉树的五种基本形态

(a) 空二叉树；(b) 只含根结点的二叉树；(c) 右子树为空的二叉树；

(d) 左子树为空的二叉树；(e) 左右子树均不空的二叉树

【例 9-1】请思考，具有 3 个结点的二叉树有多少种？答案如图 9-2 所示。

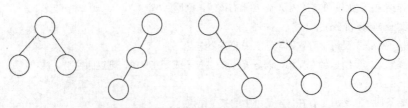

图 9-2　具有 3 个结点的二叉树的 5 种形态

9.1.2 两类特殊的二叉树

完全二叉树和满二叉树是两种特殊形态的二叉树。

一棵深度为 k 且有 2^k-1 个结点的二叉树称为满二叉树。如图 9-3(a)所示是一棵深度为 4 的满二叉树。其特点是每层上的结点数都是最大结点数。

可以对满二叉树的结点进行连续编号，约定编号从根结点起，自上而下、自左至右。由此可引出完全二叉树的定义。深度为 k 且有 n 个结点的二叉树，当且仅当其每一个结点都与深度为 k 的满二叉树中编号为 $1\sim n$ 的结点一一对应时，称为完全二叉树。如图 9-3(b)所示为一棵深度为 4 的完全二叉树。显然，完全二叉树的特点是：①叶子结点只可能在层次最大的两层上出现；②对任一结点，若其右分支下的子孙的最大层次为 L，则其左分支下的子孙的最大层次必为 L 或 $L+1$。图 9-3(c)所示均不是完全二叉树。

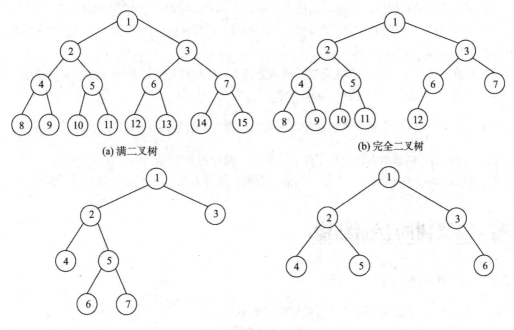

(a) 满二叉树   (b) 完全二叉树

(c) 非完全二叉树

图 9-3 特殊形态的二叉树

9.1.3 二叉树的重要特性

性质 1 在二叉树的第 i 层上至多有 2^{i-1} 个结点($i\geqslant1$)。

利用归纳法容易证得此性质。

当 $i=1$ 时，即第一层，只有一个根结点，显然 $2^{i-1}=2^0=1$，命题成立。

现假设当 $1\leqslant j<i$ 时，即前 $i-1$ 层，命题成立；由归纳假设第 $i-1$ 层上至多有 2^{i-2} 个结点而二叉树上每个结点至多有两棵子树，则第 i 层的最大结点数为 $2^{i-2}\times2=2^{i-1}$，命题成立。

性质 2 深度为 k 的二叉树中至多含 2^k-1 个结点($k\geqslant1$)。

基于上一条性质，深度为 k 的二叉树中的结点数至多为 $2^0+2^1+\cdots+2^{k-1}=2^k-1$。

性质 3 对于任何一棵二叉树，若它含有 n_0 个叶子结点、n_2 个度为 2 的结点，则必存在关系式：$n_0 = n_2 + 1$。

设 n_1 为二叉树 T 中度为 1 的结点数。因为二叉树中所有结点的度均小于或等于 2，所以二叉树中的结点总数为 $n = n_0 + n_1 + n_2$。

二叉树中每个度为 2 的结点包含两个分支，度为 1 的结点包含 1 个分支，度为 0 的结点不包含分支，所以二叉树上的分支总数 $b = n_1 + 2n_2$。除根结点外，其余每个结点均由一个分支指示，因此，二叉树中结点总数比分支总数多 1，即：$b = n - 1$。由此，$n_1 + 2n_2 = n_0 + n_1 + n_2 - 1$，即 $n_0 = n_2 + 1$。

性质 4 具有 n 个结点的完全二叉树的深度为 $\lfloor \log_2 n \rfloor + 1$（$\lfloor \log_2 n \rfloor$ 指不大于 $\log_2 n$ 的最大整数）。

设完全二叉树的深度为 k，则根据性质 2 得 $2^{k-1} - 1 < n \leq 2^k - 1$ 即 $2^{k-1} \leq n < 2^k$。

等式两边取以 2 为底的对数，得 $k-1 \leq \log_2 n < k$，所以 $\log_2 n < k \leq \log_2 n + 1$。因为 k 只能是整数，所以，$k = \lfloor \log_2 n \rfloor + 1$。

性质 5 若对含 n 个结点的完全二叉树从上到下、从左至右进行 $1 \sim n$ 的编号，则对于完全二叉树中任意一个编号为 $i(1 \leq i \leq n)$ 的结点有：

(1) 若 $i=1$，则该结点是二叉树的根，无双亲；否则，编号为 $\lfloor \dfrac{i}{2} \rfloor$ 的结点为其双亲结点。

(2) 若 $2i > n$，则该结点无左孩子结点；否则，编号为 $2i$ 的结点为其左孩子结点。

(3) 若 $2i+1 > n$，则该结点无右孩子结点；否则，编号为 $2i+1$ 的结点为其右孩子结点。

9.2 二叉树的存储结构

9.2.1 二叉树的顺序存储表示

二叉树的顺序存储表示的 C 语言类型描述如下。

```
//-----------------二叉树的顺序存储表示-----------------------------
#define MAX_TREE_SIZE 100      //二叉树的最大结点数
Typedef TElemType SqBiTree[MAX_TREE_SIZE];      //0 号单元存储根结点
SqBiTree bt;
```

按照顺序存储结构的定义，对于完全二叉树，用一组地址连续的存储单元，依次自上而下、自左至右存储完全二叉树上的结点元素，即将完全二叉树上编号为 i 的结点元素存储在如上定义的一维数组中下标为 i-1 的分量中。对于一般的二叉树，则将其每个结点与完全二叉树上的结点相对照，存储在一维数组的相应分量中。表 9-1 为如图 9-4 所示的二叉树的顺序存储表示，按满二叉树中结点的编号 i，依次存放二叉树中的数据元素值。表中的"0"表示不存在的结点。由此可见，这种顺序存储适宜存放完全二叉树。因为，在最坏的情况下，一个深度为 k 且只有 k 个结点的单支树(树中不存在度为 2 的结点)需要长度为 $2^k - 1$ 的一维数组，浪费空间。

表 9-1　二叉树的顺序存储表示

存储的元素值	a	b	c	d	e	0	0	0	0	f	g
结点的编号	1	2	3	4	5	6	7	8	9	10	11

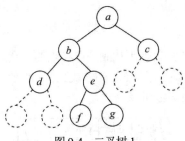

图 9-4　二叉树 1

9.2.2　二叉树的链式存储表示

链式存储结构中不同的结点结构，可构成不同形式的链式存储表示。二叉树的链式存储结构的表示形式主要有二叉链表、三叉链表和线索链表 3 种。线索链表的存储用到二叉树的遍历操作，下节介绍二叉树的遍历后，在 9.4 节中介绍。本小节给出二叉链表和三叉链表的结点结构和存储方式。

1. 二叉链表

由二叉树的定义，设置二叉树的结点由一个数据元素和两个分别指向其左、右子树的分支构成，即表示二叉树的链表中的结点至少包含 3 个域：数据域和左、右指针域，如图 9-5 所示。采用这种结点结构得到的二叉树的存储结构称为二叉链表，如图 9-6 所示。

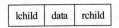

图 9-5　含 2 个指针域的结点结构

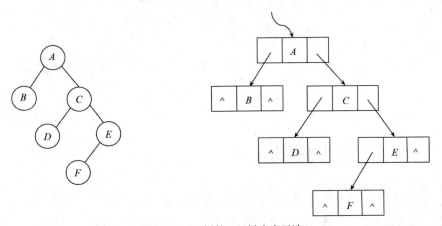

图 9-6　二叉树的二叉链表表示法

二叉链表结点结构的 C 语言类型描述如下。

```
typedef struct BiTNode{                  //结点结构
    TElemType  data;
    Struct BiTNode *lchild *rchild;    //左、右孩子指针
}BiTNode,*BiTree;
```

2. 三叉链表

在二叉链表的基础上，有时为了便于找到当前结点的双亲结点，可在二叉链表结点结构中增加一个指向其双亲结点的指针域，其结点结构如图 9-7 所示。采用这种结点结构得到的二叉树存储结构称为三叉链表，如图 9-8 所示。

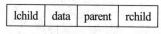

图 9-7　含 3 个指针域的结点结构

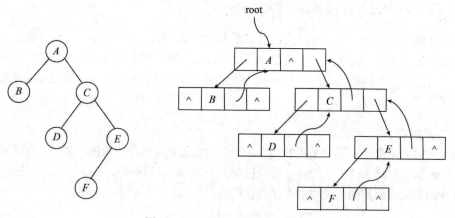

图 9-8　二叉树的三叉链表表示法

以下是三叉链表的类型描述。

```
typedef struct TriTNode{ //结点结构
    TElemType  data;
    Struct TriTNode *lchild *rchild *parent;   //左、右孩子指针和双亲指针
}TriTNode,*TriTree;
```

9.3　二叉树的遍历与应用

在二叉树的一些应用中，常常要求在树中查找具有某些特征的结点，或者对树中的全部结点逐一进行某种处理。由此提出了二叉树遍历的问题，本节介绍二叉树 3 种遍历的定义、算法及应用。

9.3.1 二叉树的三种遍历算法

二叉树的遍历是指顺着某一条搜索路径寻访二叉树的结点，使每个结点均被访问一次，而且仅被访问一次；也就是要找到一种完整而有规律的访问方法，得到二叉树中所有结点的一个线性序列。"访问"的含义可以很广，如输出结点的信息等。

"遍历"是任何类型均有的操作。对于线性结构而言，只有一条搜索路径(因为每个结点均只有一个后继)，因此不需要另加讨论。而二叉树是非线性结构，每个结点可能有两个后继，则存在如何遍历即按什么样的搜索路径遍历的问题。

分析二叉树的递归定义可得出，二叉树由三个互不相交的基本单元组成，即根结点、左子树和右子树。若能依次遍历这三个基本单元，则可完成遍历整棵二叉树。

对二叉树而言，考虑以下三类搜索路径：

(1) 先上后下的按层次遍历；

(2) 先左(子树)后右(子树)的遍历；

(3) 先右(子树)后左(子树)的遍历。

先上后下的按层次遍历仅适合于二叉树的顺序存储结构。先左后右的遍历和先右后左的遍历是对称的，可重点讨论其中一类。下面以先左后右的方式展开对二叉树递归遍历的讨论。

假如以 L、D、R 分别表示遍历左子树、访问根结点和遍历右子树，若限定先左后右的遍历方式，则有三种遍历顺序：DLR、LDR、LRD，分别称为先(根)序遍历，中(根)序遍历和后(根)序遍历。

1. 先(根)序遍历二叉树算法

若二叉树为空树，则空操作；否则：

(1) 访问根结点；

(2) 先序遍历左子树；

(3) 先序遍历右子树。

先序遍历二叉树的递归算法如下。

```
void PreOrderTraverse( BiTree T,void( *Visit )( TElemType &e )){    //先序遍历二叉树
    if ( T ){ Visit(T->data);                                       //访问根结点
            PreOrderTraverse (T->lchild,Visit );                    //遍历左子树
            PreOrderTraverse (T->rchild,Visit )                     //遍历右子树
    }
}//PreOrderTraverse
```

2. 中(根)序遍历二叉树算法

若二叉树为空树，则空操作；否则：

(1) 中序遍历左子树；

(2) 访问根结点；

(3) 中序遍历右子树。

中序遍历二叉树的递归算法如下。

```
void InOrderTraverse( BiTree T,void( *Visit )( TElemType &e)) {  //中序遍历二叉树
    if ( T ){  InOrderTraverse( T->lchild,Visit);              //遍历左子树
               Visit(T->data);                                 //访问根结点
               InOrderTraverse(T->rchild,Visit);               //遍历右子树
    }
}//InOrderTraverse
```

3. 后(根)序遍历二叉树算法

若二叉树为空树，则空操作；否则：

(1) 后序遍历左子树；

(2) 后序遍历右子树；

(3) 访问根结点。

后序遍历二叉树的递归算法如下。

```
void PostOrderTraverse(BiTree T,void( *Visit )( TElemType &e )){  //后序遍历二叉树
    if ( T ){  PostOrderTraverse(T->lchild,Visit );             //遍历左子树
               PostOrderTraverse(T->rchild,Visit );             //遍历右子树
               Visit(T->data);                                  //访问根结点
    }
} //PostOrderTraverse
```

二叉树结构可以方便地表示算术表达式，例如，图9-9所示的二叉树表示表达式：$(a+b) \times c - d / e$。

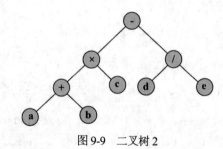

图9-9　二叉树2

若先序遍历此二叉树，按访问结点的先后次序将结点排列起来，得到二叉树的先序序列为

$$-\times + a\,b\,c\,/\,d\,e \tag{9-1}$$

类似地，中序遍历此二叉树，得到中序序列为

$$a + b \times c - d / e \tag{9-2}$$

后序遍历此二叉树，得到后序序列为

$$a\,b + c \times d\,e\,/\,- \tag{9-3}$$

从表达式来看，以上三个序列(9-1)、(9-2)和(9-3)恰好为表达式 $(a+b) \times c - d / e$ 的前缀表示(波兰式)、中缀表示和后缀表示(逆波兰式)。

【例9-2】分别给出如图9-10所示二叉树的先序、中序、后序访问序列。

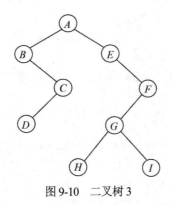

图 9-10　二叉树 3

上述二叉树的先序遍历序列为 $ABCDEFGHI$；中序遍历序列为 $BDCAEHGIF$；后序遍历序列为 $DCBHIGFEA$。

4. 二叉树遍历递归算法的分析

分析上述二叉树遍历算法可知，先序、中序、后序三种遍历算法不同之处，仅在于访问根结点和遍历左、右子树的先后关系。如果在算法中暂且去掉和递归无关的 Visit 语句，则上述三种遍历算法完全相同。

另外，从递归执行过程的角度来看，先序、中序和后序遍历也是完全相同的，或者说这三种遍历算法的访问路径是相同的，只是访问结点的时机不同。

图 9-11 中用带箭头的虚线表示了这三种遍历算法的递归执行过程。从遍历的出发点(根结点)到结束点(根结点)的遍历路径上，每个结点均经过 3 次。以图 9-11 中结点 E 为例：从它的双亲结点 B 访问它时是第一次经过结点 E；然后转向结点 E 的左子树，当它的左子树全部遍历结束再次返回结点 E，这是第二次经过结点 E；此时转向结点 E 的右子树，当它的右子树全部遍历结束再次返回结点 E，这是第三次经过结点 E。

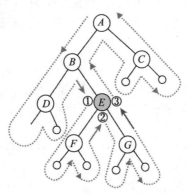

图 9-11　3 种遍历的递归执行过程

若在第一次经过每个结点时就访问(Visit)它，此时得到的访问结点的序列就是此二叉树的先序遍历序列；若在第二次经过每个结点时访问(Visit)它，此时得到的序列就是此二叉树的中序遍历序列；若在第三次经过每个结点时访问(Visit)它，此时得到的序列就是此二叉树的后序遍历序列。

由上述分析，可以把先序、中序、后序遍历方式作为一个参数，把二叉树递归遍历的三种算法统一起来，得到下面算法。

5. 一种统一的二叉树遍历递归算法

在算法中增加参数 order，根据 order 的取值，进行相应类型的遍历。

```
Status Traverse (BiTree T, int order, Status(*Visit)(TElemType e)) {
if(T) {
        if (order ==PreOrder) Visit(T->data);    //若先序遍历,则此处访问结点
        Traverse (T->lchild, order, Visit);
        if (order ==InOrder) Visit(T->data);     //若中序遍历,则此处访问结点
        Traverse (T->rchild, order, Visit);
        if (order ==PostOrder) Visit(T->data);   //若后序遍历,则此处访问结点
    }
```

9.3.2 二叉树遍历算法的非递归描述

模拟二叉树遍历递归算法在执行过程中递归工作栈的状态变化状况，可得出相应的非递归算法。

1. 中序遍历算法的非递归描述

从中序遍历递归算法执行过程中递归工作栈的状态可见：

(1) 工作记录中包含两项，其一是递归调用的语句编号，其二是指向根结点的指针，则当栈顶记录中的指针非空时，应遍历左子树，即指向左子树根的指针进栈；

(2) 若栈顶记录中的指针值为空，则应退至上一层，若是从左子树返回，则应访问当前层即栈顶记录中指针所指的根结点；

(3) 若是从右子树返回，则表明当前层的遍历结束，应继续退栈。从另一角度看，这意味着遍历右子树时不再需要保存当前层的根指针，可直接修改栈顶记录中的指针即可。

由此得到中序遍历二叉树的非递归算法如下：

```
Status InOrderTraverse (BiTree T, void (*Visit)(TelemType& e)) {
//中序非递归遍历二叉链表存储的二叉树 T,对每个数据元素调用函数 Visit()
//Visit()是对数据元素操作的应用函数
   InitStack(S);    p=T;
   while( p || !StackEmpty(S) ){                   //找到最左下的结点
      if (p) { Push(S,p);  p=p->lchild; }   //根指针进栈,遍历左子树
       else {                                //根指针退栈,访问根结点,遍历右子树
              Pop(S,p);
              if ( !Visit(p->data) ) return  ERROR;
              p=p->rchild;
          } //else
      } //while
      return  OK;
}//InOrderTraverse
```

【例9-3】参考上述过程，写出先序遍历二叉树的非递归算法。

分析：由二叉树先序遍历过程可知，若二叉树非空，遍历时首先访问根结点，其次访问左子树，最后访问右子树。因此，首先访问当前结点——根结点，将其入栈，转向其左孩子，若其左孩子不空或栈不空，继续访问；否则出栈，指向其右孩子。如果当前结点为空，且栈为空，则遍历结束。算法如下。

```
Status PreOrderTraverse (BiTree T, void (*Visit) (TelemType& e)) {
  InitStack(S);p = T;
  while( p || !StackEmpty(S) ){
      if (p) { if ( !Visit(p->data) ) return ERROR;    //访问根结点
               Push(S,p);p = p->lchild;}               //根指针进栈，遍历左子树
      else {                                           //根指针退栈，遍历右子树
             Pop(S,p);p=p->rchild;
      } //else
    } //while
  return  OK;
}//PreOrderTraverse
```

2. 后序遍历算法非递归描述

后序遍历二叉树过程中，对于每个结点，先访问其左子树，然后访问右子树，最后访问该结点本身。后序遍历中第一个访问的结点是二叉树的最左下结点。因为首先访问结点的左、右子树，然后才访问结点本身，所以在遍历过程中，须分辨当前结点的左、右子树是否访问过。仍需借助栈结构保存需要返回的结点指针，先扫描根结点的所有左孩子结点并进栈，直到左孩子为空；此时，出栈栈顶结点*b 作为当前结点，然后扫描该结点的右子树。当一个结点的左右孩子结点均被访问后(说明其左右子树均访问完成)，再访问该结点。循环操作，直到栈空为止。栈中保存的是当前结点*b 的所有祖先结点(均未访问过)。

上述过程的一个难点是，如何判断某结点*b 的右子树是否已访问完成(即当*b 结点的右孩子被访问过，则表明其右子树已访问完成)。为此用 p 保存刚刚访问过的结点(初值为 NULL)，若 b->rchild == p 成立(后序遍历中*b 的右孩点一定恰在结点*b 之前访问)，说明*b 的左右子树均已访问完成，此时应访问结点*b。

使用顺序栈存放结点指针，Visit 函数设为输出结点，算法的 C 语言描述如下。

```
void PostOrderTraverse (BiTNode *b) {      //后序非递归遍历算法
   { BiTNode *St[MaxSize];
     BiTNode *p;
     int flag,top = -1;                    //栈指针置初值
     if ( b != NULL)
       { do
         { while (b != NULL) {             //将*b 中的所有左结点进栈
            top++;
            St[top] = b;
```

```
                b = b->lchild;
            }
            //执行到此处时，栈顶元素没有左孩子或左子树均已访问过
        p = NULL;                       //p指向栈顶结点的前一个已访问的结点
        flag = 1;                       //表示*b的左孩子已访问过或为空
        while (top != -1&&flag) {
            b = St[top];                //取出当前的栈顶元素
            if(b->rchild = =p){
                printf("%c",b->data);   //访问*b结点
                top --;
                p = b;                  //p指向刚访问过的结点
            }
            else {
                b = b->rchild;          //b指向右孩子结点
                flag = 0;               //表示*b的左孩子尚未访问过
            }
        }
    } while(top ! = -1);
    printf ("\n");
    }
}//PostOrderTraverse
```

3. 一种统一的二叉树遍历非递归算法

由上述分析，结合上节二叉树遍历递归算法的统一描述可知，每个结点在遍历中均被经过3次，在算法中改进栈的存储结构，增加计数器变量 tag，记录当前结点经过的次数：当前结点若第一次经过，则先序遍历须此时访问该结点；当前结点若第二次经过，则中序遍历须此时访问该结点；当前结点若第三次经过，则后序遍历须此时访问该结点。算法如下。

```
typedef struct StackElem {
    struct BiTNode *p;          //指向二叉树结点的指针变量
    int  tag;                   //计数器变量，第 tag 次遇到*p 结点
} StackElem, ts;
Status Traverse (BiTree T, int order, Status(*Visit)(TElemType e)) {
    InitStack(S);
    ts.p=T;
    ts.tag=1;
    Push(S,ts);
    While(!StackEmpty(S)){
        Pop(S.ts);
        if(ts.p) { switch (ts.tag)
            1: {                        //沿遍历路径第一次遇到该结点，应转向左子树
```

```
                    if(order==PreOrder)  Visit(ts.p->data);  //先序遍历访问结点的位置
                    ts.tag++;
                    Push(S,ts);                  //修改 tag 后重新压入栈中
                    ts.p=ts.p->lchild;      //进入左子树
                    ts.tag=1;
                    Push(S,ts);
                  }
            2: {                               //沿遍历路径第二次遇到该结点，应转向右子树
                    if(order==InOrder)  Visit(ts.p->data);   //中序遍历访问结点的位置
                    ts.tag++;
                    Push(S,ts);                  //修改 tag 后重新压入栈中
                    ts.p=ts.p->rchild;      //进入右子树
                    ts.tag=1;
                    Push(S,ts);
                  }
            3: {           //沿遍历路径第三次遇到该结点，应回退，即无须再压栈
                    if(order==PostOrder)  Visit(ts.p->data);  //后序遍历访问结点的位置
                  }
          }//While
    }//Traverse
```

对二叉树进行遍历的搜索路径除上述按先序、中序或后序进行遍历外，还可以从上到下、从左到右按层次进行遍历。

显然，遍历二叉树的算法中的基本操作是访问结点。不论按哪一种次序进行遍历，对含 n 个结点的二叉树，其时间复杂度均为 $O(n)$。所需辅助空间为遍历过程中栈的最大容量，即树的深度，最坏情况下为 n，则空间复杂度也为 $O(n)$。遍历时也可以采用二叉树的其他存储结构，如带标志域的三叉链表，此时因存储结构中已存有遍历所需的足够信息，所以遍历过程中不需要另设栈；也可以采用带标志域的二叉链表作为存储结构，并在遍历过程中利用指针域暂存遍历路径，也可以省略栈的空间，但这样做将使得在时间上有很大的损失。

9.3.3　二叉树遍历算法的应用

二叉树的许多操作需要借助遍历二叉树的操作，如在二叉树中查找某一结点时，不能确定待查找结点的位置，因此需要从根结点处开始对二叉树进行遍历。每到达一个结点就和待查结点进行比较，如果不匹配，则继续遍历二叉树，直至找到该结点或遍历结束为止。除在二叉树中查找某一结点外，统计二叉树中的叶子结点个数、求二叉树的深度等都需要借助二叉树的遍历操作。

1. 查询二叉树中的某个结点

在查找某个结点时，由于不确定此结点的位置，所以需要在二叉树遍历中进行判断，下面

是借助先序遍历查询结点的算法。

```
Status Preorder_Seek(BiTree T,ElemType e,BiTree &p)
{ //若二叉树中存在值为e的元素，则p指向该结点并返回true
  if (T) {
    if (T->data == e) {p =T;return OK;}
    else {
      if (Preorder_Seek (T->lchild,e,p) return OK;
      else return (Preorder_Seek (T->rchild,e,p));
    }//else
  }//if
  else return FALSE;
}
```

2. 统计二叉树中叶子结点的个数

统计二叉树中叶子结点数，可先序(或中序或后序) 遍历二叉树，在遍历过程中查找叶子结点，并计数。由此，需要在遍历算法中增添一个"计数"的参数(可添加参数，也可利用函数名作为计数器)，并将算法中"访问结点"的操作改为若是叶子结点，则计数器加1。统计叶子结点个数的递归算法如下。

```
Int CountLeaf (BiTree T) {
  if (!T) return 0;
  if (!T->lchild && !T->rchild) return 1;
  else {
    m = CountLeaf (T->lchild);
    n = CountLeaf (T->rchild);
    return (m+n);
  }//else
}//CountLeaf
```

3. 求二叉树的深度

首先分析二叉树的深度和它的左、右子树深度之间的关系。从二叉树深度的定义可知，二叉树的深度应为其左、右子树深度的最大值加 1。由此，要求二叉树的深度，需要先分别左、右子树的深度，然后左、右子树深度的最大值加1即为所求，算法如下。

```
int TreeDepth (BiTree T) { //返回二叉树的深度
  if (!T) depth = 0;
  else {
    depthLeft = TreeDepth (T->lchild);
    depthRight = TreeDepth (T->rchild);
    depth = 1 +(depthLeft > depthRight ? depthLeft : depthRight);
  }
  Return depth;
}
```

4. 由先序序列字符串建立二叉树的存储结构

根据二叉树的先序序列字符串可建立二叉树的二叉链表结构。此先序序列字符串不是前述二叉树的先序遍历序列(只根据二叉树的先序遍历序列不能唯一地确定一棵二叉树)。

对二叉树中的所有结点,若其左孩子为空,则添加字符 Φ(Φ 表示空格)为其左孩子;若其右孩子为空,则添加字符 Φ 为其右孩子。对添加了字符 Φ 的二叉树进行先序遍历的序列定义为此二叉树的先序序列字符串。

如图 9-12 所示的二叉树,其先序序列字符串为:$ABC\Phi\Phi DE\Phi\Phi FG\Phi\Phi\Phi$。反之,若已知二叉树的先序序列字符串,则可唯一的确定一棵二叉树,并可建立其二叉链表,算法如下:

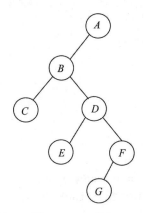

图 9-12　二叉树 4

```
Status CreatBiTree (BiTree &T) {
//输入先序序列字符串,构造二叉链表表示的二叉树 T,输入二叉树中结点的值(一个字符)
//空格字符表示空树
    scanf (&ch);
    if(ch = = ' ')T = NULL;
    else {
        if (!(T = ( BiTNode*) malloc (sizeof (BiTNode))))
          Exit(OVERFLOW);
        T->data = ch;                  //生成根结点
        CreatBiTree(T->lchild);     //构造左子树
        CreatBiTree(T->rchild);     //构造右子树
        }
        Return OK;
} //CreatBiTree
```

5. 由前缀表示式构造二叉树

如栈的应用中表达式求值部分所述,前缀表达式是指运算符在前,操作数在后的不包含括号的表达式。已知表达式$(a+b)\times c-d/e$,则其前缀表示式为: $-\times + a\,b\,c\,/\,d\,e$。它和二叉树的对应关系如图 9-13 所示。其特点是:二叉树的叶子结点对应操作数(常数或变量),而其他结点对应运算符。根据此特点可以由前缀表示式构造对应二叉树。

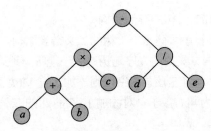

图 9-13　对应前缀表达式 -×+ *a b c / d e* 的二叉树

由前缀表示式建二叉树算法的基本操作为：

```
scanf(&ch);
if ( IN(ch,字母集)) 建立叶子结点;
else { 建立根结点;
        递归建立左子树;
        递归建立右子树;
}
```

由此细化，得算法如下。

```
void CrtExptree(BiTree&T, char exp[] ) {
InitStack(S); Push(S, '#'); InitStack(PND);
p = exp; ch = *p;
while(!(GetTop(S)=='#'&&ch=='#')) {
    if(!IN(ch, OP)) CrtNode( t, ch );//OP 为运算符集
//若 ch 非运算符，即字母，则建立叶子结点并入 PND 栈
    else {
        switch (ch) {
            case '(' : Push(S, ch); break;
            case ')' : Pop(S, c);
                        while (c!='(') {
                        CrtSubtree( t, c);  //建立子树并入栈 PND
                        Pop(S, c)       }
                        break;
            defult :while(!Gettop(S, c) && ( precede(c,ch))) {
            CrtSubtree( t, c); //建立子树并入栈 PND
            Pop(S, c);
            }
            if ( ch!= '#' ) Push( S, ch); break;
        } // switch
    }
if( ch!='#' ) { p++; ch = *p;}
} //while
Pop(PND, T);
```

```
} //CrtExptree
void CrtNode(BiTree&T,charch) {        //建立叶子结点
    if(!(T=(BiTNode*)malloc(sizeof(BiTNode))))
        exit(OVERFLOW);
    T->data = char;
    T->lchild = T->rchild = NULL;
    Push( PND, T );
}//CrtNode
void CrtSubtree (Bitree& T, char c){    //建立子树
    if(!(T=(BiTNode*)malloc(sizeof(BiTNode))))
        exit(OVERFLOW);
    T->data = c;
    Pop(PND, rc);  T->rchild = rc;
    Pop(PND, lc);  T->lchild = lc;
    Push(PND, T);
}//CrtSubtree
```

6. 由二叉树的先序和中序序列确定二叉树

在 9.3 节中定义的二叉树遍历序列中，若仅已知二叉树的先序序列，则不能唯一确定一棵二叉树，例如已知先序序列为"*abcdefg*"，则图 9-14 所示二叉树(a)(b)均满足先序序列为"*abcdefg*"，但不唯一。

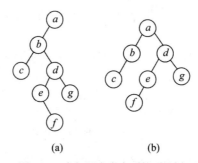

(a)   (b)

图 9-14   有相同先序序列的二叉树

在已知二叉树的先序序列基础上，如果同时也已知二叉树的中序序列，则会如何？下面分析。二叉树的先序序列的次序如图 9-15(a)所示，二叉树的中序序列的次序如图 9-15(b)所示。

二叉树的先序序列 根 左子树 右子树   二叉树的中序序列 左子树 根 右子树

(a)   (b)

图 9-15   二叉树的遍历次序

若同时已知一棵二叉树的先序序列和中序序列，则先序序列中第一个结点必为二叉树根结点；由该根结点在中序序列中的位置，把中序序列分为两部分；前面的结点序列必为左子树的中序序列，后面的结点序列必为右子树的中序序列。由此又把先序序列分为左、右子树两部分；左子树先序序列中的第一个结点即左子树的根结点，右子树先序序列中的第一个结点即右子树

的根结点。以此类推，即可唯一确定一棵二叉树。

例如，二叉树的先序序列为：$abcdefg$，中序序列为：$cbdaegf$，由此唯一确定的二叉树如图 9-16 所示。

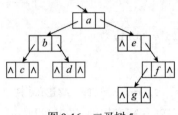

图 9-16　二叉树 5

由上述分析可知，若已知二叉树的后序序列，同时也已知二叉树的中序序列，则也能唯一确定一棵二叉树。

9.4　线索二叉树

9.4.1　线索二叉树的定义

若利用二叉链表存储二叉树，则含 n 个结点的二叉链表中有 $n+1$ 个空指针域，可以利用这些空指针域指向所在结点在某线性序列中的"前驱"或"后继"，以便于某些操作。这些指向"前驱"或"后继"指针称为"线索"。包含线索的二叉链表称为线索链表；与其相应的二叉树称为线索二叉树。

为了区分指针还是线索，须在二叉链表的结点中增加两个标志域，如图 9-17 所示，规定如下。

图 9-17　线索链表的结点结构

若该结点的左子树不空，则 lchild 域的指针指向其左孩子，且左标志域的值为指针 Link(0)；否则，lchild 域的指针指向其"前驱"，且左标志域的值为线索 Thread(1)。若该结点的右子树不空，则 rchild 域的指针指向其右孩子，且右标志域的值为指针 Link(0)；否则，rchild 域的指针指向其"后继"，且右标志域的值为线索 Thread(1)。按此定义的二叉树的存储结构即为线索链表。描述如下。

```
//--------二叉树的二叉线索存储表示--------
typedef enum PointerTag { Link, Thread };//Link==0，表示指针；Thread==1，表示线索
typedef struct BiThrNode {
    TElemType data;
    struct BiThrNode *lchild,*rchild;        //左右指针
    PointerTag LTag, RTag;                    //左右标志
} BiThrNode,*BiThrTree
```

如图 9-18(a)所示二叉树，其先序线索二叉树、中序线索二叉树，后序线索二叉树分别如图 9-18(b)、图 9-18(c)、图 9-18(d)所示，图中虚线为线索(省略标志域)。

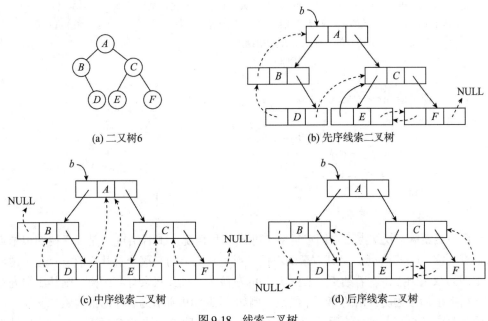

(a) 二叉树6 (b) 先序线索二叉树

(c) 中序线索二叉树 (d) 后序线索二叉树

图 9-18　线索二叉树

9.4.2　线索链表的遍历

在线索树上进行遍历时，采用的基本策略是先找到序列中的第一个结点，然后依次找结点后继直至其后继为空时而止。

中序遍历中序线索二叉树时，访问的第一个结点是左子树上处于"最左下"的结点。

确定了遍历时访问的第一个结点，那么接下来如何在中序线索树中找到结点的中序后继呢？若当前结点的右标志为"1"，则右链为线索，指示其后继；否则，结点的后继应是遍历其右子树时访问的第一个结点，即右子树中最左下的结点。反之，在中序线索树中找结点中序前驱的规律是：若其左标志为"1"，则左链为线索，指示其前驱；否则遍历左子树时最后访问的结点(左子树中最右下的结点)为其前驱。

中序线索二叉树中找指针 p 所指结点中序后继的算法如下。

```
BiThrNode *next( BiThrNode *p) {
    if (p->rtag)  return (p->rchild)      //p->rtag 为1，表示线索，即右子树为空
    else {                                 //右子树非空
            q= p->rchild;                  //从*p 的右孩子开始查找
            while (!q->ltag)  q=q->lchild; //当*q 不是最左下结点时，继续查找
             return (q);
    } //else
}//next
```

基于上述 next 函数，中序遍历中序二叉线索树的非递归算法如下。

```
void InOrderTraverse (BiThrTree T, void (*Visit)(TElemType e)) {
    //基于 next(p) 函数的中序遍历二叉线索树 T 的非递归算法
    //T 指向头结点，头结点的 lchild 指向根结点
    p = T->lchild;          //p 指向根结点
    if (p) {
        while (p->LTag==Link)    p = p->lchild;
        do {
            Visit(p->data);
            p= next(p);
        } while (p!=T)
    }//if
}//InOrderTraverse
```

在后序线索树中找结点后继比较复杂，可分 3 种情况：①若结点 x 是二叉树的根结点，则其后继为空；②若结点 x 是其双亲的右孩子或是其双亲的左孩子且其双亲没有右子树，则其后继即为双亲结点；③若结点 x 是其双亲的左孩子，且其双亲有右子树，则其后继为双亲的右子树上按后序遍历列出的第一个结点。例如，图 9-19 所示为后序后继线索二叉树，结点 B 的后继为结点 C，结点 C 的后继为结点 D，结点 F 的后继为结点 G，而结点 D 的后继为结点 E。可见，在后序线索化树上找后继时，可能需要查找结点双亲，此时使用带标志域的三叉链表作为存储结构更为方便。

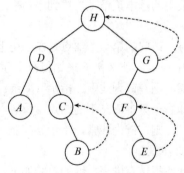

图 9-19　后序后继线索二叉树

在中序线索二叉树上遍历二叉树时，虽然时间复杂度仍为 $O(n)$，但常数因子要比使用二叉链表存储的二叉树的遍历算法小，且不需要设栈。因此，若在某程序中，所用二叉树需要经常遍历或查找结点在某种特定遍历序列中的前驱或后继，则采用线索链表作为存储结构更为合适。为方便起见，参照单链表的存储结构，在二叉树的中序线索链表上也添加一个头结点，并令其 lchild 域的指针指向二叉树的根结点，其 rchild 域的指针指向中序遍历时访问的最后一个结点;相应的，令二叉树中序序列中的第一个结点的 lchild 域指针和最后一个结点 rchild 域的指针均指向头结点。这样，可以看作为二叉树建立了一个双向线索链表，既可从第一个结点起沿后继进行遍历，也可从最后一个结点起沿前驱进行遍历，如图 9-20 所示。

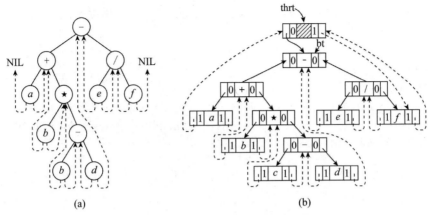

图 9-20　中序线索二叉树及其存储结构

以双向中序线索链表为存储结构时对二叉树进行中序遍历的算法如下。

```
Status InOrderTraverse_Thr(BiThrTree T,Status(*Visit)(TElemType e)){
//T 指向头结点，头结点的左链 lchild 指向根结点
//中序遍历二叉线索树 T 的非递归算法，对每个数据元素调用函数 Visit()
    p=T->lchild;                              //p 指向根结点
    while (p != T){                           //空树或遍历结束时，p==T
        while (p->LTag ==Link) p=p->lchild;
        if (!Visit(p->data)) return ERROR;     //访问其左子树为空的结点
        while (p->RTag == Thread &&p->rchild!=T){
           p = p->rchild; Visit(p->data);      // 访问后继结点
          }
        p =p->rchild;
      }
    return OK;
}//InOrderTraverse_Thr
```

9.4.3　线索链表的建立

对二叉树以某种次序遍历使其变为线索二叉树的过程称为线索化。如何进行二叉树的线索化呢？线索化的实质是将二叉链表中的空指针改为指向前驱或后继的线索，而前驱或后继的信息只有在遍历时才能得到，因此线索化的过程即为在遍历的过程中修改空指针的过程。为了记录遍历过程中访问结点的先后关系，附设一个指针 pre 始终指向刚刚访问过的结点，若指针 p 指向当前访问的结点，则 pre 指向它的前驱。把中序递归遍历算法中的 Visit 语句改为设置线索的语句。由此可得中序遍历建立中序线索化链表的算法。

```
Status InOrderThreading(BiThrTree & Thrt, BiThrTree T){
//中序遍历二叉树 T，并将其中序线索化，Thrt 指向头结点
    if(!(Thrt=(BiThrTree)malloc(sizeof (BiThrNode))))exit(OVERFLOW);
```

```
        Thrt ->LTag = Link;    Thrt->RTag =Thread;      //建立头结点
        Thrt->rchild = Thrt;                            //右指针回指
        if (!T) Thrt->lchild = Thrt;                    //若二叉树空,则左指针回指
        else{
            Thrt->lchild = T;      pre=Thrt;
            InThreading(T);                             //中序遍历进行中序线索化
            pre->rchild = Thrt;    pre->RTag - Thread;  //最后一个结点线索化
            Thrt->rchild = pre;
        }
        return OK;
    //InOrderThreading
    Status InThreading (BiThrTree p)
      if (p) {
        InThreading (p->lchild);        //左子树线索化
        if (! p->lchild )               //建立前驱线索
            { p->LTag = Thread;p->lchild = pre;}
        if (! pre->rchild )             //后继线索
            { pre->RTag= Thread;pre->rchild=p;}
        pre = p;                        //保持 pre 指向 p 的前驱
        InThreading(p->rchild);         //右子树线索化
      }//if
    }//InThreading
```

9.4.4　中序线索二叉树中插入结点

当在中序线索二叉树中插入新结点时,哪些指针或线索会发生变化呢?假设新结点*q 是插入到指定结点*p 和*p 的右子树之间的结点,插入后,*q 作为*p 的右子树的根结点。如图 9-21 所示。

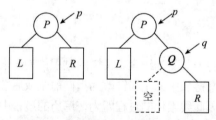

图 9-21　中序线索二叉树中插入结点

插入*q 后,*q 的左子树为空,所以,*q 是*p 右子树中最左下的结点。也就是说,*q 是作为*p 的中序后继插入的。需要注意:若*p 不是中序序列的最后一个结点,则插入*q 前其必有一个中序后继结点*s,插入*q 后,*q 将变成*s 的前驱结点。所以,在中序线索树中插入结点*q 时,除需修改*q 的两个指针域和*p 的右指针域外,还(可能)要修改*s 的左线索域。

主要算法语句如下:

```
s=InOrderNext(p);
q->ltag=1(线索);
q->lchild=p;
q->rtag=p->rtag;
q->rchild=p->rchild;
p->rtag=0(指针);
p->rchild=q;
if(s&&(s->ltag)) s->lchild=q;   //s 不空且其左链是线索
```

9.4.5　线索二叉树的优缺点

线索二叉树的优点是：线索树由于含有其前驱、后继的信息，在进行各种操作时显得比较方便。线索二叉树的缺点是：就插入和删除结点而言，除须修改指针外，还须相应的修改线索。

9.5　树、森林和二叉树

9.5.1　森林与二叉树之间的转换

二叉树和树都可以用二叉链表作为存储结构，即一棵二叉树或树都唯一地对应一个二叉链表。通过唯一对应的二叉链表，可以得到二叉树与树之间的对应关系。从物理结构来看，存储它们的二叉链表是相同的，只是解释不同。如图 9-22 所示。

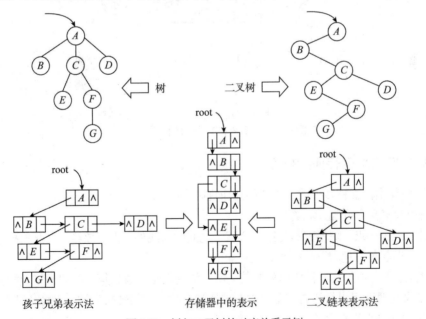

图 9-22　树与二叉树的对应关系示例

从树的二叉链表表示的定义可知，任何一棵和树对应的二叉树，其右子树必为空。若把森林中第二棵树的根结点看作第一棵树根结点的兄弟，则可导出森林和二叉树的对应关系，根据此一一对应关系可完成森林(树可看作只含一棵树的森林)与二叉树间的相互转换，其形式定义如下：

1. 森林转换成二叉树

如果 $F=\{T_1,T_2,..,T_m\}$ 是森林，则可按如下规则转换成一棵二叉树 $B=(root,LB,RB)$：

(1) 若 F 为空，即 $m=0$，则 B 为空树；

(2) 若 F 非空，即 $m\neq 0$，则 B 的根 root 即为森林中第一棵树的根 ROOT(T_1)；B 的左子树是从 T_1 中根结点的子树森林 $F1=\{T_{11},T_{12},\ldots,T_{1m1}\}$ 转换而成的二叉树；其右子树 RB 是从森林 $F'=\{T_2,T_3,\ldots,T_m\}$ 转换而成的二叉树。

2. 二叉树转换成森林

如果 $B=(root,LB,RB)$ 是一棵二叉树，则可按如下规则转换成森林 $F=\{T_1,T_2,..,T_m\}$：

(1) 若 B 为空，则 F 为空；

(2) 若 B 非空，则 F 中第一棵树 T_1 的根 ROOT(T_1)即为二叉树 B 的根 root；T_1 中根结点的子树森林 F_1 是由 B 的左子树 LB 转换而成的森林；F 中除 T_1 之外其余树组成的森林 $F'=\{T_2,T_3,\ldots,T_m\}$ 是由 B 的右子树 RB 转换而成的森林。

上述转换关系中三部分的对应关系如图 9-23 所示。从上述递归定义容易写出相互转换的递归算法。同时，森林和树的操作亦可转换成二叉树的操作来实现。应当注意的是，和森林对应的二叉树，其左、右子树的概念已改变为：左是孩子，右是兄弟。

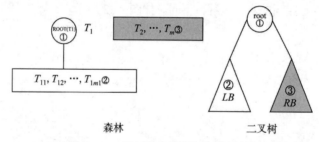

图 9-23　二叉树和森林转换的对应关系

9.5.2　森林与二叉树转换的操作

在实际操作中，森林转换成二叉树的操作规则为：

(1) 在所有兄弟之间加一条连线；

(2) 对每一个结点，除保留其与第一个孩子之间的连线外，去掉该结点与其他孩子的连线；

(3) 为清晰起见，把右孩子顺时针旋转45°。

转换时,把森林中除第一棵树以外的其他所有树的根结点看作第一棵树根结点的兄弟结点。树转换成二叉树时，可以把树看作是只含一棵树的森林；由树转换为的二叉树，其右子树必为空，因为树的根结点没有兄弟。

树转化为二叉树的过程示例如图 9-24 所示。

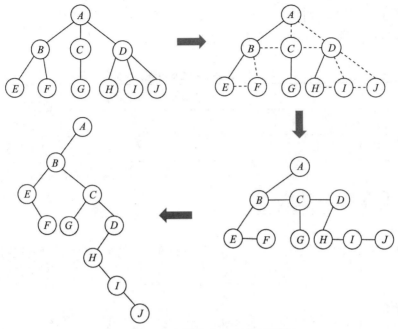

图 9-24 树转化为二叉树过程示例

二叉树转换成森林的操作规则为：

若结点 X 是其双亲 P 的左孩子，则把 X 的右孩子、右孩子的右孩子……都与 P 连接起来，然后去掉所有双亲到右孩子的连线，最后做适当的角度调整即可。

将二叉树根据上述规则转化为森林的过程示例如图 9-25 所示。

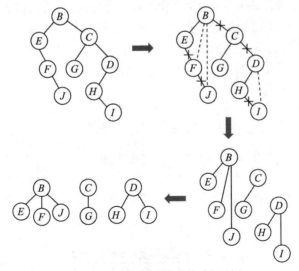

图 9-25 二叉树转化为森林过程示例

9.5.3 树、森林的遍历和二叉树遍历的对应关系

由上述树、森林和二叉树的对应关系可知，树、森林的各种操作均可与二叉树的操作相对

应。需要注意，和树(森林)对应的二叉树，其左右子树的概念已分别改变为孩子和兄弟。

树、森林的遍历和二叉树遍历的对应关系如表 9-2 所示。

表 9-2　树、森林的遍历和二叉树遍历的对应关系

树	森林	二叉树
先根遍历	先序遍历	先序遍历
后根遍历	中序遍历	中序遍历

9.6　哈夫曼树及其应用

哈夫曼树又称为最优二叉树，是一类带权路径长度最短的树，有着广泛的应用。本节讨论最优二叉树。

9.6.1　哈夫曼树

哈夫曼及编码是20世纪五十年代由戴维·哈夫曼教授设计开发的。哈夫曼编码方法被广泛应用于数据的压缩和传输领域。哈夫曼对于有限状态自动机、开关电路、异步过程和信号设计都有杰出的贡献。哈夫曼于 1982 年获得 IEEE 计算机先驱奖。他发明的哈夫曼编码能够使通常的数据传输数量减少到最小。这个编码的发明和这个算法一样十分引人入胜。

1950 年，哈夫曼在麻省理工学院的信息理论与编码研究生班学习。Robert Fano 教授让学生们自己决定是参加期末考试还是做一个大作业，哈夫曼选择了后者。这个大作业促使了以后哈夫曼算法的诞生。这个大作业中的哈夫曼树和哈夫曼编码又是什么呢？

介绍哈夫曼树之前先看下面引例。

假设要将百分制成绩(假设成绩取 0～100 的整数)转换成五级分制成绩，转换规则如表 9-3 所示，不同区间的分数对应不同的 5 个等级。

表 9-3　五级分制的转换规则

等级	E	D	C	B	A
分数段	0～59	60～69	70～79	80～89	90～100

在实际成绩分布中，学生成绩在 5 个等级上的分布是不均匀的。设学生实际成绩的分布规律如表 9-4 所示。

表 9-4　学生实际成绩的分布规律

等级	E	D	C	B	A
分数段	0～59	60～69	70～79	80～89	90～100
比例	5%	15%	40%	30%	10%

若某学生的成绩为 a，则在设计成绩转换算法时，程序流程图如图 9-26 所示。

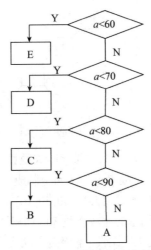

图 9-26　五级分制转换程序流程图

此流程图对应的程序在计算机中的运行时间与 CPU 的处理速度等(硬件因素)及程序中执行基本运算的次数，即比较的次数(软件因素)有关。按照图 9-26 所示的流程，执行程序的所有学生数据中有 80%的数据需进行 3 次及 3 次以上的比较才能得出结果。这说明按此流程处理成绩转换问题的实际效率并不理想。若不考虑硬件因素，怎样从软件因素方面提高算法效率呢？更具体一点，如何设计算法才能使得比较的总次数最少呢？

首先给出路径和路径长度的概念。从树中一个结点到另一个结点之间的分支构成这两个结点之间的路径，路径上的分支数目称为路径长度。树的路径长度是从树根到每一结点的路径长度之和。9.1.2 节中定义的完全二叉树就是这种路径长度最短的二叉树。

若将上述概念推广到一般情况，考虑带权的结点，结点的带权路径长度为从该结点到树根之间的路径长度与结点上权的乘积。树的带权路径长度为树中所有叶子结点的带权路径长度之和，通常记作 $WPL = \sum_{k=1}^{n} w_k l_k$，其中 k 为叶子结点的个数，w_k 为第 k 个叶子结点的权值，l_k 为第 k 个叶子结点的路径长度。

假设有 n 个权值 $\{w_1, w_2, \cdots, w_n\}$，试构造一棵有 n 个叶子结点的二叉树，每个叶子结点带权值为 w_i，则其中带权路径长度 WPL 最小的二叉树称为最优二叉树或哈夫曼树。

那么，如何构造哈夫曼树呢？哈夫曼最早给出了构造哈夫曼树的算法，称为哈夫曼算法。

(1) 根据给定的 n 个权值 $\{w_1, w_2, \cdots, w_n\}$，构造包含 n 棵二叉树的集合 $F=\{T_1, T_2, \cdots, T_n\}$，其中每棵二叉树中均只含一个带权值为 w_i 的根结点，其左、右子树为空树。

(2) 在 F 中选取其根结点权值最小的两棵二叉树，分别作为左、右子树构造一棵新的二叉树，并置这棵新二叉树根结点的权值为其左、右子树根结点权值之和。

(3) 从 F 中删去这两棵树，同时加入(2)中刚生成的新二叉树。

(4) 重复(2)和(3)两步，直到 F 中只含一棵二叉树为止。

【例 9-4】已知权值的集合 $W=\{ 5, 6, 2, 9, 7 \}$，构造哈夫曼树。

结果如图 9-27 所示。

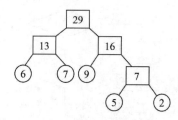

图 9-27　例 9-4 的哈夫曼树

说明：此类问题的答案通常不唯一，只要按照哈夫曼算法构造的哈夫曼树都是合法的。

基于上述哈夫曼算法，再次回到前面提出的"百分制成绩转换成五级分制成绩"的问题，以各分数段上学生所占的百分比作为权值 $W=\{5, 15, 40, 30, 10\}$，构造一棵哈夫曼树如图 9-28 所示。

现假设学生总人数为常数 N，则总的比较次数 S 的计算过程如下。有 50% 的学生成绩为 E，由图 9-28 可知，这部分成绩要经过 4 次比较才能确定为 E 等级；同理有 10% 的学生成绩需要 4 次比较才能确定为 A 等级；以此类推，可得

$$S = N \times (5\% \times 4 + 10\% \times 4 + 15\% \times 3 + 30\% \times 2 + 40\% \times 1)$$
$$= N \times 1\% \times \underbrace{(5 \times 4 + 10 \times 4 + 15 \times 3 + 30 \times 2 + 40 \times 1)}_{WPL}$$

$$= N \times 1\% \times WPL$$

要想使得比较总次数 S 最小，只要 WPL 取值最小即可。图 9-27 是按照哈夫曼算法构造的哈夫曼树，也就是所有满足条件的二叉树中带权路径长度 WPL 最小的二叉树，由此得到的程序能够保证比较总次数最小。这样，运用哈夫曼树理论成功解决了前述引例中百分制成绩转换为五级分制的程序效率问题。

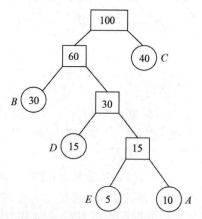

图 9-28　转换为五级分制的哈夫曼树

9.6.2　哈夫曼编码

进行快速远距离通信时，需要将传送的内容转换成由二进制字符组成的字符串。例如，假设需要传送的电文为"$ABACCDA$"，电文中只有 4 种字符，每种字符只需要两位二进制字符的串便可分辨。假设 A、B、C、D 的编码分别为 00、01、10 和 11，则上述 7 个字符的电文便

为 "00010010101100"，总长为 14 位。对方接收时，可按二位一分进行译码。

当然，在传送电文时，希望电文总长尽可能短。

如果对每个字符设计长度不等的编码，且让电文中出现次数较多的字符采用尽可能短的编码，则传送的电文总长即可减少。如果设计 A、B、C、D 的编码分别为 0、00、1 和 01，则上述 7 个字符的电文可转换成总长为 9 的字符串 "000011010"。虽然电文总长减少了，但是，这样的电文无法翻译，如传送的字符串中前 4 个字符的子串 "0000" 就有多种译法，"AAAA"，或是 "ABA"，也可以是 "BB" 等。因此，若要设计长短不等的编码，同时保证译码的唯一性，则必须保证任意一个字符的编码都不是另一个字符的编码的前缀，这种编码称为前缀编码。

可以利用二叉树来设计二进制的前缀编码。假设有一棵如图 9-29 所示的二叉树，其 4 个叶子结点分别表示 A、B、C、D 4 个字符，且约定左分支表示字符 "0"，右分支表示字符 "1"，则可以将从根结点到叶子结点的路径上分支字符组成的字符串作为该叶子结点字符的编码。可以证明，如此得到的编码必为二进制前缀编码。由图 9-29 得到 A、B、C、D 的二进制前缀编码分别为 0、10、110 和 111。

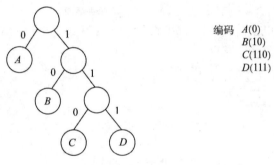

编码 A(0)
B(10)
C(110)
D(111)

图 9-29 前缀编码示例

上述前缀编码保证了译码过程的唯一性，在此基础上，如何得到使电文总长最短的二进制前缀编码呢？

假设每种字符在电文中出现的次数为 w_i，其编码长度为 l_i，电文中只有 n 种字符，则电文总长为 $\sum_{i=1}^{n} w_i l_i$。对应到二叉树上，若置 w_i 为叶子结点的权，l_i 恰为从根结点到叶子结点的路径长度，则 $\sum_{i=1}^{n} w_i l_i$ 恰为二叉树上的带权路径长度。由此可见，设计电文总长最短的二进制前缀编码即为以 n 种字符出现的频率作为权，设计一棵哈夫曼树的过程，由此得到的二进制前缀编码称为哈夫曼编码。

下面讨论具体做法。

由于哈夫曼树中没有度为 1 的结点，则一棵有 n 个叶子结点的哈夫曼树共有 $2n-1$ 个结点，可以存储在一个大小为 $2n-1$ 的一维数组中。如何选择结点结构呢？由于在构成哈夫曼树之后，为求编码，须从叶子结点出发走一条从叶子结点到根结点的路径；而为译码，须从根结点出发走一条从根结点到叶子结点的路径。对于每个结点而言，既需要知双亲结点的信息，又需要知孩子结点的信息。由此，设定下列存储结构。

```
typedef struct {
  unsigned int weight;
  unsigned int parent,lchild,rchild;
} HTNode,*HuffmanTree;          //动态分配数组存储哈夫曼树
Typedef char *HuffmanCode; //动态分配数组存储哈夫曼编码表
```

求哈夫曼编码的算法如下。

```
void HuffmanCoding (HuffmanTree &HT,HuffmanCode &HC,int *w,int n) {
  //w存放n个字符的权值(均>0)，构造哈夫曼树HT，并求出n个字符的哈夫曼编码HC
  if (n <= 1) return;
  m = 2 * n - 1;
  HT=(HuffmanTree)malloc((m + 1) * sizeof(HTNode)); //0号单元未用
  for (p = HT,i = 1;i <= n;++ p,++ w)    * p={ * w,0,0,0 };
  for (;i < = m;++ i,++ p)   * p = { 0, 0, 0, 0 };
  for ( i = n+1;i <= m;++ i ) {      //建立哈夫曼树
  //在HT[1…i-1]中选择parent为0且权值最小的两个结点，其序号分别为s1和s2
    Select (HT,i-1,s1,s2);
    HT[s1].parent=i;HT[s2].parent=i;
    HT[i].lchild=s1;
    HT[i].rchild=s2;
    HT[i].weight=HT[s1].weight + HT[s2].weight;
  }
  //---从叶子结点到根结点逆向求每个字符的哈夫曼编码---
  HC = (HuffmanCode)malloc((n+l)*sizeof(char*));        //分配n个字符编码的头指针向量
  cd = (char*) malloc(n*sizeof(char));                  //分配求编码的工作空间
  cd [n-1] = "\0";                                      //编码结束符
  for ( i = 1;i <= n;++ i) {                            //逐个字符求哈夫曼编码
    start = n-1;                                        //编码结束符位置
    for (c = i,f = HT[i].parent;f ! = 0;c = f,f = HT[f].parent)
    //从叶子结点到根结点逆向求编码
      if ( HT[f].lchild = = c) cd[ --start] = "0";     //左分支编码为0
      else  cd[ --start] = "1";                        //右分支编码为1
    HC[i] = (char * ) malloc((n-start) * sizeof(char)); //为第i个字符编码分配空间
    strcpy (HC[i], &cd[start]);                         //从cd中复制编码串到HC
  }
  free(cd);                                            //释放工作空间
}//HuffmanCoding
```

向量HT的前 *n* 个分量存储叶子结点，表示编码中的每个字符，最后一个分量的位置存储的是根结点，其他位置存储的是所有内部结点。各字符的编码长度不等，按实际长度动态分配空间。上述算法中，求每个字符的哈夫曼编码是从叶子结点到根结点逆向处理的。也可以从根

结点出发，遍历整棵哈夫曼树，求各叶子结点所表示的字符的哈夫曼编码，具体算法如下。

```
//-----无栈非递归遍历哈夫曼树，求哈夫曼编码
HC = (HuffmanCode)malloc(( n + 1) * sizeof (char *));
p = m;cdlen = 0;
for (i = 1;i <= m;+ + i)   HT[i].weight = 0;        //遍历哈夫曼树时用作结点状态标志
while (p) {
   if (HT[p].weight = = 0) {                        //向左
    HT[p].weight = 1;
     if (HT[p].lchild ! = 0)  {p = HT[p].lchild;cd[cdlen++ ] = "0"; }
     else if (HT[p].rchild = = 0) {                 //登记叶子结点的字符的编码
        HC[p]=(char *)malloc((cdlen +1) * sizeof(char));
        cd[cdlen]="\0"; strcpy(HC[p],cd);           //复制编码(串)
     }
   }
   else if (HT[p].weight = = 1) {                    //向右
     HT[p]. weight = 2;
     if (HT[p].rchild != 0) {p = HT[p].rchild; cd[cdlen++] = "1"; }
   }else {             //HT[p].weight==2，退回
      HT[p].weight = 0;p = HT[p].parent;--cdlen; //退到父结点，编码长度减1
   }//else
}//While
```

译码的过程是根据电文的每个 0/1 字符，从根结点出发，按字符"0"或"1"确定转向左孩子或右孩子，直至叶子结点，即可求得该电文对应的原文。

【例 9-5】设某系统在通信联络中可能出现 8 种字符，其出现概率分别为 0.05、0.29、0.07、0.08、0.14、0.23、0.03、0.11，请设计哈夫曼编码。

设权 w = (5,29,7,8,14,23,3,11)，n =8，按上述算法可构造一棵哈夫曼树，如图 9-30 所示。其存储结构 HT 的初始状态如图 9-31(a)所示，其终结状态如图 9-31(b)所示，所得的哈夫曼编码如图 9-31(c)所示。

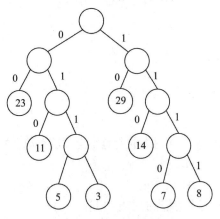

图 9-30　例 9-5 的哈夫曼树

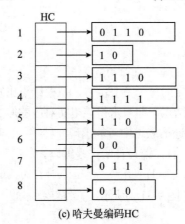

图 9-31　例 9-5 的存储结构

9.7　习题

一、选择题

1. 使用顺序存储方法将完全二叉树中的所有结点逐层存放在数组 $R[1 \cdots n]$ 中，结点 $R[i]$ 若有子树，则其左孩子是结点(　　)。

　　A. $R[2i+1]$　　　　　　B. $R[2i]$　　　　　　C. $R[i/2]$　　　　　　D. $R[2i-1]$

2. 利用二叉链表存储树，则根结点的右指针是(　　)。

　　A. 指向最左孩子　　　B. 指向最右孩子　　　C. 空　　　　　　D. 非空

3. 引入二叉线索树的目的是( )。

    A. 加快查找结点的前驱或后继的速度

    B. 为了能在二叉树中方便地进行插入与删除操作

    C. 为了能方便的找到双亲

    D. 使二叉树的遍历结果唯一

4. n 个结点的线索二叉树上含有的线索数为( )。

    A. $2n$ B. $n-1$ C. $n+1$ D. n

5. 在二叉树中加入线索后，仍不能有效求解的问题是( )。

    A. 先序线索二叉树中求先序后继   B. 中序线索二叉树中求中序后继

    C. 中序线索二叉树中求中序前驱   D. 后序线索二叉树中求后序后继

6. 在下列存储形式中，不是树的存储形式的是( )。

    A. 双亲表示法   B. 孩子链表表示法

    C. 孩子兄弟表示法   D. 顺序存储表示法

7. 设 F 是森林，B 是由 F 变换得到的二叉树。若 F 中有 n 个非终端结点，则 B 中右指针域为空的结点有( )个。

    A. $n-1$ B. n C. $n+1$ D. $n+2$

8. 树的后序遍历序列等同于该树对应的二叉树的( )。

    A. 先序序列   B. 中序序列   C. 后序序列   D. 按层次遍历序列

9. 在下列有关树与二叉树的叙述中，正确的有( )。

    A. 二叉树中每个结点有两个子结点,而树无此限制,因此二叉树是树的特殊情况

    B. 当 $K \geqslant 1$ 时，高度为 K 的二叉树至多有 2^k-1 个结点

    C. 由二叉树的先序遍历序列和中序遍历序列可以确定其后序遍历序列

    D. 线索二叉树的优点是便于在中序序列中查找前驱结点和后继结点

    E. 将一棵树转换成二叉树后，根结点没有左子树

    F. 一棵含有 N 个结点的完全二叉树，它的高度是 $\lfloor \log_2 N \rfloor + 1$

    G. 在二叉树中插入结点，该二叉树便不再是二叉树

    H. 采用二叉树链表作为树的存储结构，树的先序遍历序列和其相应的二叉树的先序遍历序列的结果是一样的

    I. 哈夫曼树是带权路径最短的树，路径上权值较大的结点离根较近

10. 若二叉树采用二叉链表存储结构，要交换其所有分支结点左、右子树的位置,利用( )遍历方法最合适。

    A. 先序   B. 中序   C. 后序   D. 按层次

11. 已知一算术表达式的中缀形式为 $A+B \times C-D/E$，后缀形式为 $ABC \times +DE/-$，则其前缀形式为( )。

    A. $-A+B \times C/DE$ B. $-A+B \times CD/E$ C. $-+\times ABC/DE$ D. $-+A \times BC/DE$

12. 已知一棵二叉树的先序遍历结果为 $ABCDEF$，中序遍历结果为 $CBAEDF$，则后序遍历的结果为( )。

    A. $CBEFDA$ B. $FEDCBA$ C. $CBEDFA$ D. 不定

13. 先序遍历与中序遍历结果相同的二叉树为(　　); 对于先序遍历和后序遍历结果相同的二叉树为(　　)。

    A. 一般二叉树

    B. 只有根结点的二叉树

    C. 根结点无左孩子的二叉树

    D. 根结点无右孩子的二叉树

    E. 所有结点只有左子树的二叉树

    F. 所有结点只有右子树的二叉树

14. 一棵非空的二叉树的先序遍历序列与后序遍历序列正好相反，则该二叉树一定满足(　　)。

    A. 所有的结点均无左孩子　　　　　　B. 所有的结点均无右孩子

    C. 只有一个叶子结点　　　　　　　　D. 是任意一棵二叉树

二、应用题

1. 分别写出如图 9-32 所示二叉树的先序、中序、后序遍历序列。

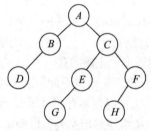

图 9-32　二叉树 7

2. 已知某二叉树的中序遍历序列为 *BDCEAFHG*，后序遍历序列为 *DECBHGFA*，请画出此二叉树。

3. 已知某二叉树的先序遍历序列为 *ABDFCEG*，中序遍历序列为 *DFBAEGC*，请写出此二叉树的后序遍历序列。

4. 中序遍历某二叉树的结果为 *abc*，请问：有哪几种形态的二叉树可得到此遍历结果？

5. 将如图 9-33 所示的树转换为二叉树。

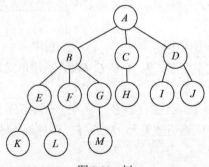

图 9-33　树

6. 画出与图 9-34 所示二叉树对应的森林。

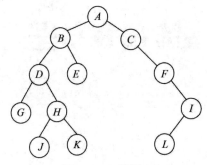

图 9-34 二叉树 8

第10章　图

通过前面章节的讨论可知，线性结构用于研究数据元素之间的一对一关系，树形结构用于研究数据元素之间的一对多关系。本章介绍的图结构用于研究数据元素之间的多对多关系。在图结构中，任意两个元素之间均可能存在关系。

10.1 图的基本概念

图(Graph)是一种比线性结构和树形结构更复杂的数据结构。图的应用极为广泛，已应用于诸如语言学、逻辑学、物理、化学、计算机科学及数学等领域。

10.1.1 图的定义和术语

图是由一个顶点集 V 和一个弧集 VR 构成的数据结构，记为 Graph =(V, VR)。图中的数据元素通常称为顶点(vertex)，V 是顶点的有穷非空集合；VR 是两个顶点之间的关系的有穷非空集合。

若$<v,w>\in VR$，则$<v,w>$表示从 v 到 w 的一条弧，且称 v 为弧尾(tail)或初始点(initial node)，称 w 为弧头(head)或终端点(terminal node)，此时的图称为有向图(digraph)。若$<v,w>\in VR$ 必有$<w,v>\in VR$，即 VR 是对称的，则以无序对(v,w)代替这两个有序对，表示 v 和 w 之间的一条边(edge)，此时的图称为无向图(undigraph)。在无向图中，(v,w)和(w,v)代表的是同一条边。

【例 10-1】设有向图 G_1 和无向图 G_2，形式化定义分别如下。

$$G_1 = (V_1, \ E_1)$$
$$V_1 = \{a, \ b, \ c, \ d, \ e\}$$
$$E_1 = \{<a,b>,<a,c>,<a,e>,<c,d>,<c,e>,<d,a>,<d,b>,<e,d>\} ;$$
$$G_2 = (V_2, \ E_2) ;$$
$$V_2 = \{a, \ b, \ c, \ d\} ;$$
$$E_2 = \{<a,b>,<a,c>,<a,d>,<b,d>,<b,c>,<c,d>\} ;$$

它们所对应的图如图 10-1 所示。

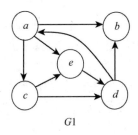
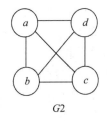

图 10-1　图的示例

通常用 n 表示图中的顶点数目，用 e 表示边或弧的数目。在下面的讨论中不考虑顶点到其自身的弧或边，即若<v_i, v_j>∈VR，则 $v_i \neq v_j$。对于无向图，e 的取值范围是 $0 \sim \frac{1}{2}n(n-1)$。有 $\frac{1}{2}n(n-1)$ 条边的无向图称为完全图(completed graph)。对于有向图，e 的取值范围是 $0 \sim n(n-1)$。具有 $n(n-1)$ 条弧的有向图称为有向完全图。有很少条边或弧(如 $e < n\log n$)的图称为稀疏图(sparse graph)，反之称为稠密图(dense graph)。

有时图的边或弧带有与它相关的数据，这种与图的边或弧相关的数据称为权(weight)。权值可以表示从一个顶点到另一个顶点的距离或耗费等。带权的图通常称为网(network)。

假设有两个图 $G=(V, \{E\})$ 和 $G'=(V', \{E'\})$，若 $V' \subseteq V$ 且 $E' \subseteq E$，则称图 G' 是 G 的子图(subgraph)；若 $V'= V$ 且 $E' \subseteq E$，则称图 G' 是 G 的一个生成子图。

对于无向图 $G = (V, \{E\})$，若边$(v, w)\in E$，则称顶点 v 和 w 互为邻接点(adjacent)，也称 v 和 w 相邻接。边(v, w)依附(incident)于顶点 v 和 w。对于有向图 $G = (V, \{E\})$，若有向弧<v, w>∈E，则称顶点 v 邻接到顶点 w，顶点 w 邻接自顶点 v，弧<v, w>与顶点 v 和 w 相关联。

顶点的度(degree)指和某顶点 v 相关联的边数，记为 $TD(v)$。在有向图中，度又分为入度和出度。以某顶点 v 为弧头，终止于顶点的弧的数目称为该顶点的入度(in-degree)，记为 $ID(v)$。以某顶点 v 为弧头，起始于该顶点的弧的数目为该顶点的出度(out-degree)，记为 $OD(v)$。显然，对于有向图，顶点 v_i 的出度与入度之和等于 v_i 的度，即 $TD(v_i) = OD(v_i) + ID(v_i)$；在无向图中，所有顶点度的和是图中边数目的 2 倍，即一个有 n 个顶点、e 条边的图，满足如下关系：

$$e = \frac{1}{2}\sum_{n}^{i=1}TD(v_i)$$

对于无向图 $G = (V, \{E\})$，若从顶点 v_i 经过若干条边能到达 v_j，则称顶点 v_i 和 v_j 是连通的，又称顶点 v_i 到 v_j 有路径(path)。对于有向图 $G=(V, E)$，从顶点 v_i 到 v_j 有有向路径，指从顶点 v_i 经过若干条有向边(弧)能到达 v_j。路径上边或有向边(弧)的数目称为该路径的长度。

在路径中，若顶点不重复出现，则该路径称为简单路径；第一个顶点和最后一个顶点相同的路径称为回路(环)(cycle)；除第一个和最后一个顶点外，其余顶点不重复出现的回路称为简单回路(简单环)。

对于无向图 $G=(V, \{E\})$，若 $\forall v_i$, $v_j \in V$, v_i 和 v_j 都是连通的，则称图 G 是连通图(connected graph)，否则称为非连通图。若 G 是非连通图，则其极大的连通子图称为 G 的连通分量(connected component)。

对于有向图 $G=(V,\{E\})$，如果对于每一对 v_i，$v_j \in V$，$v_i \neq v_j$，都有以 v_i 为起点、v_j 为终点及以 v_j 为起点、v_i 为终点的有向路径，则称图 G 是强连通图。若 G 是非强连通图，则其极大强连通子图称为 G 的强连通分量。

一个连通图(无向图)的生成树是一个极小连通子图，它含有图中全部 n 个顶点和只有足以构成一棵树的 $n-1$ 条边，称为图的生成树，如图 10-2 所示。

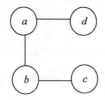

图 10-2　图 G2 的一棵生成树

一棵有 n 个顶点的生成树有且仅有 $n-1$ 条边。如果一个图有 n 个顶点和小于 $n-1$ 条边，则是非连通图。如果多于 $n-1$ 条边，则一定有环。但是，有 n 个顶点且有 $n-1$ 条边的图不一定是生成树。

一个有向图的生成森林由若干棵有向树组成，含有图中的全部顶点，但只有足以构成若干棵不相交的有向树的弧。有向树是只有一个顶点的入度为 0，其余顶点的入度均为 1 的有向图，如图 10-3 所示。

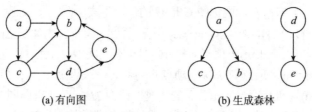

(a) 有向图　　　　　　　　　　　　　　(b) 生成森林

图 10-3　一个有向图及其生成森林

每个边(或弧)都附加一个权值的图，称为带权图。带权的连通图(包括弱连通的有向图)称为网或网络。带权有向图如图 10-4 所示。

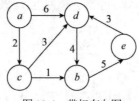

图 10-4　带权有向图

10.1.2　图的抽象数据类型定义

图的抽象数据类型定义如下。

```
ADT Graph{
    数据对象 V：V 是具有相同特性的数据元素的集合，称为顶点集。
    数据关系 R：R={ VR }
        VR={<v,w>|v，w∈V 且 P(v,w)，<v,w>表示从 v 到 w 的弧，谓词 P(v,w)定义了弧
```

<v,w>的意义或信息}

基本操作 P：

　　CreateGraph(&G,V,VR)

　　　　初始条件：V 是图的顶点集，VR 是图中弧的集合。

　　　　操作结果：按 V 和 VR 的定义构造图 G。

　　DestroyGraph(&G)

　　　　初始条件：图 G 存在。

　　　　操作结果：销毁图 G。

　　LocateVex(G,u)

　　　　初始条件：图 G 存在，u 和 G 中的顶点有相同特征。

　　　　操作结果：若 G 中存在顶点 u，则返回该顶点在图中的位置；否则返回其他信息。

　　GetVex(G,v)

　　　　初始条件：图 G 存在，v 是 G 中的某个顶点。

　　　　操作结果：返回 v 的值。

　　PutVex(&G,v,value)

　　　　初始条件：图 G 存在，v 是 G 中的某个顶点。

　　　　操作结果：对 v 赋值为 value。

　　FirstAdjVex(G,v)

　　　　初始条件：图 G 存在，v 是 G 中的某个顶点。

　　　　操作结果：返回 v 的第一个邻接顶点。若顶点在 G 中没有邻接顶点，则返回"空"。

　　NextAdjVex(G,v,w)

　　　　初始条件：图 G 存在，v 是 G 中的某个顶点，w 是 v 的邻接顶点。

　　　　操作结果：返回 v 的(相对于 w 的)下一个邻接顶点。若 w 是 v 的最后一个邻接点，则返回"空"。

　　InsertVex(&G,v)

　　　　初始条件：图 G 存在，v 和图中的顶点有相同特征。

　　　　操作结果：在图 G 中增添新顶点 v。

　　DeleteVex(&G,v)

　　　　初始条件：图 G 存在，v 是 G 中的某个顶点。

　　　　操作结果：删除 G 中顶点 v 及其相关的弧。

　　InsertArc(&G,v,w)

　　　　初始条件：图 G 存在，v 和 w 是 G 中的两个顶点。

　　　　操作结果：在 G 中增添弧<v,w>，若 G 是无向的，则还增添对称弧<w, v>。

　　DeleteArc(&G,v,w)

　　　　初始条件：图 G 存在，v 和 w 是 G 中两个顶点。

　　　　操作结果：在 G 中删除弧<v,w>，若 G 是无向的，则还删除对称弧<w,v>。

}ADT Graph

在前述图的基本操作的定义中，关于"顶点的位置"和"邻接点的位置"只是一个相对的概念。因为，从图的逻辑结构的定义来看，一方面，图中的顶点之间不存在全序的关系(即无法将图中的顶点排列成一个线性序列)，任何一个顶点都可被看成是第一个顶点。另一方面，任一顶点的邻接点之间也不存在次序关系。但为了操作方便，需要将图中的顶点按任意的顺序排列起来(这个排列和关系 *VR* 无关)。由此，所谓"顶点在图中的位置"指的是该顶点在这个人为的随意排列序列中的位置(或序号)。同理，可对某个顶点的所有邻接点进行排队，在这个排队中自然形成了第一个或第 k 个邻接点。若某个顶点的邻接点的个数大于 k，则称第 $k+1$ 个邻接点为第 k 个邻接点的下一个邻接点，而最后一个邻接点的下一个邻接点为"空"。

10.2 图的存储结构

在前面章节讨论的数据结构中，除广义表和树外，都可以采用顺序存储和链式存储两类不同的存储结构。因为图的存储结构比较复杂，任意顶点之间可能存在联系，所以无法以数据元素在存储区中的物理位置来表示元素之间的关系，即图没有顺序映像的存储结构，但可以借助数组的数据类型表示元素之间的关系。另外，用多重链表表示图是自然的事。它是一种最简单的链式映像结构，即由一个数据域和多个指针域组成的结点表示图中的一个结点，其中数据域存储该结点的信息，指针域指向其邻接点的指针。但是，图中顶点的度不一样，最大度数和最小度数可能相差很大，所以，若按度数最大的顶点设计结构，则会浪费很多存储单元；反之，若按每个顶点本身的度设计不同的结点结构，则又会给操作带来不便。因此，和树类似，在实际应用中一般不采用这种结构，而是根据具体的图和需要进行操作，设计恰当的结点结构和表结构。图常用的存储结构表示法有邻接矩阵、邻接表、十字链表和邻接多重表。

10.2.1 邻接矩阵(数组)表示法

对于有 n 个顶点的图，用一维数组 $vexs[n]$ 存储顶点信息，用二维数组 $A[n][n]$ 存储顶点之间关系的信息。该二维数组称为邻接矩阵。在邻接矩阵中，以顶点在 $vexs$ 数组中的下标 i 代表顶点 i，邻接矩阵中的元素 $A[i][j]$ 存放顶点 i 到顶点 j 之间关系的信息。

1. 无向图的邻接矩阵表示法

(1) 无权图的邻接矩阵。

无向无权图 $G=(V,\{E\})$ 有 $n(n\geqslant1)$ 个顶点，其邻接矩阵是 n 阶对称方阵，矩阵元素定义如下。

$$A[i][j] = \begin{cases} 1, & \text{若}(v_i,v_j) \in E, \text{即}v_i\text{和}v_j\text{邻接} \\ 0, & \text{若}(v_i,v_j) \notin E, \text{即}v_i\text{和}v_j\text{不邻接} \end{cases}$$

无向无权图的顶点向量和邻接矩阵如图 10-5 所示。

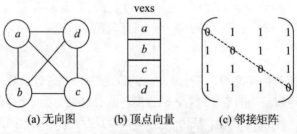

(a) 无向图　　　　(b) 顶点向量　　　　(c) 邻接矩阵

图 10-5　无向无权图的顶点向量和邻接矩阵

(2) 带权图的邻接矩阵。

无向带权图 $G=(V,E)$ 有 $n(n \geqslant 1)$ 个顶点，其邻接矩阵是 n 阶对称方阵，矩阵元素定义如下。

$$A[i][j] = \begin{cases} w_{ij}, & \text{若} (v_i, v_j) \in E, \text{即} v_i \text{和} v_j \text{邻接}, w_{ij} \text{是} (v_i, v_j) \text{上的权值} \\ \infty, & \text{若} (v_i, v_j) \notin E, \text{即} v_i \text{和} v_j \text{不邻接} \end{cases}$$

无向带权图的顶点向量和邻接矩阵如图 10-6 所示。

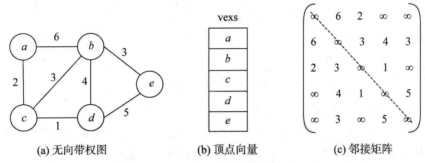

(a) 无向带权图   (b) 顶点向量   (c) 邻接矩阵

图 10-6   无向带权图的顶点向量和邻接矩阵

(3) 无向图邻接矩阵的特性。

由上述定义分析可知，无向图的邻接矩阵是对称方阵；对于无向图中的某顶点 v_i，其度数是第 i 行的非 0 元素的个数；无向图的边数是邻接矩阵上(或下) 三角形中非 0 元素的个数。

2. 有向图的邻接矩阵表示法

(1) 无权图的邻接矩阵。

若有向无权图 $G=(V,E)$ 有 $n(n \geqslant 1)$ 个顶点，则其邻接矩阵是 n 阶方阵，元素定义如下。

$$A[i][j] = \begin{cases} 1 & \text{若} <v_i, v_j> \in E, \text{即从} v_i \text{到} v_j \text{有弧} \\ 0 & \text{若} <v_i, v_j> \notin E, \text{即从} v_i \text{到} v_j \text{没有弧} \end{cases}$$

有向无权图的顶点向量和邻接矩阵如图 10-7 所示。

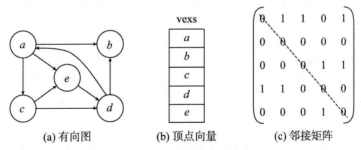

(a) 有向图   (b) 顶点向量   (c) 邻接矩阵

图 10-7   有向无权图的顶点矩阵和邻接矩阵

(2) 带权图的邻接矩阵。

若有向带权图 $G=(V,E)$ 有 $n(n \geqslant 1)$ 个顶点，则其邻接矩阵是 n 阶方阵，元素定义如下。

$$A[i][j] = \begin{cases} w_{ij}, & \text{若} <v_i, v_j> \in E, \text{即从} v_i \text{到} v_j \text{有弧} \\ \infty, & \text{若} <v_i, v_j> \notin E, \text{即从} v_i \text{到} v_j \text{没有弧} \end{cases}$$

有向带权图的顶点向量和邻接矩阵如图 10-8 所示。

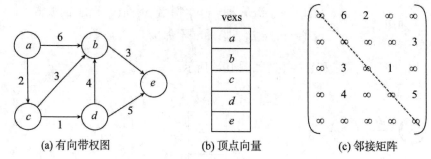

(a) 有向带权图　　　　(b) 顶点向量　　　　(c) 邻接矩阵

图 10-8　有向带权图的顶点向量和邻接矩阵

(3) 有向图邻接矩阵的特性。

对于顶点 v_i，第 i 行的非零元素的个数是其出度 $OD(v_i)$；第 i 列的非零元素的个数是其入度 $ID(v_i)$。邻接矩阵中不等于"∞"的元素的个数就是图中弧的数目。

3. 邻接矩阵的实现

图的邻接矩阵定义两个数组，分别存储顶点信息(数据元素)和边或弧的信息(数据元素之间的关系)，其存储结构形式定义如下。

```
//-----图的数组(邻接矩阵) 存储表示-----
#define INFINITY MAX_VAL                            //最大值∞
#define MAX_VERTEX_NUM 30                           //最大顶点数目
typedef enum { DG, AG, UDG,UDN } GraphKind;//{有向图，无向图，有向网，无向网}
typedef struct ArcCell {
  VRType  adj;
  //VRType 是顶点关系类型。对于无权图，用 0 或 1 表示是否相邻;对于带权图，则为权值类型
  InfoType *info;                                   //该弧相关信息的指针
}ArcCell, AdjMatrix[MAX_VERTEX_NUM][MAX_VERTEX_NUM];
typedef struct{
  VertexType vexs[MAX_VERTEX_NUM];                 //顶点向量
  AdjMaxtrix arcs;                                 //邻接矩阵
  int vexnum,arcnum;                               //图的当前顶点数和弧数
  GraphKind kind;                                  //图的种类标志
}MGraph;
```

在定义上述邻接矩阵的存储表示结构基础上，图的构造操作的框架如下。

根据图 G 的种类调用具体构造算法。如果 G 是无向图，则调用下述 CreateUDN 算法。构造一个具有 n 个顶点和 e 条边的无向网 G 的时间复杂度是 $O(n^2 + en)$，其中对邻接矩阵 G.arcs 的初始化耗费了 $O(n^2)$ 的时间。

```
Status CreateGraph(MGraph &G){
    //采用数组(邻接矩阵)表示法，构造图 G
```

```
    sacnf(&G.kind);
    switch(G.kind) {
      case DG: return CreateDG(G);        //构造有向图 G
      case DN: return CreateDN(G);        //构造有向网 G
      case UDG: return CreateUND(G);      //构造无向图 G
      case UDN: return CreateUDN(G);      //构造有向网 G
      cefault: return ERROR;
    }
}// CreateGraph


Status CreateUDN(MGraph &G) {
    //采用数组(邻接矩阵)表示法,构造无向网 G
    scanf(&G.vexnum, &G.arcnum, &IncInfo);          //若 IncInfo 为 0,则各弧不含其他信息
    for (i=0; i<G.vexnum; ++i) scanf(&G.vexs[i]);   //构造顶点向量
    for(i=0; i<G.vexnum; ++i )                      //初始化邻接矩阵
    for(j=0; j<G.vexnum; ++j) G.arcs[i][j] = {INFINITY, NULL};   //{adj, info}
    for(k=0; k<G.arcnum; ++k) {                     //构造邻接矩阵
      scanf(&v1, &v2, &w);                          //输入一条边依附的顶点及权值
      i = LocateVex(G, v1);  j = LocateVex(G,v2);   //确定 v1 和 v2 在 G 中的位置
      G.arcs[i][j].adj = w;                         //弧<v1,v2>的权值
      if (IncInfo) Input(*G.arcs[i][j].info);       //若弧含有相关信息,则输入
      G.arcs[j][i] = G.arcs[i][j];                  //设置<v1,v2>的对称弧<v2,v1>
    }
    Return ok;
}//CreateUDN
```

10.2.2　邻接表表示法

图的邻接表表示法是图的一种链式存储结构,类似于树的孩子链表表示法。对于图 G 中的每个顶点 v_i,把所有邻接于 v_i 的顶点 v_j 连成一个带头结点的单链表,所有顶点的头结点构成一个表头向量。第 i 个单链表表示依附于顶点 v_i 的边(对于有向图是以顶点 v_i 为弧尾的弧)。

1. 邻接表与逆邻接表

邻接表链表中的结点称为表结点,由 3 个域组成,如图 10-9(a)所示。其中,邻接点域(adjvex)指示与顶点 v_i 邻接的顶点在图中的位置(顶点编号),指针域(nextarc)指向下一个与顶点 v_i 邻接的表结点,数据域(info)存储和边或弧相关的信息,如权值等。对于无权图,如果没有与边相关的其他信息,则可省略数据域。

每个链表设一个表头结点(称为顶点结点),由两个域组成,如图 10-9(b)所示。指针域(firstarc)指向链表中的第一个结点。数据域(data)存储顶点名或其他信息。

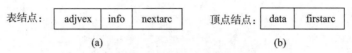

图 10-9　邻接表的结点结构

在图的邻接表表示中，所有顶点结点用一个向量以顺序结构形式存储，可以随机访问任意顶点的链表，该向量称为表头向量，向量的下标指示顶点的序号。

使用邻接表存储图时，对于无向图，其邻接表是唯一的，如图 10-10 所示。对于有向图，其邻接表有两种形式，即邻接表和逆邻接表。其中，有向图的逆邻接表，对每个顶点 v_i 建立一个以 v_i 为弧头的链表，如图 10-11 所示。

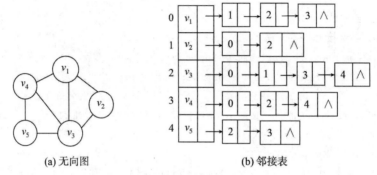

图 10-10　无向图及其邻接表

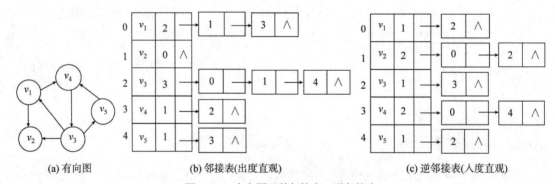

图 10-11　有向图及其邻接表、逆邻接表

在邻接表中，表头向量中的结点即对应单链表的头结点，分量个数就是图中的顶点数目。在边或弧稀疏的条件下，用邻接表表示图比用邻接矩阵表示节省存储空间。在无向图中，顶点 v_i 的度是第 i 个链表的结点数。在邻接表上容易找出任一顶点的第一个邻接点和下一个邻接点。对有向图可以分别建立邻接表或逆邻接表。有向图的邻接表是以顶点 v_i 为弧尾而建立的邻接表；逆邻接表是以顶点 v_i 为弧头而建立的邻接表。在有向图中，(逆)邻接表第 i 个链表中的结点数是顶点 v_i 的出(入)度；求入(出)度时，须遍历整个(逆)邻接表。

2. 邻接表的存储结构

图的邻接表存储结构可描述如下。

```
//-----图的邻接表存储表示-----
#define MAX_VEX  30                        //最大顶点数
typedef int InfoType;
typedef enum {DG,DN,UDG,UDN}  GraphKind;
typedef struct LinkNode{
    int adjvex;                                 //邻接点在头结点数组中的位置(下标)
    InfoType info;                              //与边或弧相关的信息，如权值
    struct LinkNode *nextarc;                   //指向下一个表结点
}LinkNode;    /*表结点类型定义*/
typedef struct VexNode{
    VexType data;                               //顶点信息
    LinkNode *firstarc;                         //指向第一个表结点
}VexNode;    /*顶点结点类型定义*/
typedef struct{
    GraphKind kind;                             //图的种类标志
    int vexnum,arcnum;
    VexNode AdjList[MAX_VEX];
}ALGraph;    /*图的结构定义*/
Status CreateDG ( ALGraph &G ) {
    scanf ( &G.vexnum, &G.arcnum );             //输入顶点和弧数
    for ( i = 0; i < G.vexnum; ++i ){           //初始化表头向量
       scanf(&G.vertices[i]->data);
       G.vertices[i]->firstarc=NULL;
    }//for
    for ( k = 0; k < G.arcnum; ++k ) {          //构造邻接表
       scanf ( &v1, &v2 );                      //输入各弧
       i = LocateVex ( G, v1 );
       j = LocateVex ( G, v2 );
       if (!p=(ArcNode*)malloc(sizeof(ArcNode)))
           exit(OVERFLOW)                       //产生一个新的弧结点
       p->adjvex = j;                           //对弧结点赋值
       p->info = NULL;
       p->nextarc=G.vertices[i]->firstarc;      //插入弧结点到单链表
       G.vertices[i]->firstarc= p;              //表头插入法
    }//for
} //CreateDG
```

利用上述的存储结构描述，可方便地实现图的基本操作。

若无向图中有 n 个结点、e 条边，则它的邻接表需要 n 个头结点和 $2e$ 个表结点(每条边以两个表结点的形式出现两次)。在建立邻接表或逆邻接表时，若输入的顶点信息为顶点的编号，则建立邻接表的时间复杂度为 $O(n+e)$，否则需要通过查找才能得到顶点在图中的位置，时间复杂度为 $O(ne)$。

在邻接表上容易找到任一顶点的第一个邻接点和下一个邻接点，但要判定任意两个顶点(v_i 和 v_j)之间是否有边或弧相连，则须搜索第 i 个或第 j 个链表。

10.2.3 十字链表表示法

十字链表(orthogonal list)是有向图的另一种链式存储结构，是将有向图的邻接表和逆邻接表结合起来得到的一种链表。

在十字链表中，每条弧的弧头结点和弧尾结点都存放在链表中，并将弧结点分别链接到以弧尾结点为头(顶点)结点和以弧头结点为头(顶点)结点的两条链表中。结点结构如图10-12所示。

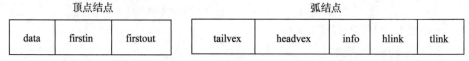

图 10-12 十字链表结点结构

在弧结点中有 5 个域，其中尾域(tailvex)和头域(headvex)分别指示弧尾和弧头这两个顶点在图中的位置，链域 hlink 指向弧头相同的下一条弧，而链域 tlink 指向弧尾相同的下一条弧，info 域指向该弧的相关信息。弧头相同的弧在同一链表上，弧尾相同的弧也在同一链表上。它们的头结点即为顶点结点，由 3 个域组成，其中 data 域存储和顶点相关的信息，如顶点的名称等；firstin 和 firstout 为两个链域，分别指向以该顶点为弧头和弧尾的第一个弧结点。若将有向图的邻接矩阵看成是稀疏矩阵，则十字链表也可以看成是邻接矩阵的链表存储结构，在图的十字链表中，弧结点所在的链表为非循环链表，结点之间的相对位置自然形成，不一定按顶点序号有序，表头结点即顶点结点，它们之间是顺序存储。

有向图的十字链表存储表示的形式说明如下。

```
//-----有向图的十字链表存储表示------
#define INFINITY MAX_VAL        //最大值∞
#define MAX_VEX 30              //最大顶点数
typedef struct ArcBox{
    int tailvex, headvex;       //尾结点和头结点在图中的位置
    InfoType info;              //与弧相关的信息，如权值
    struct ArcNode *hlink,*tlink;
}ArcBox;     /*弧结点的类型定义*/
typedef struct VexBox{
    VexType data;               //顶点信息
    ArcNode *firstin,*firstout;
}VexBox;     /*顶点结点的类型定义*/
typedef struct{
    int vexnum,arcnum,arcnum;
    VexNode xlist[MAX_VEX];
}OLGraph;    /*图的类型定义*/
```

只要输入 n 个顶点的信息和 e 条弧的信息，便可建立有向图的十字链表，算法如下。

```
Status CreateDG ( OLGraph &G ) {
    scanf ( &G.vexnum, &G.arcnum, &IncInfo );        // 输入信息
    for ( i = 0; i < G.vexnum; ++i ) {               //初始化构造表头向量
```

```
        scanf ( &G.xlist[i].data );                   //输入顶点值
        G.xlist[i].firstin = NULL;
        G.xlist[i].firstout = NULL; }
    for ( k = 0; k < G.arcnum; ++k ) {                //构造十字链表
        scanf ( &v1, &v2 );                           //输入一条弧的始点和终点
        i = LocateVex ( G, v1 );
        j = LocateVex ( G, v2 );
        if(!p=(ArcBox*)malloc(sizeof(ArcBox)))        //产生新的弧结点
            exit(OVERFLOW)
        p.tailvex = i;
        p.headvex = j;                                //对弧结点赋值
        p.hlink = G.xlist[j].firstin;                 //表头插入
        p.tlink = G.xlist[i].firstout;
        G.xlist[j].firstin=p;
        G.xlist[i].firstout=p;}
} //CreateDG
```

如图 10-13 所示是一个有向图及其十字链表(略去了表结点的 info 域)。

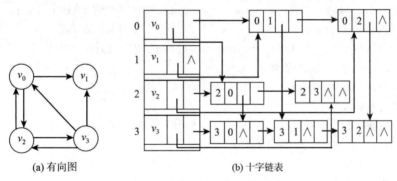

(a) 有向图　　　　　　　　　　(b) 十字链表

图 10-13　有向图及其十字链表

从图 10-13(b)中可以看出，从一个顶点结点的 firstout 出发，沿表结点的 tlink 指针构成了邻接表的链表结构，而从一个顶点结点的 firstin 出发，沿表结点的 hlink 指针构成了逆邻接表的链表结构。

十字链表结构仅针对于有向图进行存储，不能存储无向图。在有向图的十字链表中，既容易找到以 v_i 为尾的弧，也容易找到以 v_i 为头的弧，因而容易求得顶点的出度和入度。

10.2.4　邻接多重表表示法

邻接多重表(adjacency multilist)是无向图的另一种链式存储结构。

邻接表是无向图的一种有效的存储结构，能够提供较为方便的顶点和边的处理信息，但在前述邻接表中，一条边为(v, w)的两个表结点分别存储在以 v 和 w 为头结点的两条链表中，在涉及边的操作时会带来不便。在解决这一类操作的无向图的问题中采用邻接多重表作存储结构更为适宜。

邻接多重表的结构和十字链表类似，每条边用一个结点表示；邻接多重表中的顶点结点的

结构与邻接表中的类似，如图 10-14 所示。

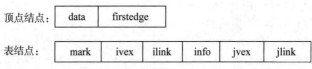

图 10-14　邻接多重表的结点结构

其中，data 域存储和顶点相关的信息；指针域 firstedge 指向依附于该顶点的第一条边所对应的表结点；标志域 mark 用以标识该条边是否被访问过；ivex 和 jvex 域分别保存该边所依附的两个顶点在图中的位置；info 域保存该边的相关信息；指针域 ilink 指向下一条依附于顶点 ivex 的边；指针域 jlink 指向下一条依附于顶点 jvex 的边。邻接多重表的类型说明如下。

```
//-----无向图的邻接多重表的存储表示-----
#define INFINITY MAX_VAL            //最大值∞
#define MAX_VEX 30                  //最大顶点数
typedef emnu {unvisited, visited}  Visitting;
typedef struct EdgeNode{
    Visitting mark;                 //访问标记
    int ivex,jvex;                  //该边依附的两个结点在图中的位置
    InfoType info;                  //与边相关的信息，如权值
    struct EdgeNode *ilink,*jlink;  //分别指向依附于这两个顶点的下一条边
}EdgeNode;     /*弧边结点的类型定义*/
typedef struct VexNode{
    VexType data;                   //顶点信息
    EdgeNode *firsedge;             //指向依附于该顶点的第一条边
}VexNode;     /*顶点结点的类型定义*/
typedef struct{
    int vexnum;
    VexNode mullist[MAX_VEX];
}AMGraph;
```

如图 10-15 所示是一个无向图及其邻接多重表(略去了表结点的 info 域)。

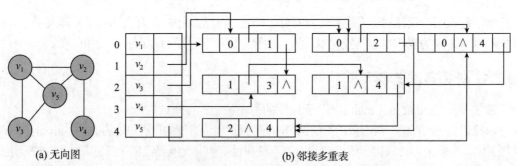

(a) 无向图　　　　　　　　　(b) 邻接多重表

图 10-15　无向图及其邻接多重表

邻接多重表结构仅针对于无向图进行存储，不能存储有向图。无向图的邻接多重表与邻接表的区别在于后者的同一条边用两个表结点表示，而前者只用一个表结点表示。除标志域外，邻接多重表与邻接表表达的信息是相同的，因此，操作的实现也基本相似。

10.3 图的遍历

图的遍历(travering graph)是指从图的某一顶点出发，访遍图中的其余顶点，且每个顶点仅被访问一次。图的遍历算法是各种图操作的基础。

然而，图的遍历要比树的遍历复杂得多。因为图的任意顶点可能和其余的顶点相邻接，可能在访问了某个顶点后，沿某条路径搜索后又回到原顶点。

为了避免同一顶点被访问多次，须在遍历过程中记下已被访问过的顶点。设置一个辅助数组向量 Visited[1..n](n 为顶点数)，其初值为 0，一旦访问了顶点 v_i 后，使 Visited[i] 为 1 或为访问的次序号。

图的遍历算法有深度优先遍历算法和广度优先遍历算法，下面以图的邻接表存储结构为例分别介绍。

10.3.1 深度优先搜索遍历

深度优先遍历(DFS，depth_first search)类似树的先序遍历，是树的先根遍历的推广。

假设初始状态是图中所有顶点未曾被访问，则深度优先遍历可从图中的某个顶点 v 出发访问此顶点，然后依次从 v 的未被访问的邻接点出发深度优先遍历图，直至图中所有和 v 有路径相通的顶点都被访问到；若此时图中尚有顶点未被访问到，则另选图中一个未曾被访问到的顶点作为起始点，重复上述过程，直至图中所有顶点都被访问到为止。

如图 10-16 所示是无向图的深度优先遍历，其中一种深度优先遍历次序是 $v_1 \rightarrow v_3 \rightarrow v_2 \rightarrow v_4 \rightarrow v_5$。

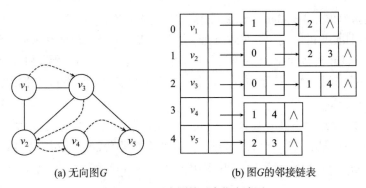

(a) 无向图 G   (b) 图 G 的邻接链表

图 10-16 无向图的深度优先遍历

由上述分析可知，这是一个递归过程。先设计一个从某个顶点开始深度优先遍历的函数，便于调用。在遍历整个图时，可以对图中的每一个未被访问的顶点执行所定义的函数。整个图的深度优先遍历算法如下。

```
typedef emnu {FALSE,TRUE} BOOLEAN;
BOOLEAN Visited[MAX_VEX];
void DFS(ALGraph *G,int v) {
    LinkNode *p;
    visited[v]=TRUE;
    visit[v];                        //置访问标志，访问顶点 v
    p = G->AdjList[v].firstarc;      //链表的第一个结点
    while (p!=NULL){
      if (!Visited[p->adjvex]) DFS(G,p->adjvex);
                                 //从 v 的未被访问过的邻接顶点出发深度优先遍历
      p=p->nextarc;
      }
}
void DFS_traverse_Grapg(ALGraph *G){
    int v;
    for (v=0;v<G->vexnum;v++)
    visited[v]=FALSE;                //访问标志初始化
    p=G->AdjList[v].firstarc;
    for (v=0;v<G->vexnum;v++)
    if (!Visited[v])  DFS(G,v);
    }
```

遍历时，对图的每个顶点至多调用一次深度优先遍历函数。其实质就是对每个顶点查找邻接顶点的过程，当图有 e 条边时，其时间复杂度为 $O(e)$，总时间复杂度为 $O(n+e)$。

10.3.2 广度优先搜索遍历

广度优先遍历(BFS，breadth_first search)类似树的按层次遍历的过程。

从图中的某个顶点 v_0 出发，并在访问此顶点之后依次访问 v_0 的所有未被访问过的邻接点，之后按这些顶点被访问的先后次序依次访问它们的邻接点，直至图中所有和 v_0 有路径相通的顶点都被访问到。可以理解为，从起始点 v_0 出发，由近至远依次访问和 v_0 有路径相通且路径长度为 1，2，…等的顶点。

如图 10-17 所示是有向图的广度优先遍历的实例。首先访问 v_1 及 v_1 的邻接点 v_2 和 v_4，由于没有从 v_2 出发的弧，所以切换到下一个邻接点 v_4，访问 v_4 的邻接点 v_3，最后访问 v_3 的邻接点 v_5。由于这些顶点的邻接点均已被访问，并且图中的所有顶点都被访问到，完成遍历，得到的顶点广度优先遍历访问序列为 $v_1 \to v_2 \to v_4 \to v_3 \to v_5$。

和深度优先遍历类似，为了标记图中的顶点是否被访问过，同样需要一个访问标记数组；为了依次访问与 v_i 相邻接的各顶点，需要附加一个队列来保存访问与 v_i 相邻接的顶点。广度优先遍历的算法如下。

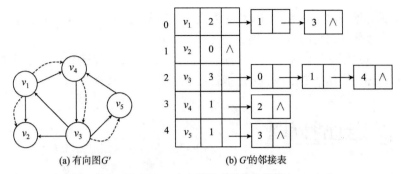

(a) 有向图 G' 　　　　(b) G'的邻接表

图 10-17　有向图的广度优先遍历

```
typedef emnu {FALSE,TRUE} BOOLEAN;
BOOLEAN Visited[MAX_VEX];
typedef struct Queue{
  int elem[MAX_VEX];
  int front,rear;
}Queue;        //定义一个队列保存将要访问的顶点
 void BFS_traverse_Grapg(ALGraph *G){
  int k,v,w;
   LinkNode *p;Queue *Q;
   Q = (Queue *)malloc(sizeof(Queue));
   Q->front = Q->rear = 0;        //建立空队列并初始化
   for (k=0;k<G->vexnum;k++)
   visited[k]=FALSE;              //访问标志初始化
   for (k=0;k<G->vexnum;k++){
     v=G->AdjList[k]. data;       //单链表的头顶点
     if (!visited[v]) {           //v 尚未被访问
     Q->elem[++Q->rear]=v;        //v 入对
      while (Q->front!=Q->rear){
         w=Q->elem[++Q->front];
         visited[w]=TRUE;         //设置访问标志
         visit(w);                //访问队首元素
         p=G->AdjList[w]. firstarc;
          while (p!=NULL){
            if (!visited[p->adjvex])
              Q->elem[++Q->rear]=p->adjvex;
               p=p->nextarc;
             }
      }   //end while
     }    //end if
  } //end for
 }
```

使用广度优先遍历算法遍历图与使用深度优先遍历算法遍历图的唯一区别是，邻接点的搜索次序不同，广度优先遍历图的总时间复杂度为 $O(n+e)$。

图的遍历可以系统地访问图中的每个顶点，因此，图的遍历算法是图的最基本、最重要的算法。许多有关图的操作都是在图的遍历基础之上加以变化来实现的。

10.4 图的连通性问题

本节利用图的遍历算法求解图的连通性问题，并讨论最小代价生成树。

10.4.1 无向图的连通分量和生成树

对无向图进行遍历时，若是连通图，则仅需从图中的任意一个顶点出发，就能访问到图中的所有顶点；若是非连通图，则须从图中的多个顶点出发，每次从一个新顶点出发，所访问的顶点集序列恰好是各连通分量的顶点集。

如图 10-18(a)所示的无向图 G 是非连通，按图中给定的邻接表进行深度优先遍历，2 次调用深度优先遍历所得到的顶点访问序列集是 $\{v_1, v_3, v_2\}$ 和 $\{v_4, v_5\}$。

若 $G=(V, E)$ 是无向连通图，则顶点集和边集分别是 $V(G)$ 和 $E(G)$。从 G 中的任意一点出发遍历时，$E(G)$ 被分成两个互不相交的集合，$T(G)$ 表示遍历过程中所经过的边的集合；$B(G)$ 表示遍历过程中未经过的边的集合。显然，$E(G) = T(G) \bigcup B(G)$，$T(G) \bigcap B(G) = \phi$。并且，图 $G' = (V, T(G))$ 是 G 的极小连通子图，G' 是一棵树，称为图 G 的一棵生成树。

从任意顶点出发，按深度优先遍历算法得到的生成树 G' 称为深度优先生成树；按广度优先遍历算法得到的 G' 称为广度优先生成树。

若 $G=(V, E)$ 是无向非连通图，对图进行遍历时得到若干个连通分量的顶点集 $V_1(G)$，$V_2(G)$，…，$V_n(G)$ 和相应所经过的边集 $T_1(G)$，$T_2(G)$，…，$T_n(G)$，则对应的顶点集和边集的二元组 $G_i=(V_i(G), T_i(G))(1 \le i \le n)$ 是对应分量的生成树，所有这些生成树构成了原非连通图的生成森林。

(a) 无向图 G (b) 图 G 的邻接表   (c) 深度优先生成森林

图 10-18 无向图及深度优先生成森林

当给定无向图的邻接表求其对应的生成树或生成森林时，只需对图的深(广)度优先遍历算法稍作修改，就可以得到构造图的深(广)度优先遍历生成树或森林算法。

在算法中,树的存储结构采用孩子—兄弟表示法。首先从某个顶点 V 出发,建立一个树结点,然后分别以 V 的邻接点为起始点,建立相应的子生成树,并将其作为 V 结点的子树链接到 V 结点上。算法实现如下。

```
//-----构造深度优先遍历生成树-----
typedef struct CSNode{
    ElemType data;
    struct CSNode *firstchild,*nextsibling;
}CSNode;
CSNode *DFStree(ALGraph *G,int v){
    CSNode *T,*ptr,*q;
    LinkNode *p;int w;
    Visited[v] = TRUE;
    T = (CSNode *)malloc(sizeof(CSNode));     //分配孩子结点
    T->data = G->AdjList[v].data;
    T->firstchild =T-> nextsibling = NULL;    //建立根结点
    q = NULL;p = G->AdjList[v].firstarc;
    while ( p != NULL){
        w = p->adjvex ;
        if (!Visited[w]){
            ptr = DFStree(G,w);               //子树根结点
            if (q == NULL)  T->firstchild=ptr; //第一个邻接点,建立左孩子
            else q->nextsibling = ptr;        //非第一个邻接点,建立右兄弟
            q = ptr;                          //q记录刚刚被访问过的结点
        }
        p = p->nextarc;
    }
    return(T);
}
//-----构造广度优先遍历生成树-----
typedef struct Queue{
  int elem[MAX_VEX];
  int front,rear;
}Queue;                                        //定义一个队列保存将要访问的顶点
CSNode *BFStree(ALGraph *G,int v){
  CSNode *T,*ptr,*q;
  LinkNode *p;Queue  *Q;
  int w,k;
  Q = (Queue *) malloc(sizeof(Queue));
  Q->front = Q->rear = 0;                      //建立空队列并初始化
  Visited[v] = TRUE;
  T = (CSNode *)malloc(sizeof(CSNode));
```

```
        T->data = G->AdjList[v].data;
        T->firstchild = T->nextsibling = NULL;      //建立根结点
        Q->elem[++Q->rear] = v;                      //v 入队
    while (Q->front != Q-> rear){
      w = Q->elem[++ Q->front];   q=NULL;
      p = G->AdjList[w].firstarc;
      while (p != NULL) {
          k = p -> adjvex;
         if (!Visited[k]) {
           Visited[k]=TRUE;
           ptr = (CSNode *)malloc(sizeof(CSNode));
           ptr-> data=G->AdjList[k].data;
           pt ->firstchild=T->nextsibling=NULL;
           if (q == NULL)  T->firstchild = ptr;
           else q->nextsibling = ptr;
           q = ptr;
             Q->elem[++Q->rear] = k;                 //k 入队
        } // end if
   p = p->nextarc;
} //end while p
} //end while Q
return(T);
}
//-----图的生成森林算法-----
CSNode *DFSForest(ALGraph *G){
    CSNode *T,*ptr,*q;int w;
    for (w=0;w<G->vexnum;w++) visited[w]=FALSE;
    T=NULL;
    for (w=0;w<G->vexnum;w++)
    if ( ! visited[w] ) {
      ptr = DFStree (G,w);
     if (T==NULL ) T=ptr;
     else  q->nextsibling=ptr;
     q = ptr;   }
    return(T);
}
```

10.4.2　有向图的强连通分量

在有向图 G 中，如果两个顶点 v_i 和 $v_j(v_i! =v_j)$ 之间有一条从 v_i 到 v_j 的有向路径，同时还有一条从 v_j 到 v_i 的有向路径(顶点相互可达)，则称两个顶点强连通。如果有向图 G 的每对顶点都强连通，则称 G 为强连通图。非强连通有向图的极大强连通子图，称为其强连通分量。

求有向图 G 的强连通分量的基本步骤如下。

(1) 对 G 进行深度优先遍历，生成 G 的深度优先生成森林 T。

(2) 对森林 T 的顶点按后序遍历顺序进行编号。

(3) 改变 G 中每一条弧的方向，构成一个新的有向图 G'。

(4) 按(2)中标出的顶点编号，从编号最大的顶点开始对 G'进行深度优先遍历，得到一棵深度优先生成树。若一次完整的遍历过程没有遍历 G' 的所有顶点，则从未访问到的顶点中选择一个编号最大的顶点，由它开始再次进行深度优先遍历，并得到另一棵深度优先生成树。在该步骤中，每一次深度优先遍历所得到的生成树中的顶点就是 G 的一个强连通分量的所有顶点。

(5) 重复步骤(4)，直到 G'中的所有顶点都被访问到。

如图 10-19 所示是求有向图的强连通分量的过程。如图 10-19(d)所示，两棵生成树中的顶点 a、b、c 和 b、e、f 即为有向图 G 的两个强连通分量中的顶点。

在算法实现时，建立一个数组 in_order[n]存放深度优先生成森林的中序遍历序列。对每个顶点 v，在调用深度优先遍历函数结束时，将顶点依次存放在数组 in_order[n]中。

显然，利用遍历求强连通分量的时间复杂度和遍历相同。

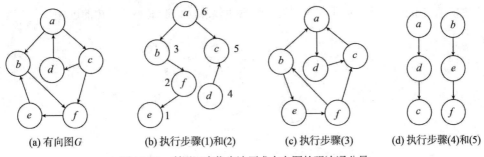

(a) 有向图G　　(b) 执行步骤(1)和(2)　　(c) 执行步骤(3)　　(d) 执行步骤(4)和(5)

图 10-19　利用深度优先遍历求有向图的强连通分量

10.4.3　最小生成树

如果连通图是一个带权图，则其生成树中的边也带权，生成树中所有边的权值之和称为生成树的代价。

最小生成树(minimum spanning tree)指的是带权连通图中代价最小的生成树。

最小生成树在实际中具有重要用途，如设计通信网等。设图的顶点表示城市，边表示两个城市之间的通信线路，边的权值表示建造通信线路的费用，n 个城市之间最多可以建 $n(n-1)/2$ 条线路，如何选择其中的 $n-1$ 条，使总的建造费用最低便是一个求最小生成树的问题。

构造最小生成树的算法有许多，基本原则是：尽可能选取权值最小的边，但不构成回路；选择 $n-1$ 条边构成最小生成树。

构造最小生成树的算法基本都基于如下 MST 性质。

设 $G=(V, E)$是一个带权连通图，U 是顶点集 V 的一个非空子集。若 $u \in U$，$v \in V-U$，且 (u, v) 是 U 中的顶点到 $V-U$ 中的顶点之间权值最小的边，则必存在一棵包含边 (u, v) 的最小生成树。

可以用反证法来证明。设图 G 的任何一棵最小生成树都不包含边 (u, v)，设 T 是 G 的一棵生成树，则 T 是连通的，从 u 到 v 必有一条路径 $(u, …, v)$，当将边 (u, v)加入 T 中时就构成了回路。

因为路径($u, \cdots, v$)的两个端点 u，v 分属于两个不同的集合 U 和 $V-U$，所以在这条路径上必有一条边的两个端点也分属于 U 和 $V-U$，即此时路径($u, \cdots, v$)中必有一条边(u', v')，满足 $u' \in U$，$v' \in V-U$。删去边(u', v')便可消除回路，同时得到另一棵生成树 T'。(u, v)是 U 中的顶点到 $V-U$ 中的顶点之间权值最小的边，所以(u, v)的权值不会高于(u', v')的权值，T' 的代价也不会高于 T 的代价，T' 是包含(u, v)的一棵最小生成树，与假设矛盾。

普里姆(prim)算法和克鲁斯卡尔(kruskal)算法是两个利用 MST 性质构造最小生成树的算法。

1. 普里姆算法

假设 $N = (V, \{E\})$ 是连通网，TE 是 N 上最小生成树中边的集合。算法从 $U = \{u_0\}(u_0 \in V)$，$TE = \{ \}$ 开始，重复执行下列操作：在所有 $u \in U$，$v \in V-U$ 的边(u, v) $\in E$ 中找一条代价最小的边(u_0, v_0)并入集合 TE，同时 v_0 并入 U，直至 $U = V$ 为止。此时 TE 中必有 $n-1$ 条边，则 $T = (V, \{TE\})$ 为 N 的最小生成树。

假设在生成树的构造过程中，图中的 n 个顶点分属两个集合，普里姆算法的关键在于确定落在生成树上的顶点集 U 和尚未落在生成树上的顶点集 $V-U$，并且在所有连通 U 和 $V-U$ 的边中选取权值最小的边。

例如，图 10-20 所示为从顶点 v_2 出发，按普里姆算法构造最小生成树的过程。

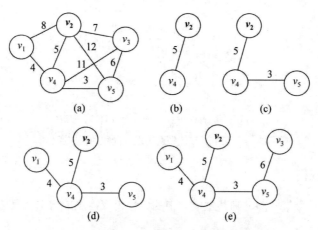

图 10-20　按普里姆算法构造最小生成树的过程

设用邻接矩阵(二维数组)表示图，两个顶点之间不存在边的权值为机内允许的最大值。

为便于算法实现，设置一个一维数组 closedge[n]，用来保存 $V-U$ 中的各顶点到 U 中顶点具有权值最小的边。数组元素的类型定义如下。

```
struct {
    int adjvex;      //边所依附的 U 中的顶点
    int lowcost;     //该边的权值
}closedge[MAX_EDGE];
```

对于 closedge[i]，其分量 adjvex 表示依附于这条最小代价边的另一个顶点；lowcost 表示从 U 中任一顶点到该顶点权值的最小值。例如，closedge[j].adjvex=k 表明边(v_j, v_k)是 $V-U$ 中的顶点 v_j 到 U 中权值最小的边，而顶点 v_k 是该边所依附的 U 中的顶点。closedge[j].lowcost 存放该边的权值。假设从顶点 v_s 开始构造最小生成树。初始时令 closedge[s].lowcost = 0，表明顶点 v_s 首先加入 U 中。closedge[k].adjvex=s，closedge[k].lowcost=cost(k, s)表示 $V-U$ 中的各顶点到 U 中权值最小的边，cost(k, s)表示边(v_k,v_s)的权值。

从 closedge 中选择一条权值(不为 0)最小的边(v_k, v_j)，然后置 closedge[k].lowcost 为 0，表示 v_k 已加入 U 中，并且根据新加入的 v_k 更新 closedge 中的每个元素。若 cost(i, k)≤colsedge[i].lowcost，表明在 U 中新加入顶点 v_k 后，(v_i,v_k)成为 v_i 到 U 中权值最小的边，置 closedge[i].lowcost=cost(i, k)，closedge[i].adjvex=k。重复前面操作 n-1 次即可得到最小生成树。

例如，在构造图 10-20 所示的最小生成树的过程中，辅助数组中各分量值的变化如表 10-1 所示。

表 10-1　构造图 10-20 所示的最小生成树的过程中辅助数组各分量值的变化

closedge	1	3	4	5	U	$V-U$	k
adjvex	v_2	v_2	v_2	v_2	$\{v_2\}$	$\{v_1,v_3,v_4,v_5\}$	4
lowcost	8	7	5	12			
adjvex	v_4	v_2	v_2	v_4	$\{v_2,v_4\}$	$\{v_1,v_3,v_5\}$	5
lowcost	4	7	0	3			
adjvex	v_4	v_5	v_2	v_4	$\{v_2,v_4,v_5\}$	$\{v_1,v_3\}$	1
lowcost	4	6	0	0			
adjvex	v_4	v_5	v_2	v_4	$\{v_2,v_4,v_5,v_1\}$	$\{v_3\}$	3
lowcost	0	6	0	0			
adjvex	v_4	v_5	v_2	v_4	$\{v_2,v_4,v_5,v_1,v_3\}$	$\{\}$	
lowcost	0	0	0	0			

在普里姆算法中，图采用邻接矩阵存储，所构造的最小生成树用一维数组存储其 n-1 条边，每条边的存储结构描述如下。

```
typedef struct MSTEdge {
  int vex1,vex2;                    //边所依附的图中的两个顶点
  WeightType weight;               //边的权值
}MSTEdge;
```

假设以二维数组表示网的邻接矩阵，且令两个顶点之间不存在边的权值为其内允许的最大值(MAX_VAL)，则普里姆算法如下。

```
#define INFINITY MAX_VAL           //最大值
MSTEdge *Prim_MST(AdjGraph *G , int u){  //从第 u 个顶点开始构造图 G 的最小生成树
  MSTEdge TE[ ];                   //存放最小生成树 n-1 条边的数组指针
  int j,k,v,min;
  for (j=0;j<G->vexnum;j++) {
    closedge[j].adjvex = u;
    closedge[j].lowcost = G->adj[j][u];
```

```
        }    //初始化数组 closedge[n]
    closedge[u].lowcost = 0;          //初始时置 U={u}
    TE = (MSTEdge *) malloc ( ( G->vexnum-1 ) *sizeof (MSTEdge));
    for (j=0;j<G->vexnum-1;j++) {
      min = INFINITY;
      for ( v=0;v <G->vexnum;v++ )
      if (closedge[v].lowcost != 0 && closedge[v].Lowcost<min) {
          min = closedge[v].lowcost;k=v;  }
      TE[j].vex1 = closedge[k].adjvex;
      TE[j].vex2 = k;
      TE[j].weight = closedge[k]. lowcost;
      closedge[k].lowcost = 0;          //将顶点 k 并入 U 中
      for (v=0;v<G->vexnum;v++)
      if (G->adj[v][k] < closedge[v].lowcost){
          closedge[v].lowcost = G->adj[v][k];
          closedge[v].adjvex = k;
        }  //修改数组 closedge[n]中各元素的值
    }
  return(TE);
} //MiniSpanTree
```

设带权连通图有 n 个顶点，则算法主要执行的循环操作为，求 closedge 中权值最小的边，频度为 $n-1$；修改 closedge 数组，频度为 n。因此，整个算法的时间复杂度是 $O(n^2)$，与边的数目无关，因此适合于求边稠密的网的最小生成树。

2. 克鲁斯卡尔算法

克鲁斯卡尔算法从另一途径求网的最小生成树。假设 $N=(N,\{E\})$，则令最小生成树的初始状态为只有 n 个顶点而无边的非连通图 $T=(V, \{\})$，图中每个顶点自成一个连通分量。在 E 中选择代价最小的边，若该边依附的顶点落在 T 中不同的连通分量上，则将此边加入 T 中，否则舍去此边而选择下一条代价最小的边。以此类推，直至 T 中所有顶点都在同一连通分量上为止。

例如，如图 10-21 所示为按克鲁斯卡尔算法构造最小生成树的过程。代价分别为 3、4、5、6 的 4 条边由于满足上述条件，被先后加入 T 中，构成一棵最小生成树。

克鲁斯卡尔算法实现的关键是，当一条边加入 TE 的集合后，如何判断是否构成回路。简单的解决方法是定义一个一维数组 Vset[n]，用于存放图 T 中每个顶点所在的连通分量的编号。

首先设置初值状态为 Vset[i]=i，表示每个顶点各自组成一个连通分量，连通分量的编号为顶点在图中的位置(编号)。每次当往 T 中增加一条边 (v_i, v_j) 时，先检查 Vset[i]和 Vset[j]的值，若 Vset[i]=Vset[j]，表明 v_i 和 v_j 处在同一个连通分量中，加入此边会形成回路；

若 Vset[i]≠Vset[j]，则加入此边不会形成回路，将此边加入生成树的边集中。加入一条新边后，将两个不同的连通分量合并，将一个连通分量的编号换成另一个连通分量的编号。

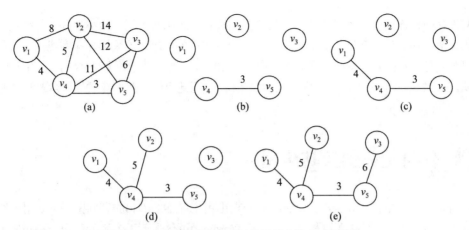

图 10-21 按克鲁斯卡尔算法构造最小生成树的过程

经分析，克鲁斯卡尔算法实现如下。

```
MSTEdge *Kruskal_MST (ELGraph *G){
//用克鲁斯卡尔算法构造图 G 的最小生成树
    MSTEdge TE[];
    int j,k,v,s1,s2,Vset[];
    WeightType w;
    Vset= (int *) malloc(G->vexnum*sizeof (int));
    for ( j = 0;j<G->vexnum;j++)
    Vset[j] = j;          //初始化数组 Vset[n]
    sort(G->edgelist);    //对表按权值从小到大排序
    j=0;k=0;
    while (k<G->vexnum-1 && j<G->edgenum){
        s1 = Vset[G->edgelist[j].vex1];
        s2 = Vset[G->edgelist[j].vex2];
//若边的两个顶点的连通分量编号不同，则将边加入 TE 中
      if (s1 != s2) {
        TE[k].vex1 = G->edgelist[j].vex1;
        TE[k].vex2 = G->edgelist[j].vex2;
        TE[k].weight = G->edgelist[j].weight;
        k++;
        for (v=0;v<G->vexnum;v++)
            if (Vset[v]==s2)  Vset[v]=s1;
      }
    j++;
    }
    free(Vset);
    return(TE);
} //MiniSpanTree
```

假设某带权连通图有 n 个顶点、e 条边，则按照上述算法求图的最小生成树时的主要操作有：Vset 数组初始化，其时间复杂度是 $O(n)$；边表按权值排序，若采用堆排序或快速排序，其时间复杂度是 $O(e\log e)$；while 循环选取最小权值的边，最大执行频度是 $O(n)$，其中包含修改 Vset 数组，共执行 $n-1$ 次，其时间复杂度是 $O(n^2)$。因此可知，整个克鲁斯卡尔算法的时间复杂度是 $O(e\log e+ n^2)$。

10.5 有向无环图及其应用

有向无环图(DAG，directed acycling graph)指图中没有回路(环)的有向图，主要用于研究工程项目的工序问题、工程进度问题等。一个工程(project)可分为若干个称为活动(active)的子工程(或工序)，各子工程受到一定的条件约束，即某个子工程必须开始于另一个子工程完成之后；整个工程有一个开始点(起点)和一个终点。对于一个工程，人们关心两方面的问题：一是工程能否顺利进行；二是估算完成整个工程所需的最短时间。对应于有向图，即为进行拓扑排序和求关键路径的操作，下面就这两个问题进行讨论。

10.5.1 拓扑排序

什么是拓扑排序(topological sort)？简单地说，由某个集合上的一个偏序得到该集合上的一个全序的操作称为拓扑排序。回顾离散数学中关于偏序和全序的定义。

若集合 A 上的关系 R 是自反的、反对称的和传递的，则称 R 是集合 A 上的偏序关系。

直观地看，偏序是指集合中仅有部分元素之间可以进行比较，而全序是指集合中任意两个元素之间都可以进行比较。

一个表示偏序的有向图可用来表示一个流程图。它或者是一个施工流程图，或者是一个产品生产的流程图，再或是一个数据流图(每个顶点表示一个过程)。图中每一条有向边表示两个子工程之间的次序关系(领先关系)。

例如，一个软件专业的学生必须学习一系列基本课程(如表 10-2 所示)，其中有些课程是基础课，独立于其他课程，如"高等数学"；而另一些课程必须在学完基础课程后才能开设。如在"程序设计基础"和"离散数学"学完之前就不能学习"数据结构"。这些先决条件定义了课程之间的领先(优先)关系。这个关系可以用有向图更清楚地表示，如图 10-22 所示。图中顶点表示课程，有向边(弧)表示先决条件。若课程 i 是课程 j 的先决条件，则图中有弧 $<i, j>$。

这种用顶点表示活动，用弧表示活动间的优先关系的有向图称为顶点表示活动的网(activity on vertex network)，简称 AOV-网。在网中，若从顶点 i 到顶点 j 有一条有向路径，则 i 是 j 的前驱；j 是 i 的后继。若 $<i, j>$ 是网中一条弧，则 i 是 j 的直接前驱；j 是 i 的直接后继。

表 10-2　软件专业必修课程

课程编号	课程名称	先决条件
C1	程序设计基础	无
C2	离散数学	C1

(续表)

课程编号	课程名称	先决条件
C3	数据结构	C1，C2
C4	汇编语言	C1
C5	语言的设计和分析	C3，C4
C6	计算机原理	C11
C7	编译原理	C3，C5
C8	操作系统	C3，C6
C9	高等数学	无
C10	线性代数	C9
C11	普通物理	C9
C12	数值分析	C1，C9，C10

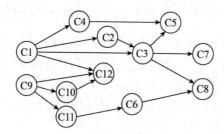

图 10-22 软件专业课程间优先关系有向图

在 AOV-网中，不应该出现有向环，因为存在环意味着某项活动应以自己为先决条件。显然，这是荒谬的。若设计出这样的流程图，工程便无法进行。而对程序的数据流图来说，则表明存在一个死循环。因此，对给定的 AOV-网应首先判定网中是否存在环。检测的办法是对有向图构造其顶点的拓扑有序序列，若网中所有顶点都在它的拓扑有序序列中，则该 AOV-网中必定不存在环。例如，图 10-22 的有向图有如下两个拓扑有序序列：

(C1，C2，C3，C4，C5，C7，C9，C10，C11，C6，C12，C8)、

(C9，C10，11，C6，C1，C12，C4，C2，3C，C5，C7，C8)

(对此图也可构造得其他的拓扑有序序列)。若某个学生每学期只学一门课程，则他必须按拓扑有序的顺序来安排学习计划。

有向图的拓扑排序定义为，构造 AOV-网中顶点的一个拓扑线性序列$(v'_1, v'_2, \ldots, v'_n)$，使该线性序列不仅保持原来有向图中顶点之间的优先关系，而且对原图中没有优先关系的顶点之间也建立一种(人为的)优先关系。

如何进行拓扑排序呢？方法如下：

(1) 在有向图中选一个没有前驱的顶点并输出；

(2) 从图中删除该顶点和没有以它为尾的弧。

重复上述两步，直至全部顶点均已输出，或者当前图中不存在无前驱的顶点为止。后一种情况说明有向图中存在环。

以如图 10-23(a)所示的有向图为例，v_1 和 v_6 没有前驱，则可任选一个。假设先输出 v_1，再删除 v_1 及弧$\langle v_1,v_2\rangle$，$\langle v_1,v_3\rangle$，$\langle v_1,v_4\rangle$；此时只有顶点 v_6 没有前驱，则输出 v_6 并删去 v_6 及弧$\langle v_6,v_4\rangle$、$\langle v_6,v_5\rangle$；此时只有 v_4 没有前驱，则输出 v_4 并删去 v_4 及弧$\langle v_4,v_3\rangle$、$\langle v_4,v_5\rangle$；此时 v_3 没有前驱，以此类推，继续进行。整个拓扑排序的过程如图 10-23 所示。最后得到该有向图的拓扑有序序列为 $v_1-v_6-v_4-v_3-v_2-v_5$。

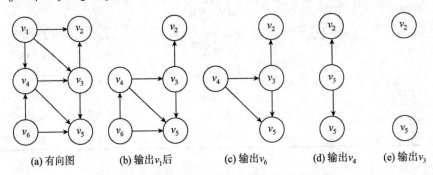

(a) 有向图   (b) 输出v_1后   (c) 输出v_6 (d) 输出v_4 (e) 输出v_3

图 10-23　AOV-网及其拓扑有序序列产生的过程

针对上述两步操作，采用邻接表作为有向图的存储结构，为方便操作，在头结点中增加一个存放顶点入度的数组(indegree)。入度为零的顶点即为没有前驱的顶点，删除顶点及以它为尾的弧的操作，可用"弧头顶点的入度减 1"的操作来实现。

为避免重复检测入度为 0 的顶点，可另设一栈(也可使用队列)暂存所有入度为零的顶点，由此可得拓扑排序的算法如下。

```
Status Topologic_Sort(ALGraph *G,int topol[]){
//顶点的拓扑序列保存在一维数组 topol 中
    int k,no,vex_no,top=0,count = 0,boolean = 1;
    int stack[MAX_VEX];              //用作堆栈
    LinkNode *p;
    count_indegree(G);               //统计各顶点的入度
    for (k=0;k<G->vexnum;k++)
    if (G->adjlist[k].indegree == 0)
    stack[++top] = G->adjlist[k].data;
    do {
      if (top == 0)  boolean = 0;
      else{
          no = stack[top--];      //栈顶元素出栈
          topl[++count]=no;       //记录顶点序列
          p = G->adjlist[no]. firstarc;
          while (p != NULL) {    //删除以顶点为尾的弧
                  vex_no = p->adjvex;
                  G->adjlist[vex_no].indegree--;
                  if (G->adjlist[vex_no].indegree == 0)
                      stack[++top] = vex_no;
```

```
                p = p- nextarc;
            }
        }
    }while(boolean==0);
    if (count<G->vexnum)  return(-1);
    else  return(1);
}
```

假设某 AOV-网有 n 个顶点、e 条边，则按照上述算法执行的主要操作有：统计各顶点的入度，其时间复杂度是 $O(n+e)$；入度为 0 的顶点入栈，其时间复杂度是 $O(n)$，其中顶点入栈和出栈操作执行 n 次，入度减 1 的操作共执行 e 次，此过程的时间复杂度是 $O(n+e)$。因此，整个拓扑排序算法的时间复杂度是 $O(n+e)$。上述拓扑排序算法是下面讨论的求关键路径的基础。

10.5.2 关键路径

与 AOV-网相对应的是 AOE-网(activity on edge)。AOE-网是用边表示活动的有向无环图。AOE-网中顶点表示事件(event)(每个事件表示在其前的所有活动已经完成，其后的活动可以开始)事件具有瞬间性；弧表示活动，活动具有持续性，弧上的权值表示相应活动的持续时间或所需费用。通常，AOV-网可用来估算工程的完成时间。

例如，图 10-24 是一个假想的有 11 项活动、9 个事件的 AOE-网。其中有 9 个事件 v_1, v_2,…, v_9，每个事件表示在它之前的活动已经完成，在它之后的活动可以开始。v_1 表示整个工程开始，v_9 表示整个工程结束。

由于整个工程只有一个开始点和一个完成点，所以在正常情况(不存在回路)下，AOE-网中只有一个入度为零的点(称做源点)和一个出度为零的点(称做汇点)。

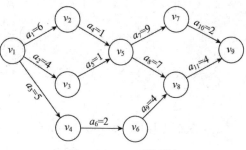

图 10-24 AOE-网示例

和 AOV-网不同，对 AOE-网有待研究的问题有：①完成整个工程至少需要多少时间？②哪些活动是影响工程进度(费用)的关键？

在 AOE-网中有些活动可以并行地进行，所以完成工程的最短时间是从开始点到完成点的最长路径的长度(这里所说的路径长度是指路径上各活动持续时间之和，不是路径上弧的数目)。长度最长的路径称为关键路径(critical path)，关键路径上的活动称为关键活动。关键活动是影响整个工程的关键因素。

假设 v_1 是开始点，从 v_1 到 v_i 的最长路径长度称为事件 v_i 的最早发生时间，即是以 v_i 为尾的所有活动的最早发生时间。用 $e(i)$ 表示活动 a_i 的最早开始时间。用 $l(i)$ 表示活动 a_i 的最迟开始时间，指在不推迟整个工程完成的前提下，活动 a_i 最迟必须开始的时间。两者之差 $l(i) - e(i)$ 意味着完成活动 a_i 的时间余量。把 $l(i) = e(i)$ 的活动称为关键活动。显然，关键路径上的所有活动都是关键活动，因此提前完成非关键活动并不能加快工程的进度。所以，分析关键路径的目的是辨别哪些是关键活动，以便争取关键活动的时效，缩短整个工期。

由上述分析可知，辨别关键活动就是要找 $l(i) = e(i)$ 的活动，为了求得 AOE-网中活动的 $e(i)$ 和 $l(i)$，首先应求得事件的最早发生时间 $ve(j)$ 和最迟发生时间 $vl(j)$。如果活动 a_i 由弧 $<j,k>$ 表示，其持续时间记为 $dut(<j,k>)$，则有如下关系，如图 10-25 所示。

$$e(i) = ve(j) \tag{10-1}$$
$$l(i) = vl(k) - dut(<j,k>)$$

图 10-25　活动最早最迟开始时间示意图

求 $ve(j)$ 和 $vl(i)$ 须分以下两步进行。

(1) 从源点开始，令 $ve(0)=0$ 开始向前递推：

$$ve(j) = \max_i \{ ve(i) + dut <i,j> \} \tag{10-2}$$

$$<i,j> \in T, \ j = 1, 2, \cdots, n-1$$

其中，T 是所有以第 j 个顶点为头的弧的集合。如图 10-26 所示，若共有 3 条弧指向顶点 j，则 $ve(j)$ 要取上述规则中 3 个计算结果的最大值。

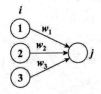

图 10-26　ve 求解示意图.

(2) 从汇点开始，令 $vl(n-1) = ve(n-1)$ 向后递推：

$$vl(i) = \min_j \{ vl(j) - dut(<i,j>) \} \tag{10-3}$$

$$<i,j> \in S, \ i = n-2, \cdots, 0$$

其中，S 是所有以第 i 个顶点为尾的弧的集合。

如图 10-27 所示，若共有 3 条弧从顶点 i 出发，则 $vl(i)$ 要取上述规则中 3 个计算结果的最小值。

图 10-27　vl 求解示意图

这两个递推公式的计算必须分别在拓扑有序和逆拓扑有序的前提下进行。将源点事件的最早发生时间设为 0，除源点外，只有指向顶点 v_j 的所有弧所代表的活动全部结束后，事件 v_j 才能发生，即只有 v_j 的所有前驱事件 v_i 的最早发生时间 $ve(i)$ 计算确定后，才能计算 $ve(j)$。

因此对所有事件进行拓扑排序，在此基础上依次按拓扑顺序和逆序依次计算每个事件的 $ve(j)$ 和 $vl(j)$。

由此得到以下求 AOE-网中关键路径和关键活动的算法。

(1) 利用拓扑排序求出 AOE-网的一个拓扑序列。

(2) 从拓扑排序序列的第一个顶点(源点)开始，按拓扑顺序依次计算每个事件的最早发生时间 $ve(i)$。

(3) 从拓扑排序序列的最后一个顶点(汇点)开始，按逆拓扑顺序依次计算每个事件的最晚发生时间 $vl(i)$。

如上所述，计算各顶点的 ve 值是在拓扑排序的过程中进行的，需要在拓扑排序的算法进行如下修改：①在拓扑排序之前设初值，令 $ve[i]=0(0 \leqslant i \leqslant n-1)$；②在算法中增加一个计算 v_j 的直接后继 v_k 的最早发生时间的操作，若 $ve[j]+dut(<j,k>)>ve[k]$，则 $ve[k]=ve[j]+dut(<j,k>)$；③为了能按逆拓扑有序序列的顺序计算各顶点的 vl 值，须记下在拓扑排序的过程中求得的拓扑有序序列，这需要在拓扑排序算法中增设一个栈，以记录拓扑有序序列，则在计算求得各顶点的 ve 值之后，从栈顶至栈底便为逆拓扑有序序列。

先将求 AOE-网的拓扑排序序列的算法改写成如下算法，然后在此基础上得出求关键路径的算法。

```
Status TopologicalOrder(ALGraph G,Stack &T){
//有向网 G 采用邻接表存储结构，求各顶点事件的最早发生时间 ve (全局变量)
//T 为拓扑序列顶点栈，S 为零入度顶点栈
//若 G 无回路，则用栈 T 返回 G 的一个拓扑序列，且函数值为 OK，否则为 ERROR
FindInDegree(G.indegree) //对各顶点求入度 indegree [0..vernum-1]
InitStack(S);    InitStack(T);
count=0;   ve[0..G.vexnum-1]=0;                //初始化
while (! StackEmpty(S)) {
  Pop(S,j); Push(T,j); ++ count;              //j 号顶点入 T 栈并计数
  for (p = G.vertices[j]. firstarc; p; p = p->nextarc) {
    k = p->adjvex;   //将 j 号顶点的每个邻接点的入度减1
    if ( - - indegree[k] = = 0) Push(S, k);    //若入度减为 0，则入栈
    if (ve[j] + * (p->info) > ve[k]) ve[k] = ve[j] + * (p->info);
  } //for  *(p->info)= dut(<j,k>)
} //while
if (cout<G.vexnum )  return ERROR ;            //该有向网有回路
else return OK;
} // TopologicalOrder

Status CriticalPath(ALGraph G) {
  //G 为有向网，输出 G 的各项关键活动
  if (! TopologicalOrder(G, T))  return ERROR;
  vl[0..G.vexnum-1] = ve[G.vexnum - 1];          //初始化顶点事件的最迟发生时间
  while (! StackEmpty(T))                         //按拓扑逆序求各顶点的 vl 值
    for (Pop(T, j), p = G.vertices[j].firstarc; p; p = p->nextarc) {
```

```
    k = p->adjvex;  dut = * (p->info);          //dut<j,k>
        if (vl[k]-dut<vl[j])  vl[k]-dut;
    }//for
  for (j=0; j<G.vexnum; ++ j)                   //求ee、el和关键活动
      for (p = G.vertices[j].firstarc;p; p = p->nextarc) {
        k = p->adjvex; dut = * (p->info);
        ee = ve[j]; el=vl[k] - dut;
        tag = (ee == el) ? '*': '';
          printf (j, k, dut, ee, el, tag);       //输出关键活动
  }//CriticalPath
```

设某 AOE-网有 n 个事件、e 个活动，则在求关键路径时的主要操作有：进行拓扑排序，其时间复杂度是 $O(n+e)$；求每个事件的 ve 值和 vl 值，其时间复杂度是 $O(n+e)$；根据 ve 值和 vl 值找关键活动，其时间复杂度是 $O(n+e)$。所以，总的求关键路径的时间复杂度是 $O(n+e)$。

例如，对图 10-28(a)所示网的计算过程如图 10-29 所示，图 10-29(a)中箭头顺序为顶点的最早发生时间和最迟发生时间的计算顺序，图 10-29(b)中($l-e$)为 0 的活动为开始时间余量为 0 的活动，即关键活动，由关键活动组成的路径即关键路径。由此可见，a_1、a_4、a_7、a_8、a_{10} 和 a_{11} 为图10-28(a)所示 AOE-网的关键活动，它们组成两条从源点到汇点的关键路径：$v_1 \rightarrow v_2 \rightarrow v_5 \rightarrow v_7 \rightarrow v_9$ 和 $v_1 \rightarrow v_2 \rightarrow v_5 \rightarrow v_8 \rightarrow v_9$，如图 10-28(b)所示。

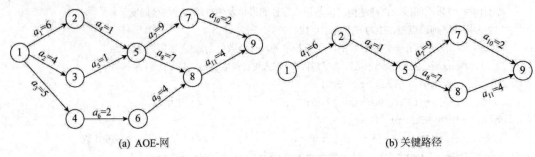

(a) AOE-网   (b) 关键路径

图 10-28   AOE-网及其关键路径

实践已经证明：用 AOE-网来估算某些工程完成的时间是非常有用的。实际上，求关键路径的方法本身最初就是与维修和建造工程一起发展的。但是，由于网中各项活动是互相牵涉的，因此，影响关键活动的因素亦是多方面的，任何一项活动持续时间的改变都会影响关键路径的改变。

例如，对于图 10-29(a)所示的网来说，若 a_5 的持续时间由 1 延长至 3，则可发现，关键活动数量增加，关键路径也增加了。若 a_7 的持续时间由 9 缩短至 7，则 $v_1 \rightarrow v_2 \rightarrow v_5 \rightarrow v_7 \rightarrow v_9$ 不再是关键路径。由此可见，关键活动的速度提高是有限度的。只有在不改变网的关键路径的前提下，提高关键活动的速度才能缩短整个工期。

另一方面，若网中有几条关键路径，则仅提高其中一条关键路径上的关键活动的速度，并不能缩短整个工期，而必须同时提高所有关键路径上的活动的速度才有效。

顶点	ve	v1
V_1	0	0
V_2	6	6
V_3	4	6
V_4	5	8
V_5	7	7
V_6	7	10
V_7	16	16
V_8	14	14
V_9	18	18

(a) 顶点的发生时间

活动	e	1	1-e	
a_1	0	0	0	√
a_2	0	2	2	
a_3	0	3	3	
a_4	6	6	0	√
a_5	4	6	2	
a_6	5	8	3	
a_7	7	7	0	√
a_8	7	7	0	√
a_9	7	10	3	
a_{10}	16	16	0	√
a_{11}	14	14	0	√

(b) 活动的开始时间

图 10-29 顶点的发生时间和活动的开始时间

10.6 最短路径

假设要在计算机上建立一个交通系统，则可采用图结构来表示交通网络。若用带权图表示交通网，图中的顶点表示地点，边代表两地之间有直接道路，边上的权值表示路程(或所花费用或时间)，从一个地点到另一个地点的路径长度是该路径上各边的权值之和。

关于路径问题，现实生活中人们比较感兴趣的两个问题是两地之间是否有通路，以及在有多条通路的情况下如何选择路径最短的一条。

如图 10-30 所示交通网中，顶点表示城市，边表示城市间的交通联系。基于此的交通咨询系统可以解决旅客的各类需求。例如，一位旅客要从 A 城到 B 城，他希望选择一条途中中转次数最少的路线。假设图中每一站都需要换乘，则这个问题反映到图上即为找一条从顶点 A 到 B 所含边的数目最少的路径。只需从顶点 A 出发对图作广度优先搜索，一旦遇到顶点 B 就终止。由此所得广度优先生成树上，从顶点 A 到顶点 B 的路径就是中转次数最少的路径，路径上 A 与 B 之间的顶点数就是途径的中转站数。有时，旅客可能更关心节省交通费用；有时，司机可能更关心里程和速度。针对不同的需求，可对边赋以权表示不同的信息，比如用权值表示两城市间的距离，或表示途中所需时间，或表示交通费用等等。此时路径长度的度量就不再是路径上边的数目，而是路径上边的权值之和。

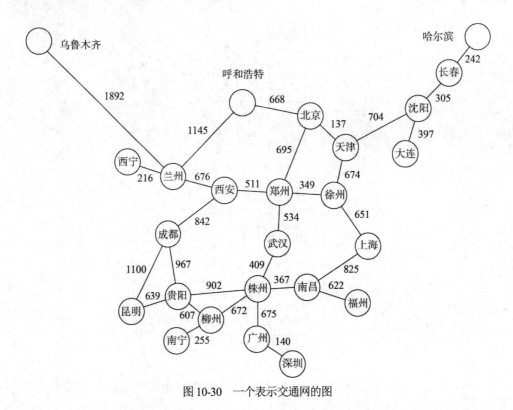

图 10-30　一个表示交通网的图

考虑到交通图的有向性(如航运，逆水和顺水时的船速不一样)，本节使用带权有向图表示交通网，称路径上的第一个顶点为源点(source)，最后一个顶点为终点(destination)。下面讨论两种常见的最短路径问题。

10.6.1　单源最短路径

单源最短路径问题是指：对于给定的有向图 $G=(V,E)$ 及单个源点 v_s，求 v_s 到 G 的其余各顶点的最短路径。

对单源最短路径问题，迪杰斯特拉(Dijkstra)提出了一种按路径长度递增次序产生最短路径的算法，即迪杰斯特拉算法。

从图的给定源点到其余每个顶点之间客观上存在一条最短路径，迪杰斯特拉算法在这组最短路径中，按其长度的递增次序，依次求出到不同顶点的最短路径和路径长度。也就是按长度递增的次序生成各顶点的最短路径，先求出长度最小的一条最短路径，然后求出长度第二小的最短路径，以此类推，直到求出长度最长的最短路径。

设给定源点为 v_s，S 为已求得最短路径的终点集，开始时令 $S=\{v_s\}$。当求得第一条最短路径 (v_s, v_i) 后，S 为 $\{v_s, v_i\}$。根据以下结论可求下一条最短路径。

一般情况下，假设 S 为已求得最短路径的终点的集合，则可证明：下一条最短路径(设其终点为 x)或者是弧 (v, x)，或者是中间只经过 S 中的顶点而最后到达顶点 x 的路径。可用反证法来证明。假设此路径上有一个顶点不在 S 中，则说明存在一条终点不在 S 而长度比此路径短的路径。但是，这是不可能的。因为我们是按路径长度递增的次序来产生各最短路径的，所以长度比此路径短的所有路径均已产生，终点必定在 S 中，即假设不成立。

若定义一个数组 $dist[n]$，其每个 $dist[i]$ 分量保存从 v_s 出发中间只经过集合 S 中的顶点而到达 v_i 的所有路径中长度最小的路径长度值，则下一条最短路径的终点 v_j 必定是不在 S 中且值最小的顶点。因此，在一般情况下，下一条长度次短的最短路径的长度必是

$$dist[i] = \underset{k}{\text{Min}}\{dist[k] \mid v_k \in V - S\}$$

其中，$dist[i]$ 或者是弧 (v_s, v_i) 上的权值，或者是 $dist[j]$ ($v_j \in S$) 和弧 (v_j, v_i) 上的权值之和。利用上述公式就可以依次找出下一条最短路径。

根据以上分析，可以得到如下描述的算法：假设用带权的邻接矩阵 $arcs$ 来表示带权有向图，$arcs[i][j]$ 表示弧 $\langle v_i, v_j \rangle$ 上的权值。若 $\langle v_i, v_j \rangle$ 不存在，则置 $arcs[i][j]$ 为 ∞ (在计算机上可用允许的最大值代替)。S 为已找到从 v_s 出发的最短路径的终点的集合，它的初始状态为空集。那么，从 v_s 出发到图上其余各顶点(终点)v_i 可能达到的最短路径长度的初值为

$$dist[i] = arcs[LocateVex(G, v)][i], \quad v_i \in V$$

选择 v_i，使

$$dist[j] = \text{Min}\{dist[i] \mid v_i \in V - S\}$$

v_j 就是当前求得的一条从 v_s 出发的最短路径的终点。令

$$S = S \cup \{v_j\}$$

修改从 v_s 出发到集合 $V - S$ 上任一顶点 v_k 可达的最短路径长度。如果

$$dist[j] + arcs[j][k] < dist[k]$$

则修改 $dist[k]$ 为

$$dist[k] = dist[j] + arcs[j][k]$$

重复上述操作共 $n-1$ 次。由此求得从 v_s 到图上其余各顶点的最短路径是依路径长度递增的序列。

用带权的邻接矩阵表示有向图，对普里姆算法略加改动，便可以得到迪杰斯特拉算法。将普里姆算法中求每个顶点 v_k 的 lowcost 值用 $dist[k]$ 代替，并设数组 $pre[n]$ 保存从 v_s 到其他顶点的最短路径。若 $pre[i]=k$，则表示从 v_s 到 v_i 的最短路径中，v_i 的前一个顶点是 v_k，即最短路径序列是 $(v_s, \cdots, v_k, v_i)$。设置数组 $final[n]$，用来标识一个顶点是否已加入 S 中。用 C 语言描述的迪杰斯特拉算法如下。

```c
BOOLEAN final[MAX_VEX];
int pre[MAX_VEX],dist[MAX_VEX];
void Dijkstra_path (AdjGraph *G,int v){
  //从图 G 中的顶点 v 出发到其余各顶点的最短路径
  int j,k,m,min;
  for ( j = 0;j < G->vexnum;j++) {
  pre[j] = v;final[j] = FALSE;
  dist[j] = G->adj[v][j];
  } //各数组的初始化
dist[v]=0;final[v]=TRUE;                //设置 S={v}
```

```
for ( j=0;j < G->vexnum - 1;j++) {     //其余 n-1 个顶点
    m = 0;
    while (final[m]) m++;              //找不在 S 中的顶点 vk
    min = INFINITY;
    for ( k = 0;k < G->vexnum;k++) {
      if ( ! final[k] && dist [m] < min) {
        min = dist[k]; m = k; }
    }                                  //求出当前最小的 dist[k]值
final [m] = TRUE;                      //将第 k 个顶点并入 S 中
for ( j = 0;j < G->vexnum;j++){
    if ( !final[j] && (dist[m] + G->adj [m] [j] < dist[j] )) {
        dist[j] = dist[m] + G->adj[m][j];
            pre[j] = m;
        }
    } //修改 dist 和 pre 数组的值
  } //找到最短路径
}
```

在上述迪杰斯特拉算法中，执行的主要操作有：

① 数组变量的初始化，其时间复杂度为 $O(n)$；

② 求最短路径的二重循环，其时间复杂度为 $O(n^2)$。

因此，整个迪杰斯特拉算法的时间复杂度为 $O(n^2)$。

对如图 10-31 所示的带权有向图按迪杰斯特拉算法，求从顶点 0 到其余各顶点的最短路径。运算过程中数组 *dist* 和 *pre* 的各分量的变化情况，如表 10-4 所示。

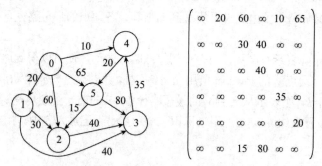

图 10-31　带权有向图及其邻接矩阵

表 10-4　求最短路径时数组 *dist* 和 *pre* 的各分量的变化情况

步骤		顶点					S
		1	2	3	4	5	
初态	*dist*	20	60	∞	10	65	{0}
	pre	0	0	0	0	0	
1	*dist*	20	60	∞	10	30	{0,4}
	pre	0	0	0	0	4	

(续表)

步骤		顶点					
		1	2	3	4	5	S
2	dist	20	50	60	10	30	{0,4,1}
	pre	0	1	1	0	4	
3	dist	20	45	60	10	30	{0,4,1,5}
	pre	0	5	1	0	4	
4	dist	20	45	60	10	30	{0,4,1,5,2}
	pre	0	5	1	0	4	
5	dist	20	45	60	10	30	{0,4,1,5,2,3}
	pre	0	5	1	0	4	

10.6.2 每一对顶点间的最短路径

求每一对顶点间的最短路径，可以每次以一个不同的顶点为源点，重复执行迪杰斯特拉算法 n 次。这样，可求得每一对顶点间的最短路径，总的时间复杂度是 $O(n^3)$。

弗罗伊德(Floyd)提出了另一个算法，其时间复杂度仍是 $O(n^3)$，但算法形式更为简明。

弗洛伊德算法仍从图的带权邻接矩阵 cost 出发，其基本思想是：

假设求从顶点 v_i 到 v_j 的最短路径。如果从 v_i 到 v_j 有弧，则从 v_i 到 v_j 存在一条长度为 $arcs[i][j]$ 的路径，该路径不一定是最短路径，尚需进行 n 次试探。

首先考虑路径 (v_i, v_0, v_j) 是否存在(即判别弧 (v_i, v_0) 和 (v_0, v_j) 是否存在)。如果存在，则比较 (v_i, v_j) 和 (v_i, v_0, v_j) 的路径长度，取长度较短者为从 v_i 到 v_j 的中间顶点的序号不大于 0 的最短路径。

假如在路径上再增加一个顶点 v_1，也就是说，如果 $(v_i, \cdots, v_1)$ 和 $(v_1, \cdots, v_j)$ 分别是当前找到的中间顶点的序号不大于 0 的最短路径，那么 $(v_i, \cdots, v_1, \cdots, v_j)$ 就有可能是从 v_i 到 v_j 的中间顶点的序号不大于 1 的最短路径。将它和已经得到的从 v_i 到 v_j 中间顶点序号不大于 0 的最短路径进行比较，从中选出中间顶点的序号不大于 1 的最短路径之后，再增加一个顶点 v_2 继续进行试探。

以此类推。在一般情况下，若 $(v_i, \cdots, v_k)$ 和 $(v_k, \cdots, v_j)$ 分别是从 v_i 到 v_k 和从 v_k 到 v_j 的中间顶点的序号不大于 $k-1$ 的最短路径，则将 $(v_i, \cdots, v_k, \cdots, v_j)$ 和已经得到的从 v_i 到 v_j 且中间顶点序号不大于 $k-1$ 的最短路径进行比较，其长度较短者便是从 v_i 到 v_j 的中间顶点的序号不大于 k 的最短路径。

这样，在经过 n 次比较后，最后求得的必是从 v_i 到 v_j 的最短路径。按此方法，可以同时求得各对顶点间的最短路径。

现定义一个 n 阶方阵序列

$$dist^{(-1)}, dist^{(0)}, dist^{(1)}, \cdots, dist^{(k)}, \cdots, dist^{(n-1)}$$

其中

$$dist^{(-1)}[i][i] = G.arcs[i][j]$$

$$dist^{(k)}[i][j] = Min\{dist^{(k-1)}[i][j], dist^{(k-1)}[i][k] + dist^{(k-1)}[k][j]\} \qquad 0 \leqslant k \leqslant n-1$$

从上述计算公式可知，$dist^{(1)}[i][i]$ 是从 v_i 到 v_j 的中间顶点的序号不大于 1 的最短路径的长度；$dist^{(k)}[i][j]$ 是从 v_i 到 v_j 的中间顶点的序号不大于 k 的最短路径的长度；$dist^{(n-1)}[i][j]$ 就是从 v_i 到 v_j 的最短路径的长度。

由此可得下列弗洛伊德算法。

```
void ShortestPath_ FLOYD( MGraph G, PathMatrix &P[ ], DistancMatrix &D ) {
  //用 Floyd 算法求有向网 G 中各对顶点 v 和 w 之间的最短路径 P[v][w]及其带权长度 D[v][w]
  //若 P[v][w][u]为 TRUE，则 u 是从 v 到 w 当前求得最短路径上的顶点
  for (v=0;v<G.vexnum;++v)              //初始已知各对结点之间的路径及距离
    for (w=0;w<G.vexnum;++w) {
      D[v][w] = G.arcs[v][w];
      for (u=0; u<G.vexnum; ++u)  P[v][w][u] = FALSE;
      if (D[v][w]< INEINITY) {      //从 v 到 w 有直接路径
        p[v][w][v] = TRUE;  P[v][w][w] = TRUE;
      }//if
    }//for
  for (u = 0; u<G.vexnum; ++u)
    for (v = 0; v<G.vexnum; ++v)
      for (w = 0; w<G.vexnum; ++W)
        if (D[v][u] + D[u][w] < D[v][w]) { //从 v 经 u 到 w 的一条路径更短
          D[v][w] = D[v][u]+ D[u][w];
          for (i = 0; i<G.vexnum; ++i)
            P[v][w][i] = P[v][u][i] || P[u][w][i];
        }//if

}//ShortestPath_FLOYD
```

例如，应用上述算法，可求得如图 10-32 所示带权有向图的每一对顶点之间的最短路径及其路径长度，其过程如表 10-5 所示。

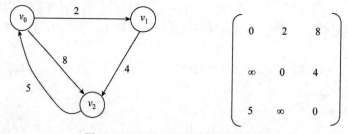

图 10-32　带权有向图及其邻接矩阵 2

表 10-5　用弗洛伊德算法求任意一对顶点间的最短路径

步骤	初态	k=0	k=1	k=2
A	$\begin{pmatrix} 0 & 2 & 8 \\ \infty & 0 & 4 \\ 5 & \infty & 0 \end{pmatrix}$	$\begin{pmatrix} 0 & 2 & 8 \\ \infty & 0 & 4 \\ 5 & 7 & 0 \end{pmatrix}$	$\begin{pmatrix} 0 & 2 & 6 \\ \infty & 0 & 4 \\ 5 & 7 & 0 \end{pmatrix}$	$\begin{pmatrix} 0 & 2 & 6 \\ 9 & 0 & 4 \\ 5 & 7 & 0 \end{pmatrix}$
Path	$\begin{pmatrix} — & 01 & 02 \\ — & — & 12 \\ 20 & — & — \end{pmatrix}$	$\begin{pmatrix} — & 01 & 02 \\ — & — & 12 \\ 20 & 201 & — \end{pmatrix}$	$\begin{pmatrix} — & 01 & 012 \\ — & — & 12 \\ 20 & 201 & — \end{pmatrix}$	$\begin{pmatrix} — & 01 & 012 \\ 120 & — & 12 \\ 20 & 201 & — \end{pmatrix}$
S	{ }	{ 0 }	{ 0, 1 }	{ 0, 1, 2 }

由表 10-5 可得，v_0, v_1, v_2 中每一对顶点间的最短路径及最短路径长度，如 v_1 到 v_2 之间的最短路径是{1, 2}，即 $v_1 \rightarrow v_2$，路径长度是 4；v_2 到 v_0 之间的最短路径是{2, 0}，即 $v_2 \rightarrow v_0$，路径长度是 5；v_2 到 v_1 之间的最短路径是{2, 0, 1}，即 $v_2 \rightarrow v_1 \rightarrow v_0$，路径长度是 7。

最短路径问题在实际场景中有很多应用，如机器人路径规划问题、GIS 求最短路径问题，以及在城市规划的管网设计与生产进度的调度问题，等等。

10.7　习题

一、选择题

1. 图中有关路径的定义是(　　)。
   A. 由顶点和相邻顶点序偶构成的边所形成的序列
   B. 由不同顶点所形成的序列
   C. 由不同边所形成的序列
   D. 上述定义都不是
2. 设无向图的顶点个数为 n，则该图最多有(　　)条边。
   A. $n-1$　　　　　B. $n(n-1)/2$　　　　C. $n(n+1)/2$
   D. 0　　　　　　E. n^2
3. 一个有 n 个顶点的连通无向图，其边的条数至少为(　　)。
   A. $n-1$　　　　　B. n　　　　　C. $n+1$　　　　D. $n\log n$
4. 要连通具有 n 个顶点的有向图，至少需要(　　)条边。
   A. $n-1$　　　　　B. n　　　　　C. $n+1$　　　　D. $2n$
5. n 个结点的有向完全图含有的边的数目是(　　)。
   A. $n \times n$　　　　B. $n(n+1)$　　　C. $n/2$　　　　D. $n(n-1)$

6. 在一个无向图中，所有顶点的度数之和等于所有边数的(　　)倍，在一个有向图中，所有顶点的入度之和等于所有顶点出度之和的(　　)倍。

  A. 1/2   B. 2   C. 1   D. 4

7. 使用深度优先遍历一个无环有向图，并在深度优先遍历算法退栈返回时输出相应的顶点，则输出的顶点序列是(　　)。

  A. 逆拓扑有序 B. 拓扑有序 C. 无序的 D. 无法输出全部顶点

8. 下列结构中，最适于表示稀疏无向图的是(　　)，适于表示稀疏有向图的是(　　)。

  A. 邻接矩阵 B. 逆邻接表 C. 邻接多重表 D. 十字链表 E. 邻接表

9. 下列(　　)的邻接矩阵是对称矩阵。

  A. 有向图   B. 无向图   C. AOV-网   D. AOE-网

10. 下列说法中，不正确的是(　　)。

  A. 图的遍历是从给定的源点出发每一个顶点仅被访问一次

  B. 图的深度优先遍历不适用于有向图

  C. 图遍历的基本算法有两种：深度优先遍历和广度优先遍历

  D. 图的深度优先遍历是一个递归过程

11. 无向图 $G=(V, E)$，$V=\{a,b,c,d,e,f\}$，$E=\{(a,b),(a,e),(a,c),(b,e),(c,f),(f,d),(e,d)\}$，对该图进行深度优先遍历，得到的顶点序列正确的是(　　)。

  A. *abecdf*   B. *acfebd*   C. *aebcfd*   D. *aedfcb*

12. 下列可以判断出一个有向图是否有回路的是(　　)。

  A. 深度优先遍历 B. 拓扑排序 C. 求最短路径 D. 求关键路径

13. 当各边上的权值(　　)时，广度优先遍历算法可用来解决单源最短路径问题。

  A. 均相等   B. 均互不相等   C. 不一定相等

14. 已知有向图 $G=(V, E)$，其中 $V=\{v_1,v_2,v_3,v_4,v_5,v_6,v_7\}$，$E=\{<v_1,v_2>,<v_1,v_3>,<v_1,v_4>,<v_2,v_5>,<v_3,v_5>,<v_3,v_6>,<v_4,v_6>,<v_5,v_7>,<v_6,v_7>\}$，$G$ 的拓扑序列是(　　)。

  A. $v_1v_3v_4v_6v_2v_5v_6v_7$ B. $v_1v_3v_2v_6v_4v_5v_6v_7$

  C. $v_1v_3v_4v_5v_2v_6v_7$ D. $v_1v_2v_5v_3v_4v_6v_7$

15. 在有向图 G 的拓扑序列中，若顶点 v_i 在顶点 v_j 之前，则下列情形不可能出现的是(　　)。

  A. G 中有弧 $<v_i, v_j>$ B. G 中有一条从 v_i 到 v_j 的路径

  C. G 中没有弧 $<v_i, v_j>$ D. G 中有一条从 v_j 到 v_i 的路径

16. 关键路径是 AOE-网中(　　)。

  A. 从源点到汇点的最长路径   B. 从源点到汇点的最短路径

  C. 最长回路   D. 最短回路

17. 下列关于求关键路径的说法中，不正确的是(　　)。

  A. 求关键路径是以拓扑排序为基础的

  B. 一个事件的最早开始时间同以该事件为尾的弧的活动的最早开始时间相同

  C. 一个事件的最迟开始时间为以该事件为尾的弧的活动的最迟开始时间与该活动的持续时间的差

  D. 关键活动一定位于关键路径上

18. 下列关于 AOE-网的叙述中，不正确的是(　　)。

A. 关键活动不按期完成就会影响整个工程的完成时间

B. 任何一个关键活动提前完成，那么整个工程将会提前完成

C. 所有的关键活动提前完成，那么整个工程将会提前完成

D. 某些关键活动提前完成，那么整个工程将会提前完成

二、填空题

1. 判断一个无向图是一棵树的条件是_____。

2. 一个连通图的_____是一个极小连通子图。

3. 若用 n 表示图中顶点数目，则有_____条边的无向图即为完全图。

4. 设无向图 G 有 n 个顶点和 e 条边，每个顶点 v_i 的度为 d_i ($1 \leq i \leq n$)，则 $e =$_____。

5. G 是一个非连通无向图，共有 28 条边，则该图至少有_____个顶点。

6. 在有 n 个顶点的有向图中，若要使任意两点间可以互相到达，则至少需要_____条弧。

7. 在有 n 个顶点的有向图中，每个顶点的度最大可达_____。

8. 设 G 为具有 n 个顶点的无向连通图，则 G 中至少有_____条边。

9. 如果含 n 个顶点的图形形成一个环，则它有_____棵生成树。

10. 具有 n 个顶点的连通图的生成树含有_____条边。

11. 构造有 n 个结点的强连通图，其至少有_____条弧。

12. n 个顶点的连通图用邻接矩阵表示时，该矩阵至少有_____个非零元素。

13. 在有向图的邻接矩阵表示中，计算第 i 个顶点入度的方法是_____。

14. 已知无向图 $G = (V, E)$，其中 $V = \{a, b, c, d, e\}$，$E = \{(a,b),(a,d),(a,c),(d,c),(b,e)\}$。现用某一种图遍历方法从顶点 a 开始遍历图，得到的序列为 $abecd$，则采用的是_____遍历方法。

15. 为了实现图的广度优先搜索，除需一个标志数组标志已访问的图的结点外，还需_____存放被访问的结点以实现遍历。

16. 普里姆算法适用于求_____的网的最小生成树；克鲁斯卡尔算法适用于求_____的网的最小生成树。

17. 有向图 G 可拓扑排序的判别条件是_____。

18. 迪杰斯特拉最短路径算法从源点到其余各顶点的最短路径的路径长度按_____次序依次产生，该算法弧上的权出现_____情况时，不能正确产生最短路径。

19. 有向图 $G = (V, E)$，其中 $V(G) = \{0,1,2,3,4,5\}$，用 $<a,b,d>$ 三元组表示弧 $<a,b>$ 及弧上的权 d，$E(G)$ 为 $\{<0,5,100>,<0,2,10>,<1,2,5>,<0,4,30>,<4,5,60>,<3,5,10>,<2,3,50>,<4,3,20>\}$，则从源点 0 到顶点 3 的最短路径长度是_____，经过的中间顶点是_____。

第11章 查 找

前文介绍了各种线性和非线性的数据结构,并讨论了这些数据结构的相应运算,如查找运算。查找运算在实际中被广泛使用。例如,一些面向数据量很大的实时系统,如订票系统、互联网上的信息检索系统等,查找运算被大量使用且用户非常注重查找效率。本章针对查找运算,重点讨论采用何种数据结构,使用什么方法,并通过效率分析来比较各种查找算法在不同情况下的优劣。

11.1 查找表

查找表(search table)是由同一类型的数据元素(或记录)构成的集合。因为集合中的数据元素之间存在着完全松散的关系,所以查找表是一种非常灵便的数据结构。

对查找表经常进行的操作有:①查询某个特定的数据元素是否在查找表中;②检索某个特定的数据元素的各种属性;③在查找表中插入一个数据元素;④从查找表中删去某个数据元素。若对查找表只进行前两种统称为查找的操作,则称此类查找表为**静态查找表**(static search table)。若在查找过程中同时插入查找表中不存在的数据元素,或者从查找表中删除已存在的某个数据元素,则称此类表为**动态查找表**(dynamic search table)。

在日常生活中,人们每天都会进行"查找"工作。例如,在电话号码簿中查阅某单位或某人的电话号码;在字典中查阅某个词的读音和含义等。其中电话号码簿和字典都可以视作一张查找表。

在各种系统软件或应用软件中,查找表也是最常见的结构之一,如编译程序中的符号表、信息处理系统中的信息表等。

综上,查找是指在一个含有众多的数据元素(或记录)的查找表中找出某个特定的数据元素(或记录)。

为了便于讨论,必须给出这个"特定的"词的确切含义。首先引入"关键字"的概念。

关键字是数据元素(或记录)中某个数据项的值,用以标识(识别)一个数据元素(或记录)。若此关键字可以唯一地标识一个记录,则称此关键字为**主关键字**(对不同的记录,其主关键字均不同)。反之,称用以识别若干记录的关键字为**次关键字**。当数据元素只有一个数据项时,其关键字即为该数据元素的值。

查找(searching)指根据给定的某个值,在查找表中确定一个(一组)其关键字等于给定值的记录或数据元素。若表中存在这样的一个记录，则称查找成功，此时查找的结果为给出整个记录的信息，或指示该记录在查找表中的位置；若表中不存在关键字等于给定值的记录，则称查找不成功，此时查找的结果可给出一个"空"记录或"空"指针。

例如，当用计算机处理大学生个人信息时，全部学生的信息可以用如表 11-1 所示的表结构储存在计算机中。表中的每一行为一个记录，学生的学号为记录的关键字。假设给定值为2023010134，则通过查找可得学生王炳*的性别和录取分数，此时查找是成功的。若给定值为2023010225，由于表中没有关键字为 2023010225 的记录，则查找不成功。

表 11-1　学生信息表

序号	学号	姓名	性别	录取分数
1	2023010133	李湘*	男	588
2	2023010134	王炳*	男	602
3	2023010135	张敏*	女	578
4	2023010136	田长*	女	590
5	2023010137	高 *	男	610

如何进行查找呢？显然，在一个结构中查找某个数据元素的过程依赖于这个数据元素在结构中所处的位置。因此，对表进行查找的方法取决于表中数据元素是依何种关系(这个关系是人为加上的)组织在一起的。例如，查电话号码时，电话号码簿是按用户(集体或个人)的名称(或姓名)分类且依笔划顺序编排的，所以查找的方法就是先顺序查找待查用户的所属类别，然后在此类中顺序查找，直到找到该用户的电话号码为止。又如，查阅英文单词时，由于字典是按单词的字母在字母表中的次序编排的，所以查找时不需要从字典中的第一个单词比较起，而只要根据待查单词中每个字母在字母表中的位置查找即可。

同样，在计算机中进行查找的方法也随数据结构的不同而不同。正如前所述，本章讨论的查找表是一种非常灵便的数据结构。但也正是表中数据元素之间仅存在着"同属一个集合"的松散关系，给查找带来不便。为此，需要在数据元素之间人为地加上一些关系，以便按某种规则进行查找，即以另一种数据结构来表示查找表。本章分别就静态查找表和动态查找表两种抽象数据类型讨论其表示和操作实现的方法。本章中涉及的关键字类型和数据元素类型统一说明如下。

典型的关键字类型如下。

```
typedef float KeyType;        //实型
typedef int KeyType;          //整型
typedef char * KeyType;       //字符串型
```

数据元素类型定义为

```
typedef struct {
    KeyType key;              //关键字域
    …                        //其他域
}SelemType;
```

对两个关键字的比较约定为如下的宏定义。

```
   //--对数值型关键字
#define EQ(a, b)  ((a) == (b))
#define LT(a, b)  ((a) < (b))
#define LQ(a, b)  ((a) <= (b))
…
//--对字符串型关键字
#define EQ(a, b)  (!strcmp((a), (b)))
#define LT(a, b)  (strcmp((a), (b)) < 0)
#define LQ(a, b)  (strcmp((a), (b)) <= 0)
…
```

11.2 静态查找表

静态查找表的抽象数据类型定义如下。

```
ADT StaticSearchTable {
    数据对象 D：D 是具有相同特性的数据元素的集合。每个数据元素含有类型相同的关键字，可唯一标识
            数据元素。
    数据关系 R：数据元素同属一个集合。
    基本操作 P：
      Create(&ST, n)
      操作结果：构造一个含 n 个数据元素的静态查找表 ST。
      Destroy(&ST)
      初始条件：静态查找表 ST 存在。
      操作结果：销毁表 ST。
      Search(ST, key)
        初始条件：静态查找表 ST 存在，key 为与查找表中元素的关键字类型相同的给定值。
        操作结果：若 ST 中存在其关键字等于 key 的数据元素，则函数值为该元素的值或在表中的位置，
                否则为"空"。
      Traverse(ST, Visit())
        初始条件：静态查找表 ST 存在，Visit()是对元素操作的应用函数。
        操作结果：按某种次序对 ST 的每个元素调用 Visit()一次且仅一次。一旦 Visit()失败，则操
                作失败。
} ADT StaticSearchTable
```

静态查找表可以有不同的表示方法，在不同的表示方法中，实现查找操作的方法也不同。

11.2.1 顺序表的查找

以顺序表或线性链表表示静态查找表，则 search 函数可用顺序查找算法来实现。本节讨论
它在顺序存储结构模块中的实现如下。

```
//-----静态查找表的顺序存储结构-----
typedef struct {
  ElemType *elem;
   //数据元素存储空间基址,建表时按实际长度分配,0 号单元留空
  int length;      //表的长度
} SSTable;
//----- 数据元素类型的定义-----
typedef struct {
  keyType key;    //关键字域
  ...               //其他属性域
} ElemType,TelemType;
```

下面讨论顺序查找的实现。

顺序查找的过程如下:从表的一端开始,逐个进行记录的关键字和给定值的比较,若某个记录的关键字和给定值相等,则查找成功,返回该记录所在的下标;反之,若直到所有记录都比较完毕,仍找不到与给定值相等的记录,则表明查找失败,返回特定的值,查找实例可参考 2.2.3 节 LocateElem 部分图 2-2 及图 2-3。查找过程可描述如下。

```
int Search_Seq1(ElemType A[ ], int n, KeyType k){
  //从表头元素A[0]开始顺序向后查找,若查找成功,则函数值为该元素在表中的位置,
  //否则函数值为-1
  for (int i=0;i<n;i++)
     if (A[i].key == k) break;
  if (i < n) return i;
  else return -1;
} //Search_Seq
```

上述算法可改进,在表的尾端设置一个"岗哨"(也可在表的头部设置"哨岗"),即在查找之前把给定值 k 赋给数组 A 中第 n 个位置的关键字域,这样每循环一次只需要进行元素比较,不需要比较下标是否越界,当比较到第 n 个位置时,由于 $A[n].key = k$ 必然成立,将自然退出循环。改进后的算法描述如下。

```
int Search_Seq2(ElemType A[],int n,KeyType k) {
  A[n].key = k;     //设置岗哨
  for (int i = 0; ;i++)
     if (A[i].key == k)  break;
  if (i < n) return i;
  else return -1;
}
```

改进后的算法省略了对下标越界的检查,所以提高了算法的执行速度。但是,改进后的数组长度 MaxSize 值应大于等于 $n+1$。

度量一个查找算法的性能需要从时间和空间两个方面进行比较。对于查找算法,最重要的

操作是关键字的比较，比较操作的次数决定了算法的时间效率，因此引入平均查找长度作为衡量算法时间效率的标准。平均查找长度(average search length，ASL)是指在查找过程中，为确定目标的位置，需要进行关键字比较次数的期望值。平均查找长度的计算方法是

$$ASL = \sum_{i=1}^{n} P_i C_i \tag{11-1}$$

其中，$P_i C_i$ 分别为第 i 个元素的被查找概率和查找成功或不成功时和关键字比较过的次数(称为查找长度)。若不特别指明，均认为查找每个元素的概率相同，即 $P_1 = P_2 = \cdots = P_n = \dfrac{1}{n}$，此时平均查找长度的计算公式可简化为

$$ASL = \frac{1}{n} \sum_{i=1}^{n} C_i \tag{11-2}$$

例如，本节 Search_Seq 1 算法中在具有 n 个元素的线性表上顺序查找其关键字等于 K 的元素时，若查找第一个记录，只需 1 次比较，查找长度为 1；若查找第 i 个记录，查找长度为 i，即 $C_i = i$，所以平均查找长度为

$$\sum_{i=1}^{n} P_i C_i = \frac{1}{n} \sum_{i=1}^{n} i = \frac{n+1}{2} \tag{11-3}$$

对应的时间复杂度为 $O(n)$。

在不等概率查找的情况下，如果已知每个数据元素的概率，则当 $P_n \leqslant P_{n-1} \leqslant \cdots \leqslant P_2 \leqslant P_1$ 时，ASL 取极小值。为提高查找效率，上述算法中查找概率大的记录应该放在表首。

顺序查找的缺点是速度慢，优点是既适用于顺序表，也适用于单链表。另外，顺序表不要求表中的元素必须有序，这给插入新元素带来了方便；因为不需要为新元素寻找插入位置和移动原有元素，只需把它加入表尾或表头即可。

11.2.2　有序表的查找

上述顺序查找表中的查找算法简单，但平均查找长度较大，特别不适用于表长较大的查找表。若以有序表表示静态查找表，则查找过程可以基于"折半"进行，search 函数可用折半查找来实现。

折半查找又称为二分查找。作为折半查找对象的表必须是顺序存储的有序表，通常假定有序表是按关键字非递减有序的。若关键字为数值，则按数值有序；若关键字为字符，则按对应的 ASCII 码有序；若关键字为汉字，则按汉字区位码有序。

折半查找的查找过程如下：首先取整个有序表 $A[0] \sim A[n-1]$ 的中位元素 $A[mid]$(其中 $mid=(n-1)/2$)的关键字与给定值 k 比较，若相等，则查找成功，返回该元素的下标 mid。否则，若 $k<A[mid].key$，说明待查元素若存在，则只可能落在左子表 $A[0] \sim A[mid-1]$ 中，接着只要在左子表中继续进行折半查找即可；若 $k>A[mid].key$，说明待查元素若存在，则只可能落在右子表 $A[mid+1] \sim A[n-1]$ 中，接着只要在右子表中继续进行折半查找即可。这样经过一次关键字的比较，就可以缩小一

半查找空间，依次类推，直到找到关键字为 k 的元素，或者当前查找空间为空(即表明查找失败)时止。

例如，假定有序表 A 中有 10 个元素，分别是 3、8、11、19、23、37、41、55、63、94。

现在要查找关键字为 19 和 60 的数据元素，假定 low 和 high 分别指示待查元素所在范围的下界和上界，mid 表示当前的中位位置，即 $mid = \lfloor (low + high) / 2 \rfloor$。

(1) 给定值 k=19 的查找过程如下。

$$3 \quad 8 \quad 11 \quad 19 \quad 23 \quad 37 \quad 41 \quad 55 \quad 63 \quad 94$$
$$\uparrow low \qquad\qquad\quad \uparrow mid \qquad\qquad\qquad\quad \uparrow high$$

首先让 $A[mid]$.key 与给定值 k 比较，因为 $A[mid]$.key>k，说明待查元素若存在则必在区间[low, mid-1]内，改变 high 的指向，重新求得 mid 的值。

$$3 \quad 8 \quad 11 \quad 19 \quad 23 \quad 37 \quad 41 \quad 55 \quad 63 \quad 94$$
$$\uparrow \quad \uparrow \qquad \uparrow$$
$$low \quad mid \qquad high$$

让 $A[mid]$.key 与给定值 k 比较，因为 $A[mid]$.key<k，说明待查元素若存在必在区间[mid+1, high]内，则改变 low 的指向，重新求得 mid 的值。

$$3 \quad 8 \quad 11 \quad 19 \quad 23 \quad 37 \quad 41 \quad 55 \quad 63 \quad 94$$
$$\uparrow \quad \uparrow$$
$$low \quad high$$
$$\uparrow$$
$$mid$$

以此类推，当比较 $A[mid]$.key 与给定值 k 相等时，查找成功，所查元素在表中的序号就是 mid 的值。

(2) key = 60 的查找过程如下。

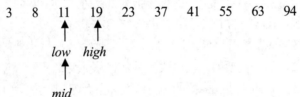

$A[mid]$.key<k，令 $low = mid$+1。

$A[mid]$.key<k，令 $low = mid$+1。

$A[mid]$.key>k，令 $high = mid$-1。

$$3 \quad 8 \quad 11 \quad 19 \quad 23 \quad 37 \quad 41 \quad 55 \quad 63 \quad 94$$
$$\uparrow high \uparrow low$$

此时 low>$high$，说明表中没有关键字等于 k 的元素，查找不成功。

上述折半算法的查找过程可描述如下。

```
int Search_Bin(ElemType A[ ],int n,KeyType k){
    int low = 0,high = n-1;              //给区间的上界和下界赋初值
    while (low <= high){
     int mid = (low + high)/2;           //中位mid的初值
     if (A[i].key == k)                  //若查找成功，则返回元素下标
        return mid;
     else
       if (k < A[mid].key)               //修改区间上界，使其在左子表中继续查找
         high = mid-1;
       else                              //修改区间下界，使其在右子表中继续查找
         low = mid+1;
    }
    return -1;                           //若查找失败，则返回-1
} //Search_Bin
```

可以用二叉树来描述折半查找的过程，称为折半查找树。树中的每个根结点对应查找区间的中位元素 $A[mid]$，它的左子树和右子树分别对应该区间的左子表和右子表。如图11-1所示。

二叉树的深度是折半查找需要的比较次数，所以对于一次查找，无论成功还是失败，折半查找需要的比较次数都不会超过 $\lfloor \log_2 N \rfloor + 1$。也可以证明对于折半查找，平均查找长度为 $O(\log N)$。

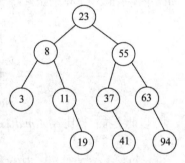

图 11-1　折半查找树

11.2.3　索引顺序表的查找

在建立顺序表的同时，建立一个索引，此时的顺序表称为索引顺序表。若以索引顺序表表示静态查找表，则 search 函数可用分块查找来实现。

分块查找又称为索引顺序查找，是顺序查找的一种改进方法。在此查找法中，除表本身外，还需要建立一个"索引表"。如图11-2所示，就是一个表及其索引表，表中含有 18 个元素，可分为 3 个子表($R_1, R_2, \cdots, R_6$)、($R_7, R_8, \cdots, R_{12}$)、($R_{13}, R_{14}, \cdots, R_{18}$)。对每个子表(或称为块)建立一个索引项，其中包括两项内容：最大关键字和起始位置。

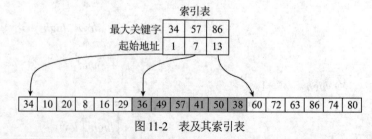

图 11-2　表及其索引表

由索引项组成的索引表按关键字有序，则表或者有序，或者分块有序。所谓"分块有序"

指的是第二个子表中所有记录的关键字均大于第一个子表中的最大关键字，第三个子表中的所有关键字均大于第二个子表中的最大关键字，以此类推。

因此，分块查找过程要分两步进行。先确定待查元素所在的块(子表)，然后在块中顺序查找。

假定要在如图 11-2 所示的索引表中查找关键字 $k=41$ 的数据元素。

首先，将 k 与索引表中各最大关键字依次比较，因为 $34<k<57$，则关键字若存在，则必定在第二个子表中，由于第二个子表的第一个记录是表中的第 7 个记录，所以自第 7 个记录起进行顺序查找，直到子表结束。如果此子表中没有关键字等于 k 的记录，则查找不成功。

由于索引表按关键字有序，确定块的查找可以用顺序查找，也可以用折半查找。若块中的记录是无序排列的，则在块中只能用顺序查找。所以，分块查找的算法即为这两种查找算法的组合。

分块查找的平均查找长度为查找索引表确定所在块的平均查找长度和在块中查找元素的平均查找长度之和，即

$$ASL_{bs} = L_b + L_w \tag{11-4}$$

其中，L_b 就是查找索引表确定所在块的平均查找长度，L_w 就是在块中查找元素的平均查找长度。

一般情况下，进行分块查找时，可以将长度为 n 的表均匀地分成 b 块，每块含有 s 个记录，即 $b=n/s$。再假定表中每个记录的查找概率相等，则每块查找的概率为 $1/b$，块中每个记录的查找概率为 $1/s$。

若用顺序查找确定所在块，则分块查找的平均查找长度为

$$ASL_{bs} = L_b + L_s = \frac{1}{b}\sum_{j=1}^{b} j + \frac{1}{s}\sum_{i=1}^{s} i = \frac{b+1}{2} + \frac{s+1}{2} = \frac{1}{2}\left(\frac{n}{s}+s\right)+1 \tag{11-5}$$

可见，此时的平均查找长度不仅和表长 n 有关，而且和每一块中的记录个数 s 有关。在给定 n 的前提下，s 是可以选择的。容易证明，当 s 取 $\sqrt{n}$ 时，ASL_{bs} 取最小值 $\sqrt{n}+1$。这个值比顺序查找有了很大的改进，但远不及折半查找。

若用折半查找确定所在块，则分块查找的平均查找长度为

$$ASL_{bs} \approx \log_2\left(\frac{n}{s}+1\right)+\frac{s}{2} \tag{11-6}$$

经过上述讨论后，将静态链表的顺序查找法、折半查找法、分块查找法的对比结果总结在表 11-2 中。

表 11-2　静态查找表查找方法的比较

查找方法	顺序查找	折半查找	分块查找
ASL	最大	最小	两者之间
表结构	有序表、无序表	有序表	分块有序表
存储结构	顺序存储结构、线性链表	顺序存储结构	顺序存储结构、线性链表

11.3 动态查找表

本节讨论动态查找表的表示和实现。动态查找表的特点是，表结构本身是在查找过程中动态生成的，即对于给定值 key，若表中存在其关键字等于 key 的记录，则查找成功返回，否则插入关键字等于 key 的记录。

动态查找表的抽象数据类型定义如下。

```
ADT DynamicSearchTable {
    数据对象 D：D 是具有相同特性的数据元素的集合。各数据元素均含有类型相同，可唯一标识数据元素
                的关键字。
    数据关系 R：数据元素同属一个集合。
    基本操作 P：
      InitDSTable(&DT)
        操作结果：构造一个空的动态查找表 DT。
      DestroyDSTable(&DT)
       初始条件：动态查找表 DT 存在。
       操作结果：销毁动态查找表 DT。
      SearchDSTable(DT, key)
        初始条件：动态查找表 DT 存在，key 为和关键字类型相同的给定值。
        操作结果：若 DT 中存在其关键字等于 key 的数据元素，则函数值为该元素的值或在表中的位置，
                 否则为"空"。
      InsertDSTable(&DT, e)
        初始条件：动态查找表 DT 存在，e 为待插入的数据元素。
        操作结果：若 DT 中不存在其关键字等于 e.key 的数据元素，则插入 e 到 DT 中。
      DeleteDSTable(&DT, key)
        初始条件：动态查找表 DT 存在，key 为和关键字类型相同的给定值。
        操作结果：若 DT 中存在其关键字等于 key 的数据元素，则将其删除。
      TraverseDSTable(DT, Visit())
        初始条件：动态查找表 DT 存在，Visit() 是对结点操作的应用函数。
        操作结果：按某种次序对 DT 中的每个结点调用函数 Visit() 一次且至多一次。一旦 Visit() 失
                 败，则操作失败。
}ADT DynamicSearchTable
```

动态查找表也可以有不同的表示方法。本节中将讨论以各种树结构表示时的实现方法。

11.3.1 二叉排序树

1. 二叉排序树及其查找过程

二叉排序树或者是一棵空树，或者是具有下列性质的二叉树：①若它的左子树不空，则左子树上所有结点的值均小于它的根结点的值；②若它的右子树不空，则右子树上所有结点的值均大于它的根结点的值；③它的左、右子树也分别为二叉排序树。

例如，图 11-3 即为一棵二叉排序树。

由二叉排序树的定义可知，若对二叉排序树进行中序遍历，则得到一个有序序列。如图 11-4 所示二叉排序树，其中序序列为：10，20，23，25，30，35，40，45，80，85，88，90。

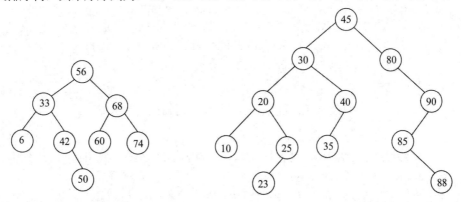

图 11-3　二叉排序树 1　　　　　　　　　图 11-4　二叉排序树 2

二叉排序树又称为二叉查找树，根据上述定义的结构特点可知，它的查找过程是，当二叉排序树不空时，首先将给定值和根结点的关键字进行比较，若相等，则查找成功，否则将依据给定值和根结点的关键字之间的大小关系，分别在左子树或右子树上继续进行查找。通常，可使用二叉链表作为二叉排序树的存储结构，查找算法如下。

```
BiTree Search_BST(BiTree T,KeyType k){
    //在根指针 T 所指的二叉排序树中递归查找关键字为 k 的数据元素
    //若查找成功，则返回指向该元素的指针，否则返回空指针
    if ( ( !T ) || ( T->data.key = k) ) return ( T );
    else
        if (T->data.key > k) return ( Search_BST (T->lchild,k));
        else return ( Search_BST (T->rchild,k));
} //Search_BST
```

以图 11-3 为例，查找 k=60 的数据元素。

首先将 k 和根结点的关键字进行比较，k>56，则查找以 68 为根结点的右子树，此时右子树不空；k<68，则继续查找以 60 为根结点的左子树，由于 k 与根结点关键字相等，查找成功。

2. 二叉排序树的插入与删除

二叉排序树是一种动态树表，树的结构通常不是一次生成的，而是在查找过程中，当树中不存在关键字等于给定值的结点时进行插入。新插入的结点一定是一个叶子结点，并且是查找不成功时查找路径上访问的最后一个结点的左孩子结点或右孩子结点。因此，将二叉排序树的查找算法进行修改，以便能在查找不成功时返回插入位置。算法如下。

```
Status SearchBST(BiTree T,KeyType k,BiTree f,BiTree &p){
    //在根指针 T 所指的二叉排序树中递归查找关键字为 k 的数据元素
    //若查找成功，则指针 p 指向该元素，并返回 TRUE
    //否则，指针 p 指向查找路径上访问的最后一个结点并返回 FALSE
```

```
                    //指针 f 指向 T 的双亲，其初值为 NULL
    if ( !T ) { p=f;return FALSE;}
    else
        if (T->data.key == k) { p = T;return TRUE;}
        else
            if (T->data.key > k)  SearchBST(T->lchild,k,T,p);
            else SearchBST(T->rchild,k,T,p);
} //SearchBST
```

以上述二叉排序树的查找算法为基础，二叉排序树的插入算法如下。

```
Status Insert_BST(BiTree &T, ElemType e) {
    //当二叉排序树 T 中不存在关键字等于 e.key 的数据元素时，插入 e 并返回 TRUE，否则返回 FALSE
    if (!Search_BST(T,e.key,NULL,p)) {          //查找不成功
      s = (BiTree) malloc (sizeof ( BiTNode));
      s->data = e;s->lchild = s->rchild = NULL;
      if (!p)  T = s;//被插结点*s 为新的根结点
      else
        if (p->data.key > e.key) p->lchild = s;   //被插结点*s 为左孩子
        else p->rchild = s;                       //被插结点*s 为右孩子
        return TRUE;
    }
        else return FALSE;                        //树中已有关键字相同的结点，不再插入
} //Insert_BST
```

若从空树出发，经一系列的查找插入操作之后，可生成一棵二叉排序树。设查找的关键字序列是{45, 24, 53, 45, 12, 24, 90, 48, 78}，则生成的二叉排序树如图 11-5 所示。

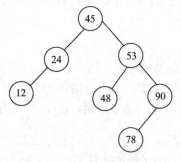

图 11-5   二叉排序树示例

二叉排序树的删除操作比插入操作要复杂一些，插入结点时，被插入的结点都连接到树中的叶子结点上，不会破坏树的原有结构。而删除结点，删除的有可能不是叶子结点，当删除分支结点时，会破坏原二叉排序树结点间的关系，需要重新修改指针，使删除后仍为一棵二叉排序树。

下面分 3 种情况进行讨论：删除叶子结点、删除单支结点、删除双支结点。

(1) 删除叶子结点。

删除二叉排序树中的叶子结点不会影响二叉树中其余结点的结构关系,只要删除指定结点,并将其双亲结点中链接到它的指针域置为空即可。例如,如图 11-6(a)所示的二叉排序树,删除结点 30 后,得到图 11-6(b)所示的结果。

(2) 删除单支结点。

单支结点指只有左子树或只有右子树的分支结点。在删除指定的单支结点后,将孩子结点连同其子树一起移到该结点原所在的链接位置,即在找到欲删除的单支结点后,将其双亲结点中指向该结点的指针,修改为指向单支结点的孩子结点的指针即可。例如,在如图 11-6(a)所示的二叉排序树中,删除结点 34,把它的整棵左子树上移,用结点 28 替代被删结点 34 的位置,即修改结点 22 的右孩子指针,使其指向结点 28。删除后的结果如图 11-7 所示。

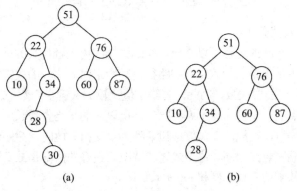

图 11-6　在二叉排序树中删除 30

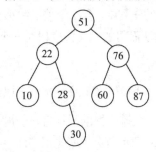

图 11-7　删除单支结点 34 后的二叉排序树

(3) 删除双支结点。

双支结点是指同时具有左、右子树的分支结点。处理的原则是,删除该结点后仍然保持二叉排序树的特性。实现的方法不止一种,通常采用的一种方法是删除双支结点后,将其中序前驱结点移至其原位置。具体的操作步骤如下。

① 把待删除双支结点的中序前驱结点值赋给该双支结点。

② 删除双支结点的中序前驱结点。

③ 把中序前驱结点的左孩子连同其子树一起移到中序前驱结点的链接位置。

例如,如图 11-8(a)所示的二叉排序树,删除元素 55 之前的二叉排序树的中序序列是 34, 39, 40, 55, 60,…;结点 55 的中序前驱为结点 40;则用 40 替代 55,而结点 40 必为结点 55 左子树中最右下的结点,即结点 40 无右子树。然后按照删除单支结点的规则删除结点 40 即可。删除元素 55 之后的二叉排序树如图 11-8(b)所示,其中序序列是 34, 39, 40, 60, 81,…。

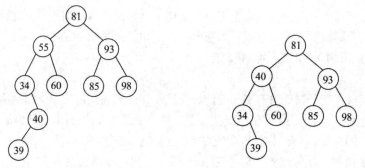

(a) 删除元素55之前的二叉排序树 　　　　(b) 删除元素55之后的二叉排序树

图 11-8　删除双支结点 55 的二叉排序树

3. 二叉排序树的查找分析

从图 11-3 中查找 $k=60$ 的过程可以看出，在二叉排序树上查找其关键字等于给定值的结点的过程，恰是走了一条从根结点到该结点的路径，和给定值 k 比较的关键字个数等于路径的长度加 1，也就是结点所在的层次数，因此，与给定值比较的关键字个数不超过树的深度。

由于含有 n 个结点的二叉排序树形态不唯一，所以它的平均查找长度和树的形态有关。当依次插入的关键字有序时，构成的二叉排序树蜕变为单支树。此时，树的深度为 n，其平均查找长度为 $(n+1)/2$，与顺序查找相同，这是最差的情况。最好的情况是二叉排序树的形态和折半查找的判定树相似，其平均查找长度和 $\log_2 n$ 成正比。

下面从平均查找长度方面分析二叉排序树的平均性能。

假设在含有 $n(n \geqslant 1)$ 个关键字的序列中，第 i 个关键字小于第一个关键字，第 $n-i-1$ 个关键字大于第一个关键字，则由此构造而得的二叉排序树在 n 个记录的查找概率相等的情况下，平均查找长度为

$$P(n,i) = \frac{1}{n}[1 + i(P(i)+1) + (n-i-1)(P(n-i-1)+1)] \tag{11-7}$$

其中，$P(i)$ 为含有 i 个结点的二叉排序树的平均查找长度，则 $P(i)+1$ 是查找左子树中每个关键字时所用的比较次数的平均值，$P(n-i-1)+1$ 是查找右子树中每个关键字时所用比较次数的平均值。

假定任意一个关键字在序列中成为第 1 个、第 2 个、$\cdots$、或第 n 个关键字的概率相同，则对式(11-7)从 $i=0$ 到 $i=n-1$ 取平均值，则

$$P(n) = \frac{1}{n}\sum_{i=0}^{n-1}P(n,i) = 1 + \frac{1}{n^2}\sum_{i=0}^{n-1}[iP(i) + (n-i-1)P(n-i-1)] \tag{11-8}$$

显然，式(11-8)中括号中的第一项和第二项是对称的，又因为 $i=0$ 时 $iP(i)=0$，所以式(11-8)可改写为

$$P(n) = 1 + \frac{2}{n^2}\sum_{i=1}^{n-1}iP(i), \quad n \geqslant 2 \tag{11-9}$$

显然，$P(0) = 0$，$P(1) = 1$。

由式(11-9)可以推导出

$$\sum_{j=0}^{n-1}jP(j)=\frac{n^2}{2}[P(n)-1]$$

又

$$\sum_{j=0}^{n-1}jP(j)=(n-1)P(n-1)+\sum_{j=0}^{n-2}jP(j)$$

可得

$$\frac{n^2}{2}[P(n)-1]=(n-1)P(n-1)+\frac{(n-1)^2}{2}[P(n-1)-1]$$

即

$$P(n)=\left(1-\frac{1}{n^2}\right)P(n-1)+\frac{2}{n}-\frac{1}{n^2} \tag{11-10}$$

由式(11-10)和 $P(1)=1$ 可以推出

$$P(n)=2\frac{n+1}{n}\left(\frac{1}{2}+\frac{1}{3}+\cdots+\frac{1}{n+1}\right)-1=2\left(1+\frac{1}{n}\right)\left(\frac{1}{2}+\frac{1}{3}+\cdots+\frac{1}{n}\right)+\frac{2}{n}-1$$

当 $n\geq2$ 时

$$P(n)\leqslant2\left(1+\frac{1}{n}\right)\ln n \tag{11-11}$$

由此可见，随机情况下，二叉排序树的平均查找长度和 $\log n$ 是等数量级的。然而，在某些情况下，尚须在构成二叉排序树的过程中进行"平衡化"改进，构造二叉平衡树。

11.3.2 平衡二叉树

1. 二叉排序树的缺点与改进

对于每一棵特定的二叉排序树，均可按照平均查找长度的定义来求它的平均查找长度 *ASL* 值。然而即使同样的 n 个关键字，由于输入序列顺序不同，构造所得的二叉排序树形态不同，其平均查找长度也不同，甚至差别很大。

例如，由关键字序列 3，1，2，5，4 构造而得的二叉排序树，如图 11-9 所示。其 *ASL* 值为 (1+2+3+2+3)/5=2.2。

由关键字序列 1，2，3，4，5 构造而得的二叉排序树，如图 11-10 所示。其 *ASL* 值为(1+2+3+4+5)/5=3。

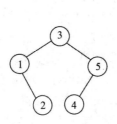

图 11-9　二叉排序树 1

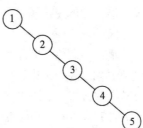

图 11-10　二叉排序树 2

二叉排序树的缺点是树的结构事先无法预料。它不仅与结点的值有关，还与结点的插入次序有关。有时会得到一棵很不平衡的二叉树，当二叉树与理想的平衡状态相差越远，树的高度越高时，其运算的时间就越长。最坏的情况下，二叉树退化成单链表，其时间复杂度由$O(\log n)$变为$O(n)$。

如何对二叉排序树进行改进？希望由任何初始序列构成的二叉排序树都是“平衡”树。

2. 平衡二叉树的定义

平衡二叉树(AVL 树)，也称为平衡的二叉排序树、二叉平衡树，是指每个结点的左、右子树深度之差的绝对值不大于 1，即$|h_L - h_R| \leqslant 1$的二叉排序树。结点的平衡因子 BF(balance factor)定义为其左子树的高度减右子树的高度。平衡二叉树上所有结点的平衡因子只可能是-1、0 和 1。只要二叉树上有一个结点的平衡因子的绝对值大于 1，则该二叉树就是不平衡的。

例如，在图 11-11 中所示的二叉排序树中，(a)为平衡二叉树，(b)(c)为非平衡二叉树。

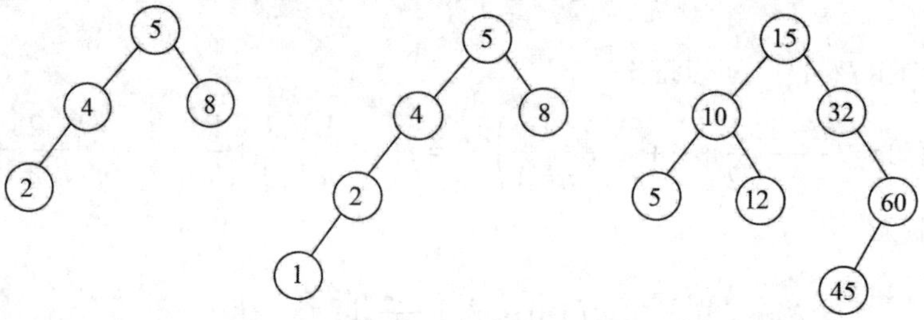

(a) 平衡树　　(b) 非平衡树　　(c) 非平衡树

图 11-11　平衡二叉树与非平衡二叉树

希望由任何初始序列构成的二叉排序树都是 AVL 树。因为 AVL 树上任何结点的左右子树的深度之差都不超过 1，可以证明它的深度和 $\log N$ 是同数量级的(其中 N 为结点个数)。由此，它的平均查找长度也和 $\log N$ 同数量级。

3. 平衡二叉树的生成

如何生成平衡二叉树呢？即如何在动态插入结点的过程中，使构成的二叉排序树始终保持平衡呢？先看如图 11-12 所示实例。假设关键字序列为(13，24，37，90，53)。从空树开始依次插入结点。空树和只含 1 个结点⑬的树显然都是平衡的二叉树。在插入 24 之后仍是平衡的，只是根结点的平衡因子 BF 由 0 变为−1；在继续插入 37 之后，由于结点⑬的 BF 值由−1 变成−2，由此出现了不平衡的现象。此时好比一根扁担出现一头重一头轻的现象，若能将扁担的支撑点由⑬改至㉔，扁担的两头就平衡了。由此，可以对树作一个向左逆时针“旋转”的操作，令结点㉔为根，而结点⑬为它的左孩子，此时，结点⑬和㉔的平衡因子都为 0，而且仍保持二叉排序树的特性。在继续插入 90 和 53 之后，由于结点㊲的 BF 值由−1 变成−2，排序树中出现了新的不平衡的现象，需进行调整。但此时由于结点(53)在结点(90)的左子树上，因此不能如上作简单调整。对于以结点㊲为根的子树来说，既要保持二叉排序树的特性，又要平衡，则必须以(53)作为根结点，而使㊲成为它的左子树的根，(90)成为它的右子树的根。这好比对树做了两次“旋转”操作——先向右顺时针，后向左逆时针(图 11-12(f)～图 11-12 (h))，使二叉排序树由不平衡转化为平衡。

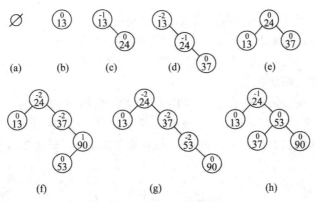

图 11-12 平衡二叉树的生成过程

一般情况下，在生成平衡二叉树的过程中，由于在二叉排序树上插入结点会导致原来平衡的树失去平衡。此时，首先，找到最小不平衡子树。所谓最小不平衡子树，是指以离插入结点最近的且 BF 的绝对值大于 1 的结点为根结点的子树。其次，调整最小不平衡子树(假设以 A 为根结点)，调整规律可归纳为下列 4 种情况。

(1) LL 型：因为在 A 的左孩子的左子树上插入结点而使 A 失去平衡，如图 11-13 所示。插入结点后 A 的左子树 A_L 高为 $h+1$，A 的右子树 A_R 高仍为 $h-1$，根结点 A 的平衡因子为 2，出现不平衡。

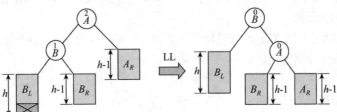

图 11-13 LL 型平衡旋转

此时进行一次向右旋转操作。将 A 的左孩子 B 向右上旋转代替 A 成为根结点，结点 A 向右下旋转成为 B 右子树的根结点，B 的原右子树作为结点 A 的左子树。

调整后各结点大小关系仍满足二叉排序树条件，且各结点的 $|BF|$ 均小于等于 1，平衡关系亦满足平衡二叉树条件，调整成功。

(2) RR 型：因为在 A 的右孩子的右子树上插入结点而使 A 失去平衡，如图 11-14 所示。插入结点后 A 的右子树 A_R 高为 $h+1$，A 的左子树 A_L 高仍为 $h-1$，根结点 A 的平衡因子为 -2，出现不平衡。

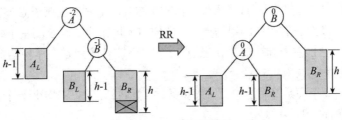

图 11-14 RR 型平衡旋转

此时进行一次向左旋转操作。将 A 的右孩子 B 向左上旋转代替 A 成为根结点，结点 A 向左下旋转成为 B 左子树的根结点，B 的原左子树作为结点 A 的右子树。

调整后各结点大小关系仍满足二叉排序树条件，且各结点的 $|BF|$ 均小于等于 1，平衡关系亦满足平衡二叉树条件，调整成功。

(3) LR 型：因为在 A 的左孩子的右子树上插入结点而使 A 失去平衡，如图 11-15 所示。无论是在 C_L 还在 C_R 上插入结点而使 A 失去平衡，却按 LR 型方式进行调速。插入结点后 A 的左子树 A_L 高为 $h+1$，A 的右子树 A_R 高仍为 $h-1$，根结点 A 的平衡因子为 2，出现不平衡。

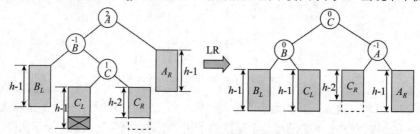

图 11-15 LR 型平衡旋转

此时进行"左旋+右旋"两次旋转操作。第一次左旋，将 B 的右孩子 C 向左上旋转代替 B，结点 B 向左下旋转成为 C 左子树的根结点，C 的原左子树作为结点 B 的右子树。第二次右旋，将 A 当前的左孩子 C 向右上旋转代替 A，结点 A 向右下旋转成为 C 右子树的根结点，C 的原右子树作为结点 A 的左子树。

调整后各结点大小关系仍满足二叉排序树条件，且各结点的 $|BF|$ 均小于等于 1，平衡关系亦满足平衡二叉树条件，调整成功。

(4) RL 型：因为在 A 的右孩子的左子树上插入结点而使 A 失去平衡，如图 11-16 所示。插入结点后 A 的右子树 A_R 高为 $h+1$，A 的左子树 A_L 高仍为 $h-1$，根结点 A 的平衡因子为 -2，出现不平衡。

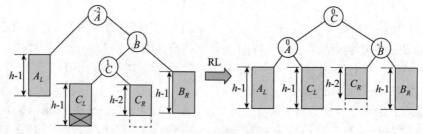

图 11-16 RL 型平衡旋转

此时进行"右旋+左旋"两次旋转操作。第一次右旋，将 B 的左孩子 C 向右上旋转代替 B，结点 B 向右下旋转成为 C 右子树的根结点，C 的原右子树作为结点 B 的左子树。第二次左旋，将 A 当前的右孩子 C 向左上旋转代替 A，结点 A 向左下旋转成为 C 左子树的根结点，C 的原左子树作为结点 A 的右子树。

调整后各结点大小关系仍满足二叉排序树条件，且各结点的 $|BF|$ 均小于等于 1，平衡关系亦满足平衡二叉树条件，调整成功。

上述 4 种情况中，(1)和(2)对称，(3)和(4)对称。旋转操作的正确性容易由"保持二叉排序树的特性：中序遍历所得关键字序列自小至大有序"证明之。同时，从图 11-13 至图 11-16 可见，无论哪一种类型调整，在经过平衡旋转处理之后，以 B 或 C 为根的新子树均为平衡二叉树，而且其深度和插入之前以 A 为根的子树相同，所以上述 4 种类型的调整均不影响插入路径上所有祖先结点的平衡度。因此，当平衡的二叉排序树因插入结点而失去平衡时，仅需对最小不平衡子树进行平衡旋转处理即可。

在平衡的二叉排序树 BBST 上插入一个新元素 e 的递归算法可描述如下。

第一，若 BBST 为空树，则插入一个数据元素为 e 的新结点作为 BBST 的根结点，树的深度增加 1；

第二，若 e 的关键字和 BBST 的根结点关键字相等，则表示查找成功，不进行关键字的插入；

第三，若 e 的关键字小于 BBST 的根结点的关键字，而且在 BBST 的左子树中不存在和 e 有相同关键字的结点，则将 e 插入在 BBST 的左子树上，并且当插入之后的左子树深度增加 1 时，分以下几种情况分别处理：

(1) BBST 的根结点的 BF 为-1：则将根结点的 BF 更改为 0，BBST 深度不变；

(2) BBST 的根结点的 BF 为 0：则将根结点的 BF 更改为 1，BBST 深度增加 1；

(3) BBST 的根结点的 BF 为 1：

若 BBST 的左子树根结点的 BF 为 1：则需进行单向右旋平衡处理，处理后将根结点和其右子树根结点的 BF 更改为 0，树深度不变；若 BBST 的左子树根结点的 BF 为-1：则需进行先向左后向右的 LR 型双向旋转平衡处理，然后修改根结点和其左右子树根结点的平衡因子，树的深度不变。

第四，若 e 的关键字大于 BBST 的根结点的关键字，而且在 BBST 的右子树中不存在和 e 有相同关键字的结点，则将 e 插入在 BBST 的右子树上，并且当插入之后的右子树深度增加 1 时，分别就不同情况处理之。其处理方法与上述第三点所述内容相对称。

平衡二叉树的类型定义如下。

```
Typedef struct BSTNode{
    ElemType data;
    int bf;                          //结点的 BF
    Struct BSTNode * lchild,* rchild;    //左、右孩子指针
}BSTNode,* BSTree;
```

下述两个算法分别描述了在平衡处理中进行右旋操作和左旋操作时修改指针的情况。

```
void R_Rotate(BSTree &p){
    //对以*p 为根的二叉排序树进行右旋处理，处理之后 p 指向新的树根结点，即处理前的左子树的根结点
    lc = p->lchild;                  //lc 指向 p 左子树的根结点
    p->lchild = lc->rchild;          //lc 的右子树挂接为 p 的左子树
    lc->rchild = p; p=lc;            //p 指向新的根结点
}


void L_Rotate (BSTree &p){
    //对以*p 为根的二叉排序树进行左旋处理，处理之后 p 指向新的树根结点，即处理前的右子树的根结点
```

```
    rc = p->rchild;              //rc 指向 p 右子树根的结点
    p->rchild = rc->lchild;      //rc 的左子树挂接为 p 的右子树
    rc->lchild = p;  p = rc;     //p 指向新的根结点
}
```

上述在平衡二叉树 **BBST** 上插入一个新元素 *e* 的递归算法如下。

```
#define LH +1     //左高
#define EH 0      //等高
#define RH -1     //右高
Status InsertAVL(BSTree &T,ElemType e,Boolean &taller){
//若在平衡二叉树 T 中不存在和 e 有相同关键字的结点，则插入一个数据元素为 e 的新结点，并返回 1，
//否则返回 0
//若因插入而失去平衡，则进行平衡处理，布尔变量 taller 反映 T "长高"与否
    if ( !T )  { //插入新结点，树"长高"，置 taller 为 true
        T = (BSTree) malloc (sizeof (BSTNode));
        T->data = e;
        T->lchild = T->rchild = NULL;T->bf = EH;taller = TRUE;
}
else{
    if (e.key = = T->data.key) {     //树中存在与 e 有相同关键字的结点
    taller = false;return 0;}
    if (e.key <T->data.key){         //继续在*T 的左子树中搜索
        if ( !InsertAVL(T->lchild,e,taller)) return 0;  //未插入
        if ( taller)                 //已插入*T 的左子树中，且左子树"长高"
          switch (T->bf) {
              case LH:               //原本左子树比右子树高，需要做平衡处理
                  LeftBalance(T);taller = FALSE;break;
              case EH:               //原本左、右子树等高，现在因左子树增高而使树增高
                  T->bf = LH;  taller = TRUE; break;
              case RH:               //原本右子树比左子树高，现在左、右子树等高
                  T->bf = EH;  taller = FALSE; break;
    }
}
else {                               //继续在*T 的右子树中搜索
    if ( !InsertAVL(T-> rchild,e,taller) ) return 0;
    if ( taller )                    //已插入*T 的右子树且右子树"长高"
        switch ( T->bf ){
            case LH:     //原本左子树比右子树高，现在左、右子树等高
                T->bf = EH; taller = FALSE;  break;
            case EH:     //原本左、右子树等高，现在因右子树增高而使树增高
                T->bf = RH; taller = TRUE;  break;
            case RH:     //原本右子树比左子树高，需要做平衡处理
```

```
            RightBalance(T); taller = FALSE; break;
      }
    }
  }
return 1;
}
```

左旋平衡处理算法如下。

```
void LeftBalance(BSTree &T){
//对以指针 T 为根结点的二叉树做左旋平衡处理，本算法结束时，指针 T 指向新的根结点
  lc = T->lchild;
  switch (lc->bf) {
        case LH:     //新结点插在*T 的左孩子的左子树上，要做单右旋处理
              T -> bf = lc -> bf = EH;
              R_Rotate(T); break;
        case RH:     //新结点插在*T 的左孩子的右子树上，要做双旋处理
              rd = lc->right;
  switch(rd->bf) {
        case LH:T->bf = RH; lc->bf = EH;  break;
        case EH:T->bf = lc->bf = EH;  break;
        case RH:T->bf = EH; lc->bf = LH;  break;
    }
  rd -> bf = EH;
  L_Rotate (T->lchild);
  R_Rotate(T);
  }
}
```

右旋平衡处理的算法与左平衡处理的算法类似。

在平衡树上查找的过程和排序树相同，因此，在查找过程中和给定值进行比较的关键字个数不超过树的深度。在平衡树上进行查找的时间复杂度为 $O(\log n)$。

上述对二叉排序树和平衡二叉树的查找性能的讨论都是在等概率的前提下进行的，若查找概率不等，则类似于"静态树表的查找"中的讨论：为了提高查找效率，需要对待查找记录进行排序，使其按关键字递增(或递减)有序。

11.3.3　B-树

1. B-树及其查找

B-树是一种平衡的多路查找树，它在文件系统中应用广泛。本节介绍 B-树的结构及其查找算法。

一棵 **m** 阶 **B-树**，或为空树，或为满足下列特性的 m 叉树。

(1) 树中每个结点至多有 m 棵子树。

(2) 若根结点不是叶子结点，则至少有两棵子树。

(3) 除根之外的所有非终端结点至少有 $\lceil m/2 \rceil$ 棵子树。

(4) 所有的非终端结点中包含下列信息数据

$$(n,\ A_0,\ K_1,\ A_1,\ K_2,\ A_2,\ \cdots,\ K_n,\ A_n)$$

其中，$K_i(i=1,\ \cdots,\ n)$ 为关键字，且 $K_i<K_{i+1}$，$(i=1,\ \cdots,\ n-1)$；$A_i(i=0,\ \cdots,\ n)$ 为指向子树根结点的指针，且指针 A_{i-1} 所指子树中所有结点的关键字均小于 $K_i(i=1,\ \cdots,\ n)$，A_n 所指子树中所有结点的关键字均大于 K_n，$n(\lceil m/2 \rceil-1 \leqslant n \leqslant m-1)$ 为关键字的个数(或 $n+1$ 为子树个数)。实际上在 B-树的每个结点中还应包含 n 个指向每个关键字的记录的指针，为突出结构特性，在此省略。

(5) 所有的叶子结点都出现在同一层次上，并且不带信息(可以看作是外部结点或查找失败的结点，实际上这些结点不存在，指向这些结点的指针为空)。

如图 11-17 所示为一棵 4 阶 B-树，其深度为 4。

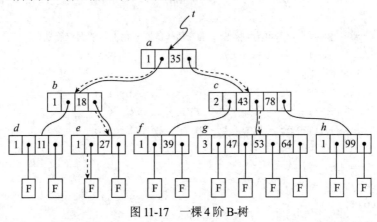

图 11-17　一棵 4 阶 B-树

由 B-树的定义可知，在 B-树上进行查找的过程和二叉排序树的查找类似。例如，在图 11-17 所示 B-树上查找关键字 47 的过程如下：首先从根结点开始，根据根结点指针 t 找到 *a 结点，因 *a 结点中只有一个关键字，且给定值 47>关键字 35，则待查找关键字 47 若存在必在当前结点中指针 A_1 所指的子树中，顺指针找到 *c 结点，该结点有两个关键字(43 和 78)，而 43<47<78，则待查找关键字 47 若存在必在当前结点中指针 A_1 所指的子树中。继续，顺指针找到 *g 结点，在该结点中顺序查找找到关键字 47，查找成功。

查找不成功的过程也类似，例如在同一棵树中查找关键字 23。从根结点开始，因为 23<35，则顺当前结点中指针 A_0 找到 *b 结点，*b 结点中只有一个关键字 18，且 23>18，所以顺当前结点中指针 A_1 找到 *e 结点，且 23<27，则顺当前结点中指针 A_0 继续往下找，此时指针所指为叶子结点，说明在此 B-树中不存在关键字 23，查找失败。

由此可见，在 B-树上进行查找的过程是一个顺指针查找结点和在结点内部关键字中进行查找交叉进行的过程。

由于 B-树主要用作文件的索引，因此它的查找涉及外存的存取，在此略去外存的读写，只作示意性的描述。假设结点类型如下说明：

```
#define  m  3                      //B-树的阶，暂设为3
typedef  struct  BTNode{
    int keynum;                    //结点中关键字个数，即结点的大小
    struct  BTNode * parent;       //指向双亲结点
    KeyType  key[m+1];             //关键字向量，0 号单元未用
    struct  BTNode *ptr[m+1];      //子树指针向量
    Record * recptr[m+1];          //记录指针向量，0 号单元未用
}BTNode, *BTree;                   //B-树结点和 B-树的类型
typedef  struct{
    BTNode  *pt;                   //指向找到的结点
    int i;                         //1..m，在结点中的关键字序号
    int tag;                       //1：查找成功，0：查找失败
}Result;                           //B-树的查找结果类型
```

下述算法简要描述了 B-树的查找操作的实现。

```
Result SearchBTree(BTree T,KeyType K){
//在 m 阶 B-树 T 上查找关键字 K，返回结果(pt, i, tag)。
//若查找成功，则特征值 tag=1，指针 pt 所指结点中第 i 个关键字等于 K；
//否则特征值 tag=0，等于 K 的关键字应插入在指针 pt 所指结点中
//第 i 和第 i+1 个关键字之间
    p=T; q= NULL;found =FALSE;i=0;//初始化，p 指向待查结点，q 指向 p 的双亲
    while(p&&!found){
        i= Search(p,K);  //在 p->key[1…keynum]中查找 i 使 p->key[i]<=K<p->key[i+1]
        if(i>0 &&p->key[i]==K) found= TRUE;      //找到待查关键字
        else { q=p; p=p->ptr[i];}
    }
    if (found) return (p,i,1);            //查找成功
    else return (q,i,0);                  //查找不成功，返回 K 的插入位置信息
}//SearchBTree
```

2. B-树查找分析

从上述 B-树 SearchBTree 查找算法可见，在 B-树上进行查找包含两种基本操作：

(1) 在 B-树中找结点；

(2) 在结点中找关键字。

由于 B-树通常存储在磁盘上，则前一查找操作是在磁盘上进行的(算法 SearchBTree 中没有体现)，而后一查找操作是在内存中进行的，即在磁盘上找到指针 p 所指结点后，先将结点中的信息读入内存，然后再利用顺序查找或折半查找查询等于 K 的关键字。显然，在磁盘上进行一次查找比在内存中进行一次查找耗费时间多得多。因此，在磁盘上进行查找的次数，即待查关键字所在结点在 B-树上的层次数，是决定 B-树查找效率的首要因素。

现考虑最坏的情况，即待查结点在 B-树上的最大层次数。也就是，含 N 个关键字的 m 阶 B-树的最大深度是多少？

以 3 阶 B-树为例说明。按 B-树的定义，3 阶 B-树上所有非终端结点至多可有两个关键字，至少有一个关键字(即子树个数为 2 或 3，故又称 2-3 树)。因此，若关键字个数≤2 时，树的深度为 2(即叶子结点层次为 2)；若关键字个数≤6 时，树的深度不超过 3。反之，若 B-树的深度为 4，则关键字的个数必须≥7(参见图 11-18(g))，此时，每个结点都含有可能的关键字的最小数目。

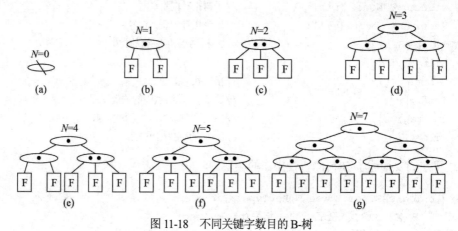

图 11-18　不同关键字数目的 B-树

(a) 空树；(b)$N=1$；(c)$N=2$；(d)$N=3$；(e)$N=4$；(f)$N=5$；(g)$N=7$

一般情况的分析可类似二叉平衡树进行，先讨论深度为 $L+1$ 的 m 阶 B-树所具有的最少结点数。

根据 B-树的定义，第一层至少有 1 个结点；第二层至少有 2 个结点；由于除根结点之外的每个非终端结点至少有$\lceil m/2 \rceil$棵子树，则第三层至少有 $2(\lceil m/2 \rceil)$ 个结点；……；依次类推，第 $L+1$ 层至少有 $2(\lceil m/2 \rceil)^{L-1}$ 个结点。而 $L+1$ 层的结点为叶子结点。若 m 阶 B-树中具有 N 个关键字，则叶子结点即查找不成功的结点为 $N+1$，由此有：

$$N+1 \geqslant 2 \times (\lceil m/2 \rceil)^{L-1}$$

反之

$$L \leqslant \log_{\lceil m/2 \rceil}\left(\frac{N+1}{2}\right)+1$$

这就是说，在含有 N 个关键字的 B-树上进行查找时，从根结点到关键字所在结点的路径上涉及的结点数不超过 $\log_{\lceil m/2 \rceil}\left(\dfrac{N+1}{2}\right)+1$。

3. B-树的插入和删除

B-树的生成也是从空树起，逐个插入关键字而得。但由于 B-树结点中的关键字个数必须≥$\lceil m/2 \rceil-1$，因此，每次插入一个关键字不是在树中添加一个叶子结点，而是首先在最低层的某个非终端结点中添加一个关键字，若该结点的关键字个数不超过 $m-1$，则插入完成，否则要产生结点的"分裂"，如图 11-19 所示。

例如，图 11-19(a)所示为 3 阶 B-树(图中略去 F 结点(即叶子结点))，假设需依次插入关键字

30、26、85 和 7。首先通过查找确定应插入的位置。由根*a 起进行查找，确定 30 应插入在*d 结点中，由于*d 中关键字数目不超过 2(即 m-1)，故第一个关键字插入完成。插入 30 后的 B-树如图 11-19(b)所示。同样，通过查找确定关键字 26 亦应插入在*d 结点中。由于*d 中关键字的数目超过 2，此时需将*d 分裂成两个结点，关键字 26 及其前、后两个指针仍保留在*d 结点中，而关键字 37 及其前、后两个指针存储到新产生的结点*d'中。同时，将关键字 30 和指示结点*d'的指针插入到其双亲结点*b 中。由于*b 结点中的关键字数目没有超过 2，则插入完成。插入后的 B-树如图 11-19(d)所示。类似地，在*g 中插入 85 之后需分裂成两个结点，而当 70 继而插入到双亲结点时，由于*e 中关键字数目超过 2，则再次分裂为结点*e 和*e'，如图 11-19(g)所示。最后在插入关键字 7 时，*c、*b 和*a 相继分裂，并生成一个新的根结点*m，如图 11-19(h)～ (j)所示。

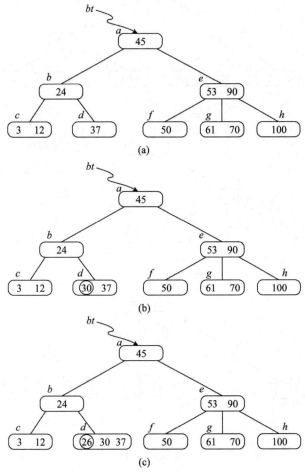

图 11-19　在 B-树中进行插入(省略叶子结点)

(a)一棵 2-3 树；(b)插入 30 之后；(c)～(d)插入 26 之后；

(e)～(g)插入 85 之后；(h)～(j)插入 7 之后

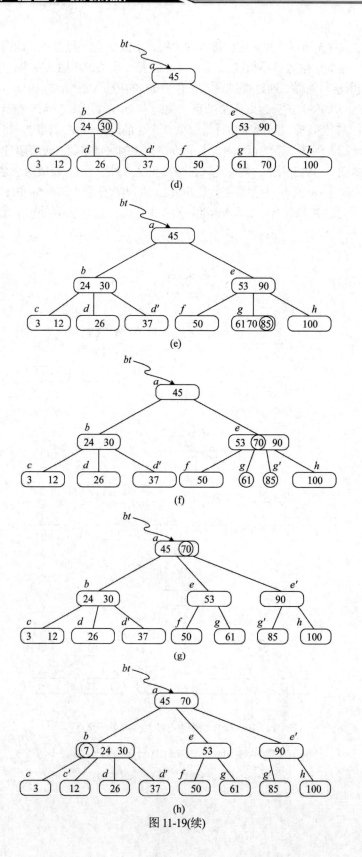

图 11-19(续)

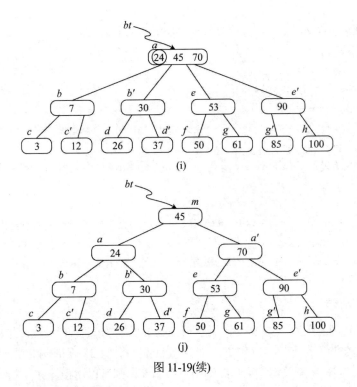

图 11-19(续)

一般情况下，结点可如下实现"分裂"。

假设*p结点中已有m-1个关键字，当插入一个关键字之后，结点中含有信息为：

$$m, A_0, (K_1, A_1), \cdots, (K_m, A_m)$$

且其中 $K_i < K_{i+1}$ ，$1 \leqslant i < m$

此时可将*p结点分裂为*p和*p'两个结点，其中*p结点中含有信息为

$$\lceil m/2 \rceil - 1, A_0, (K_1, A_1), \cdots, (K_{\lceil m/2 \rceil - 1}, A_{\lceil m/2 \rceil - 1})$$

*p'结点中含有信息

$$m - \lceil m/2 \rceil, A_{\lceil m/2 \rceil}, (K_{\lceil m/2 + 1 \rceil}, A_{\lceil m/2 + 1 \rceil}), \cdots, (K_m, A_m)$$

而关键字 $K_{\lceil m/2 \rceil}$ 和指针*p'一起插入到*p的双亲结点中。

在 B-树上插入关键字的算法如下所示，其中 q 和 i 由查找函数 SearchBTree 返回的信息而得。

```
Status InsertBTree(BTree &T,KeyType K,BTree q,int i ){
//在 m 阶 B-树 T 上结点*q 的 key[i]与 key[i+1]之间插入关键字 K
//若造成结点中关键字数目超出规定,则沿双亲链进行结点分裂调整,使 T 仍是 m 阶 B-树
x = K;
ap = NULL;
finished = FALSE;
while(q && !finished){
    Insert(q,i,x,ap);    //将 x 和 ap 分别插入 q->key[i+1]和 q->ptr[i+1]
```

```
          if(q->keynum < m) finished=TRUE;      //插入完成
          else {                                //分裂结点*q
              s=⌈m/2⌉;
              split(q,s,ap);
              x=q->key[s];
              //将 q->key[s+1…m],q->ptr[s…m] 和 q->recptr[s+1…m] 移入新结点*ap
              q=q->parent;
              if(q)  i= Search(q,x);            //在双亲结点*q 中查找 x 的插入位置
          }//else
      }// while
      if(!finished)        //T 是空树(参数 q 初值为 NULL)或根结点已分裂为结点*q 和*ap
          NewRoot(T,q,x,ap);
          //生成含信息(T,x,ap)的新的根结点*T,原 T 和 ap 为子树指针
      return OK;
  }//InsertBTree
```

反之，若在 B-树上删除一个关键字，则首先应找到该关键字所在结点，并从中删除之。若该结点为最下层的非终端结点，且其中的关键字数目不少于⌈m/2⌉，则删除完成，否则要进行"合并"结点的操作。假若所删关键字为非终端结点中的 K_i，则可以用指针 A_i 所指子树中的最小关键字 Y 替代 K_i，然后在相应的结点中删去 Y。例如，在图 11-19(a)的 B-树上删去 45，可以用*f 结点中的 50 替代 45，然后在*f 结点中删去 50。因此，可以只讨论删除最下层非终端结点中的关键字的情形。有下列 3 种可能。

(1) 被删关键字所在结点中的关键字数目不小于⌈m/2⌉，则只需从该结点中删去该关键字 K_i 和相应指针 A_i，树的其他部分不变。例如，从图 11-19(a)所示 B-树中删去关键字 12，删除后的 B-树如图 11-20(a)所示。

(2) 被删关键字所在结点中的关键字数目等于⌈m/2⌉-1，而与该结点相邻的右兄弟(或左兄弟)结点中的关键字数目大于⌈m/2⌉-1，则须将其兄弟结点中的最小(或最大)的关键字上移至双亲结点中，而将双亲结点中小于(或大于)且紧靠该上移关键字的关键字下移至被删关键字所在结点中。例如，从图 11-20(a)中删去 50，需将其右兄弟结点中的 61 上移至*e 结点中，而将*e 结点中的 53 移至*f，从而使*f 和*g 中关键字数目均不小于⌈m/2⌉-1，而双亲结点中的关键字数目不变，如图 11-20(b)所示。

(3) 被删关键字所在结点和其相邻的兄弟结点中的关键字数目均等于⌈m/2⌉-1。假设该结点有右兄弟，且其右兄弟结点地址由双亲结点中的指针 A_i 所指，则在删去关键字之后，它所在结点中剩余的关键字和指针，加上双亲结点中的关键字 K_i 一起，合并到 A_i 所指兄弟结点中(若没有右兄弟，则合并至左兄弟结点中)。例如，从图 11-20(b)所示 B-树中删去 53，则应删去*f 结点，并将*f 中的剩余信息(指针"空")和双亲*e 结点中的 61 一起合并到右兄弟结点*g 中。删除后的 B-树如图 11-20(c)所示。如果因此使双亲结点中的关键字数目小于⌈m/2⌉-1，则依此类推做相应处理。例如，在图 11-20(c)的 B-树中删去关键字 37 之后，双亲*b 结点中剩余信息("指针 c")应和其双亲*a 结点中关键字 45 一起合并至右兄弟结点*e 中，删除后的 B-

树如图 11-20(d)所示。

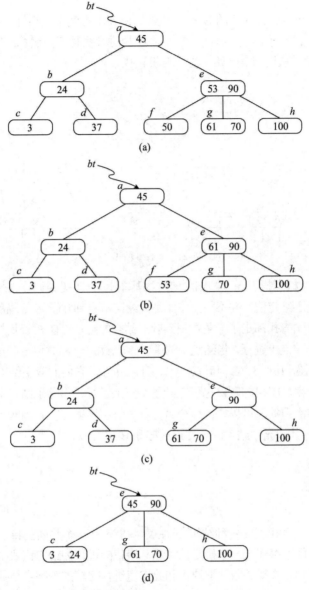

图 11-20　在 B-树中删除关键字的情形

11.3.4　B⁺树

B⁺树是应文件系统所需而定义的一种 B-树的变型树(严格意义上它已不是第八章中定义的树了)。一棵 m 阶 B⁺树和 m 阶 B-树的差异在于以下几个方面。

(1) 有 n 棵子树的结点中含有 n 个关键字。

(2) 所有的叶子结点中包含了全部关键字的信息，及指向含这些关键字记录的指针，且叶子结点本身依关键字的大小自小而大顺序链接。

(3) 所有的非终端结点可以看成是索引部分，结点中仅含有其子树(根结点)中的最大(或最小)关键字。

例如图 11-21 所示为一棵 3 阶的 B⁺树，通常在 B⁺树上有两个头指针，一个指向根结点，另一个指向关键字最小的叶子结点。因此，可以对 B⁺树进行两种查找运算：一种是从最小关键字起顺序查找，另一种是从根结点开始，进行随机查找。

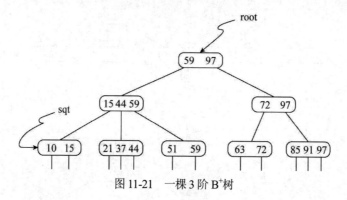

图 11-21　一棵 3 阶 B⁺树

在 B⁺树上进行随机查找、插入和删除的过程基本上与 B-树类似。只是在查找时，若非终端结点上的关键字等于给定值，并不终止，而是继续向下直到叶子结点。因此，在 B⁺树中，不管查找成功与否，每次查找都走了一条从根到叶子结点的路径。B⁺树查找的分析类似于 B-树。B⁺树的插入仅在叶子结点上进行，当结点中的关键字个数大于 m 时要分裂成两个结点，它们所含关键字的个数分别为 $\lfloor (m+1)/2 \rfloor$ 和 $\lceil (m+1)/2 \rceil$。并且，它们的双亲结点中应同时包含这两个结点中的最大关键字。B⁺树的删除也仅在叶子结点上进行，当叶子结点中的最大关键字被删除时，其在非终端结点中的值可以作为一个"分界关键字"存在。若因删除而使结点中关键字的个数少于 $\lceil m/2 \rceil$ 时，其和兄弟结点的合并过程亦和 B-树类似。

11.4　哈希表

在前面讨论的表示查找表的各种结构(线性表、树等)有一个共同的特点，即记录在表中的位置和它的关键字之间不存在一一个确定的关系。查找的过程为给定值依次和关键字集合中各关键字进行比较的过程。查找的效率取决于和给定值进行比较的关键字个数。这一类方法表示的查找表，其平均查找长度都不为零。不同的查找方法，其差别仅在于关键字和给定值进行比较的顺序不同。对于频繁使用的查找表，希望 ASL=0。如果可以预先知道所查关键字在表中的物理存储位置(即要求记录在表中的位置和其关键字之间存在一种确定的关系)，则在查找时，就无须做比较或只须做很少比较，就可以由关键字找到相应的记录，从而提高查找效率。本节介绍基于此思想的哈希表。

11.4.1　什么是哈希表

哈希查找的基本思想是以查找表中的每个元素的关键字 key 为自变量，通过函数 $H(key)$ 计算出函数值，把这个值解释为存储空间的单元地址，并将该元素存储到这个地址单元，从而实现不经过任何比较，一次存取便能找到所查记录的理想情况。称函数 $H(key)$ 为哈希(Hash)函数(又称杂凑函数)，按这个思想建立的表称为哈希表。

例如，某校为每年招收的 8000 名新生建立一张查找表，如图 11-22 所示。其关键字为学号，其值的范围为 xx0000～xx7999(前两位为年份)。如果以学号的后四位 0000～7999 的某函数值作为每个元素存储单元地址建立顺序查找表。则查找过程可以简单进行：取给定值(学号)的后四位，不需要经过比较便可直接从顺序表中找到待查关键字，此时的哈希函数为：$H(key) = C + (key$ mod 10000)*10，其中 C 为起始地址，10 为每条记录所占的空间数。

物理地址	准考证号	姓名	政治	语文	外语	数学	物理	化学	生物	总分
	⋮	⋮	⋮	⋮	⋮	⋮	⋮	⋮	⋮	⋮
13310	231331	陈红	84	76	74	93	87	76	87	63
13320	231332	陆华	76	84	65	87	69	57	71	54
13330	231333	张平	85	88	73	79	62	63	78	55
	⋮	⋮	⋮	⋮	⋮	⋮	⋮	⋮	⋮	⋮
13780	231378	张平	76	64	75	88	66	67	81	73

存放位置   关键字

图 11-22　新生信息表

又如，对下面 9 个关键字{ Zhao, Qian, Sun, Li, Wu, Chen, Han, Ye, Deng}，设哈希函数 $f(key) = \lfloor Ord(关键字的第一个字母在字母表中的序号) / 2 \rfloor$，则其存储位置如表 11-3 所示。

表 11-3　哈希函数示例

0	1	2	3	4	5	6	7	8	9	10	11	12	13
	Chen	Deng		Han		Li		Qian	Sun		Wu	Ye	Zhao

从前面两个例子可知：

(1) 哈希函数是一个映象，即将关键字的集合映射到某个地址集合上，条件是这个映射的地址集合的大小不超出某个允许的范围。

(2) 由于哈希函数是一个压缩映象，因此在一般情况下很容易产生"冲突"现象，即：$key1 \neq key2$，而 $f(key1) = f(key2)$。如在表 11-3 所示哈希表中插入新的关键字 Zhou，虽然"Zhou"≠"Zhao"，但通过 $f(key)$ 计算得到的地址却相同，产生"冲突"。具有不同关键字而具有相同哈希地址的元素称为同义词。

(3) 很难找到一个不产生冲突的哈希函数。一般情况下，只能选择恰当的哈希函数，使冲突尽可能少地产生。

因此，在构造这种特殊的"查找表"哈希表时，除了需要选择一个"好"(尽可能少产生冲突)的哈希函数之外，还需要找到一种"处理冲突"的方法。

综上描述，可如下描述哈希表：根据设定的哈希函数 $H(key)$ 和所选中的处理冲突的方法，将一组关键字映象到一个有限的、地址连续的地址空间上，并以关键字在地址空间中的"象"作为相应记录在表中的存储位置，如此构造所得的查找表称之为哈希表，这一映像过程称为哈希造表或散列，所得存储位置称为哈希地址或散列地址。

下面分别介绍哈希函数的构造方法和处理冲突的方法。

11.4.2 哈希函数的构造方法

构造哈希函数的方法有很多，在介绍方法之前，首先需要明确什么是"好"的哈希函数。

若对于关键字集合中的任一关键字，经过哈希函数映像到地址集合中的任意一个地址的概率是相等的，则称此类哈希函数是均匀的哈希函数。换句话说，就是使关键字经过哈希函数得到一个"随机的地址"，以便使一组关键字的哈希地址均匀分布在整个地址区间，从而减少冲突。

常用的构造哈希函数的方法如下(以数值型关键字为例)。

1. 直接定址法

取关键字或关键字的某个线性函数值作为散列地址，即

$$H(k) = k \text{ 或 } H(k) = a k + b$$

其中，a 和 b 为常数(这种哈希函数称为自身函数)。

例如，有一个出生人口调查表，关键字是年份，则设哈希函数为关键字加一个常数，即 $H(k) = k + (-1999)$，如表 11-4 所示。

表 11-4 直接定址哈希函数举例

地址	01	02	03	…	22	…
年份	2000	2001	1951	…	2021	…
人数	…	…	…	…	15000	…
…						

这样，若要查找 2021 年出生的人口数，则只要查第(2021-1999=)22 项即可。

由于直接定址法所得的地址集合和关键字集合的大小相同，所以对于不同的关键字不会发生冲突。但实际中能使用这种哈希函数的情况较少。

2. 数字分析法

数字分析法是取关键字中某些取值较分散的数字位作为散列地址的方法。它适合于所有关键字已知的情况，并在对关键字中每一位的取值分布情况进行分析的基础上合理选取数字位。

例如，有一组关键字如下。

…

```
9  2  3  1  7  6  0  2
9  2  3  2  6  8  7  5
9  2  7  3  9  6  2  8
9  2  3  4  3  6  3  4
9  2  7  0  6  8  1  6
9  2  7  7  4  6  3  8
9  2  3  8  1  2  6  2
9  2  3  9  4  2  2  0
```

…

分析所有关键字可发现，第 1、2 位都是 "9 2"，第 3 位只可能取 3 和 7，第 6 位只可能取 2、6 和 8，这四位都不适合用作散列地址；因为选择上述几位，产生 "冲突" 的可能性极大。剩下的 4、5、7、8 位的取值较分散，可根据实际需要取其中的若干位作为散列地址。若取 7、8 位作为散列地址，则散列地址的集合为 {2, 75, 28, 34, 16, 38, 62, 20}。

3. 平方取中法

平方取中法是取关键字平方的中间值作为散列地址的方法，具体取多少位视实际要求而定。通常在选取散列函数时不一定能知道关键字的全部情况，如哪些位数重复率高等，而关键字平方后既可以扩大差别，同时平方后的每位数和原关键字的每一位都相关，由此使随机分布的关键字得到的散列函数也是随机的。

如图 11-23 所示，关键字为 4 位八进制数，哈希表长为 512(2^9)，即哈希表地址为 3 位八进制数。可将关键字平方后，取图中所示重复频率低的中间 3 位数字，作为对应关键字的哈希地址。

关键字(8进制)	(关键字)²	哈希表地址
0100	0 010000	010
1100	1 210000	210
1200	1 440000	440
1160	1 370400	370
2061	4 310542	314
2161	4 734741	734
2162	4 745651	745

图 11-23 平方取中法示例

平方取中法适合于关键字中的每一位取值都不够分散或较分散的位数小于散列地址所需要的位数的情况。

4. 折叠法

折叠法首先将关键字分割成位数相同的几段(最后一段的位数若不足则补0)，每段的位数取决于散列地址的位数，由实际需要而定，然后将它们的叠加和(舍去最高位进位)作为散列地址。

例如，一个关键字 $k=68242324$，散列地址为 3 位，则将此关键字从左至右每三位一段进行划分，得到 3 段：682、423、240，叠加和为 682+423+240=1345，取后三位 345 为存储关键字 68242324 的散列地址。

折叠法适用于关键字位数较多，而所需的散列地址的位数又较少，同时关键字中每一位的取值又较集中的情况。

5. 除留余数法

除留余数法是指取关键字被 $p(p\leqslant m$，m 为哈希表表长)除后所得的余数作为哈希地址的方法，即设定哈希函数为 $H(key) = key \bmod p$，其中，$p\leqslant m(m$ 为表长)。

这是一种简单，却最常用的构造哈希函数的方法。它不仅可以对关键字直接取模，也可以在折叠、平方取中等运算之后取模。

值得注意的是，在使用除留余数法时，对 p 的选择很重要。若 p 选择不佳，则容易产生同义词。例如，取 $p=11$，则关键字集合{19, 01, 23, 14, 55, 68, 11, 82, 36}被映射为 8, 1, 1, 3, 0, 2, 0, 5, 3。又如已知关键字集合{12, 39, 18, 24, 33, 21}，如果取 $p=9$，则原集合被映射为 3, 3, 0, 6, 6, 3；如果取 $p=11$，则原集合被映射为 1, 6, 7, 2, 0, 10。

p 应为不大于 m 的素数或是不包含小于 20 的质因子的合数，上例中因为 $p=9$ 中含质因子 3，所以所有含质因子 3 的关键字均映射到"3 的倍数"的地址上，从而增加了"冲突"的可能。

6. 随机数法

选择一个随机函数，取关键字的随机函数值作为它的哈希地址，即 $H(key) = random(key)$，其中 random 为随机函数。通常，当关键字长度不等时采用此方法构造哈希函数较恰当。

在实际构造哈希表时，采用何种哈希函数取决于建表的关键字集合的情况(包括关键字的范围和形态)。总的原则是使映射分布尽可能均匀，使产生冲突的可能性降到尽可能小。

11.4.3 哈希表处理冲突的方法

"处理冲突"的实际含义是为产生冲突的地址寻找下一个空的哈希地址。

1. 开放定址法

开放定址法是对发生冲突的元素按照一定的次序,在散列表中查找下一个空闲的存储单元,把发生冲突的待插入元素存入到该单元中的一类处理冲突的方法。

在开放定址法中,散列表中的空闲单元(假设下标为 d)不仅向散列地址为 d 的同义词元素开放(即允许它们使用),还向发生冲突的其他元素开放。因为它们的散列地址不为 d,所以称为非同义词元素。在开放定址法中,空闲单元既向同义词元素开放,也向发生冲突的非同义词元素开放,此方法的名称也由此而来。

在开放定址法中,从发生冲突的散列地址为 d 的单元起开始探查;探查过程有多种子方法,每一种都对应着各自不同的探查次序,所经过的单元构成了一条探查路径或称探查序列。主要的探查方法有线性探查法、平方探查法和双散列函数探查法等。

(1) 线性探查法。

线性探查法是用开放定址法处理冲突的一种最简单的探查方法,它从发生冲突的 d 单元起,依次探查下一个单元(当达到下标为 m-1 的表尾单元时,下一个探查的单元是下标为 0 的表首单元,即把散列表看作为首尾相接的循环表),直到碰到一个空闲单元或探查完所有单元为止。这种方法的探查序列为 d,d+1,d+2,…;可表示为 $(d+i)\%m(i=0, 1, …, m-1)$。使用递推公式表示,则为

$$d = H(k) \quad (H(key)为哈希函数)$$

$$d_i = (d_{i-1}+1)\%m(1 \leqslant i \leqslant m-1, d_0 = d)$$

i 在最坏的情况下才能取到值 m-1,当存储密度适中时,一般只需取前几个值就可找到一个空闲单元。找到一个空闲单元后,把发生冲突的待插入元素存入该单元即可。

【例 11-1】已知一组关键字为(92, 56, 45, 20, 48, 62, 77),哈希函数为 $H(k)=k \bmod 13$,散列表如表 11-5 所示,在此散列表中继续插入关键字分别为 33 和 60 的两个元素,若发生冲突使用线性探查法。

表 11-5　散列表 1

0	1	2	3	4	5	6	7	8	9	10	11	12
	92			56		45	20		48	62		77

首先插入关键字为 33 的元素。关键字为 33 的元素散列地址为 $H(33)=33\%13=7$,因为 $H(7)$ 单元已被占用,接着探查下一个即下标为 8 的单元;因为该单元空闲,所以关键字为 33 的元素存入 $H(8)$ 单元中。此时对应的散列表如表 11-6 所示。

表 11-6　插入关键字 33 后的散列表

0	1	2	3	4	5	6	7	8	9	10	11	12
	92			56		45	20	33	48	62		77

继续插入关键字为 60 的元素。关键字为 60 的散列地址为 $H(60)= 60\%13 = 8$,因为 $H(8)$ 单元已被占用,接着探查下一个即下标为 9 的单元;因为 $H(9)$ 单元仍不为空,所以继续探查下一个单元,依次类推,直到探查到下标为 11 的空闲单元,此时把关键字为 60 的元素存入 $H(11)$ 单元中。此时对应的散列表如表 11-7 所示。

表 11-7　插入关键字 33 和 60 后的散列表

0	1	2	3	4	5	6	7	8	9	10	11	12
	92			56		45	20	33	48	62	60	77

利用线性探查法处理冲突容易造成元素的"堆积"。因为当连续 n 个单元被占用后,再散列到这些已被占用的单元上的元素和直接散列到已被占用单元的后面一个空闲单元上的元素都要占用后面的这个空闲单元,致使该空闲单元被占用的概率大大增加,造成更大的"堆积",从而增加了查找下一个空闲单元的路径长度。造成"堆积"现象的根本原因是,探查序列过分集中在发生冲突的单元后面,没有在整个散列空间上分散开,下面介绍的平方探查法和双散列函数探查法可以在一定程度上避免"堆积"现象的发生。

(2) 平方探查法。

平方探查法的探查序列为 d，$d\pm1^2$，$d\pm2^2$，…，或表示为 $(d\pm i^2)\%m\left(i\leqslant\dfrac{m}{2}\right)$。

平方探查法是一种较好的处理冲突的方法，它能够较好地避免"堆积"现象。它的缺点是不能探查到散列表上的所有单元。在实际应用中，若探查到平方探查法所探查到的散列表中约一半的单元仍找不到一个空闲单元，则表明此散列表太满，考虑重新建表。

(3) 双散列函数探查法。

这种方法使用两个散列函数 H_1 和 H_2。其中，H_1 和前面定义的哈希函数 H 一样，以关键字为自变量，产生一个 $0\sim(m-1)$ 的数作为散列地址；H_2 也以关键字为自变量，产生一个 $1\sim(m-1)$ 和 m 互素的数(即 m 不能被该数整除)作为探查序列的地址增量(即步长)，这样使探查序列能够覆盖整个哈希表。双散列函数的探查序列为

$$d = H_1(k)$$
$$d_i = (d_{i-1} + H_2(k))\%m (1\leqslant i\leqslant m-1, d_0 = d)$$

由上述内容可知，对于线性探查法，探查序列的步长值是固定值 1；对于平方探查法，探查序列的步长值是+1、±4、…；对于双散列函数探查法，其探查序列的步长值是同一关键字的另一散列函数的值。

2. 再哈希法

再哈希法为产生冲突的地址求下一个哈希地址，如果该地址还冲突，则再给出下一个地址，由此得到一个地址序列：

$$H_0, H_1, H_2, \cdots, H_s \qquad 1\leqslant s\leqslant m-1$$

其中，$H_i = RH_i(key)(i=1,2,\cdots,s), RH_i$ 均是不同的哈希函数。

3. 链接法

链接法是把发生冲突的同义词元素(结点)使用单链表链接起来的方法。

在这种方法中，散列表中的每个单元(即下标位置)存储的不是相应的元素，而是相应单链表的表头指针。单链表中的每个结点由动态分配产生，每个元素被存储在相应的单链表中，在单链表中的插入位置可以在表头或表尾，也可以在中间，以保持同义词在同一线性链表中按关键字有序。

【例 11-2】已知一组关键字为(20, 77, 62, 45, 56, 92, 48, 33, 60, 75, 17, 36)，采用散列函数 $H(k)= k\%13$ 和链接法处理冲突所得的散列表，如图 11-24 所示。

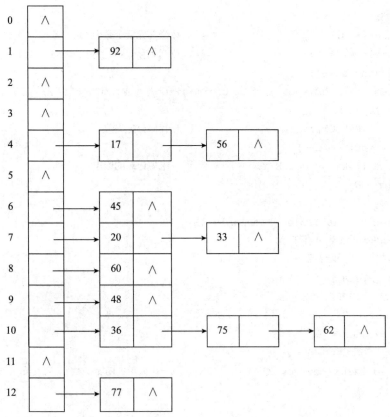

图 11-24 采用链接法处理冲突所得的散列表

11.4.4 哈希表的查找及分析

在散列表上进行查找的过程和散列表的构造过程基本类似。给定 k 值，根据造表时设定的散列函数求得散列地址，若表中的此位置上没有记录，则查找不成功；否则比较关键字，若和给定值相等，则查找成功；否则根据造表时设定的处理冲突的方法查找"下一个地址"，直至散列表中的某个位置为"空"或表中所填记录的关键字等于给定值时为止。

下述算法为使用开放定址法等方法(除链接法外)处理冲突的散列表的构造和查找过程。

```
//-----开放定址散列表的存储结构-----
int hashsize[ ]={997,…};            //散列表容量递增表，一个合适的素数序列
typedef struct{
  ElemType * elem;                  //数据元素的存储基址，动态分配数组
  int count;                        //当前数据元素的个数
  int sizeindex;                    //hashsize[sizeindex]为当前容量
}HashTable;
#define SUCCESS  1
#define UNSUCCESS  0
#define DUPLICATE  -1
Status InitHashTable (HashTable &H) {    //构造一个空的哈希表
```

```
    int i;
    H.count = 0;                              //当前元素个数为0
    H.sizeindex = 0;                          //初始存储容量为hashsize[0]
    m = hashsize[0];
    H.elem = ( ElemType* ) malloc ( m*sizeof ( ElemType ) );
    if ( !H.elem )
    exit (OVERFLOW);                          //存储分配失败
    for ( i=0;i<m;i++)
    H.elem[i].key = NULLKEY;                  //未填记录的标志
    return OK;
}
void DestroyHashTable (HashTable &H) {
//初始条件：哈希表H存在
//操作结果：销毁哈希表H
    free (H.elem);
    H.elem = NULL;
    H.count = 0;
    H.sizeindex = 0;
}
unsigned Hash (KeyType K){                    //一个简单的哈希函数(m为表长，全局变量)
    return K%m;
}
void collision(int &p,int d) {
    p = (p+d) % m;                            //开放定址法处理冲突
}
Status SearchHash (HashTable H,KeyType K,int &p,int &c) {
    //在开放定址散列表H中查找关键码为K的元素,若查找成功,则以p指示待查数据元素在表中的位置,
    //并返回SUCCESS；否则,以p指示插入位置,并返回UNSUCCESS
    //c用以计算冲突次数,其初值为零,供建表插入时参考
    p = Hash(K);                              //求哈希地址
      while (H.elem[p].key != NULLKEY && !EQ(K,H.elem[p].key))    {
//该位置中有记录,且关键字不相等
        c++;
        if ( c < m )
          collision(p,c);                     //求得下一探查地址p
        else
          break
    }
    if (K = H.elem[p].key)
      return SUCCESS;                         //查找成功,p返回待查数据元素的位置
else
      return UNSUCCESS;                       //查找不成功(H.elem[p].key==NULLKEY)
```

```
// p 返回的是插入位置
} // SearchHash
```

下述算法是通过调用查找算法实现了开放定址散列表的插入操作。

```
Void RecreateHashTable(HashTable &H) {
//重建哈希表
   int i,count = H.count;
   ElemType *p,*elem = (ElemType*) malloc (count *sizeof (ElemType));
   p =elem;
   printf ("重建哈希表\n");
   for (i = 0;i < m;i++)                 //保存原有的数据到 elem 中
   if ( ( H.elem + i)->key != NULLKEY)  //该单元有数据
   *p++ = *(H. elem + i);
   H.count = 0;
   H.sizeindex++;                        //增大存储容量
   m=hashsize[H.sizeindex];
   p = (ElemType*) realloc ( H.elem,m*sizeof (ElemType));
   if ( !p )
     exit ( OVERFLOW );                  //存储分配失败
   H.elem = p;
   for ( i = 0;i < m;i++)
     H.elem[i].key = NULLKEY;            //未填记录的标志 (初始化)
   for ( p = elem;p < elem + count;p++)  //将原有的数据按照新的表长插入重建的哈希表中
   InsertHash (H,*p);
}//RecreateHashTable
Status InsertHash(HashTable &H,ElemType e) {
//查找不成功时插入数据元素 e 到开放定址哈希表 H 中，并返回 OK
//若冲突次数过大，则重建散列表
int c,p;
c = 0;
if ( SearchHash ( H,e.key,p,c) )        //表中已有与 e 有相同关键字的元素
   return DUPLICATE;
else
if (c<hashsize[H.sizeindex]/2){         //冲突次数 c 未达到上限 (c 的阈值可调)，插入 e
  H.elem[p] = e;     ++H.count;    return OK;
}
else RecreateHashTable(H);              //重建哈希表
}//InsertHash
```

从散列表的查找过程可知：①虽然散列表在关键字与记录的存储位置之间建立了直接映像，但由于"冲突"的产生，散列表的查找仍然是一个给定值和关键字进行比较的过程。因此，仍需以平均查找长度作为衡量散列表查找效率的量度。②查找过程中须和给定值进行比较的关键

字的个数取决于 3 个因素，即散列函数、处理冲突的方法和散列表的装填因子。

散列函数的"好坏"首先影响出现冲突的频繁程度。但是，对于"均匀"的散列函数可以假定：不同的散列函数对同一组随机的关键字，产生冲突的可能性相同，因为一般情况下设定的散列函数是均匀的，则可不考虑它对平均查找长度的影响。

对同样一组关键字，设定相同的散列函数，则不同的处理冲突的方法得到的散列表不同，它们的平均查找长度也不同。

如例 11-1 和例 11-2 中的两个哈希表，在记录的查找概率相等的前提下，表 11-7(线性探查法)的平均查找长度为：

$$\text{ASL1} = \frac{1}{9}(1+1+1+1+1+1+1+2+3) = \frac{12}{9},$$

ASL1 算式中的 2 指第 8 个(共 9 个)关键字 33 在查找时，需要 2 次探查才查找成功。

图 11-24(链接法)的平均查找长度为：

$$\text{ASL2} = \frac{1}{12}(1+1+3+1+2+1+1+2+1+2+1+1) = \frac{17}{12},$$

如 ASL2 算式中的 3 指第 3 个(共 12 个)关键字 62 在查找时，需要 3 次探查才查找成功。

线性探查处理冲突的过程中，容易出现个第一个散列地址不同的两记录争夺同一个后继散列地址的现象，即在处理同义词的冲突过程中又添加了非同义词的冲突，显然这种现象对查找不利。而链接法处理冲突时不会发生类似情况，因为散列地址不同的记录在不同的链表中。

在一般情况下，处理冲突方法相同的散列表，其平均查找长度依赖于散列表的装填因子。

散列表的装填因子定义为

$$\alpha = \frac{\text{表中填入的记录数}}{\text{散列表的长度}}$$

α 标志散列表的装满程度。直观来看，α 越小，发生冲突的可能性就越小；反之，α 越大，表中已填入的记录越多，再填记录时，发生冲突的可能性就越大，在查找时给定值须与之进行比较的关键字的个数也就越多。

线性探查散列表查找成功时的平均查找长度为

$$S_{nl} \approx \frac{1}{2}\left(1 + \frac{1}{1-\alpha}\right) \tag{11-2}$$

平方探查和双散列函数探查散列表查找成功时的平均查找长度为

$$S_{rl} \approx \frac{1}{\alpha}\ln(1-\alpha) \tag{11-3}$$

链接法处理冲突的散列表查找成功时的平均查找长度为

$$S_{nc} \approx 1 + \frac{\alpha}{2} \tag{11-4}$$

由此可得，散列表的平均查找长度是 α 的函数，而不是记录数 n 的函数；不管表中记录数有多大，总可以选择一个合适的装填因子，以便将平均查找长度限定在一个范围内(证明从略)。

11.5 习题

一、选择题

1. 若查找每个记录的概率均等，则在具有 n 个记录的连续顺序文件中采用顺序查找法查找一个记录，其平均查找长度为(　　)。

    A. $(n-1)/2$ B. $n/2$ C. $(n+1)/2$ D. n

2. 下列关于二分查找的叙述中，正确的是(　　)。

    A. 表必须有序，表可以使用顺序方式存储，也可以使用链表方式存储

    B. 表必须有序，而且只能从小到大排列

    C. 表必须有序且表中的数据必须是整型、实型或字符型

    D. 表必须有序，且表只能以顺序方式存储

3. 对线性表进行折半查找时，要求线性表必须(　　)。

    A. 以顺序方式存储   B. 以顺序方式存储，且数据元素有序

    C. 以链接方式存储   D. 以链接方式存储，且数据元素有序

4. 当在一个有序的顺序存储表中查找一个数据时，既可以用折半查找，也可以用顺序查找，但前者比后者的查找速度(　　)。

    A. 必定快   B. 不一定

    C. 在大部分情况下要快   D. 取决于表递增还是递减

5. 当采用分块查找时，数据的组织方式为(　　)。

    A. 数据分成若干块，每块内数据有序

    B. 数据分成若干块，每块内数据不必有序，但块间必须有序，每块内最大(或最小)的数据组成索引块

    C. 数据分成若干块，每块内数据有序，每块内最大(或最小)的数据组成索引块

    D. 数据分成若干块，每块(除最后一块外)中的数据个数需相同

6. 二叉查找树的查找效率与二叉树的(①)有关，在(②)时其查找效率最低。

    ① A. 高度   B. 结点的多少   C. 树形   D. 结点的位置

    ② A. 结点太多   B. 完全二叉树   C. 呈单支树   D. 结点太复杂

7. 在等概率的情况下，线性表的顺序查找的平均查找长度为(　　)，有序表的折半查找的平均查找长度为(　　)；对于静态树表，在最坏情况下，平均查找长度为(　　)，而当它是一棵平衡树时，平均查找长度为(　　)，在平衡树上删除一个结点后可以通过旋转使其平衡，在最坏情况下需旋转(　　)次。

    A. $O(1)$ B. $O(\log_2 n)$ C. $O(n\log_2 n)$ D. $O(n)$

8. 分别以下列序列构造二叉排序树，与用其他 3 个序列所构造的结果不同的是(　　)。

    A. (100, 80, 90, 60, 120, 110, 130)   B. (100, 120, 110, 130, 80, 60, 90)

    C. (100, 60, 80, 90, 120, 110, 130)   D. (100, 80, 60, 90, 120, 130, 110)

9. 在平衡二叉树中插入一个结点后造成了不平衡，设最小不平衡子树根结点为 A，并已知 A 的左孩子的平衡因子为 0，右孩子的平衡因子为 1，则应进行(　　)型调整以使其平衡。

    A. LL   B. LR   C. RL   D. RR

10. 设有一组记录的关键字为{19, 14, 23, 1, 68, 20, 84, 27, 55, 11, 10, 79}，散列函数为 $H(key)= key \bmod 13$，使用链接法处理冲突，则散列地址为 1 的链中有(　　)个记录。

    A. 1   B. 2   C. 3   D. 4

11. 下列关于哈希函数的说法中，正确的是(　　)。

    A. 哈希函数构造得越复杂越好，因为这样随机性好，冲突小

    B. 除留余数法是所有哈希函数中最好的

    C. 不存在绝对好与坏的哈希函数，要视情况而定

    D. 若需在哈希表中删去一个元素，不管用何种方法解决冲突都只要简单地将该元素删去即可

12. 散列函数为 $H(key)= key \bmod 17$，若采用链接法处理冲突，则需(　①　)个链表。这些链的链首指针构成一个指针数组，数组的下标范围为(　②　)。

    ① A. 17   B. 13   C. 16   D. 任意

    ② A. 0～17   B. 1～17   C. 0～16   D. 1～16

13. 设哈希表长为 14，哈希函数是 $H(key)= key\%11$，表中已有数据的关键字为 15、38、61、84 共 4 个，现要将关键字为 49 的结点加入表中，用二次探查法解决冲突，则放入的位置是(　　)。

    A. 8   B. 3   C. 5   D. 9

14. 假定有 k 个关键字互为同义词，若用线性探查法把这 k 个关键字存入散列表中，至少要进行(　　)次探测。

    A. $k-1$ B. k C. $k+1$ D. $k(k+1)/2$

15. 散列表的地址区间为 0～17，散列函数为 $H(K)=K \bmod 17$。采用线性探查法处理冲突，并将关键字序列 26、25、72、38、8、18、59 依次存储到散列表中。

    ① 元素 59 存放在散列表中的地址是(　　)。

    A. 8   B. 9   C. 10   D. 11

    ② 存放元素 59 需要探查的次数是(　　)。

    A. 2   B. 3   C. 4   D. 5

16. 将 10 个元素散列到具有 100000 个单元的哈希表中，则(　　)产生冲突。

    A. 一定会   B. 一定不会   C. 仍可能会

二、填空题

1. 顺序查找 n 个元素的顺序表，若查找成功，则比较关键字的次数最多为_____次；当使用监视哨时，若查找失败，则比较关键字的次数最多为_____次。

2. 在顺序表(8,11,15,19,25,26,30,33,42,48,50)中，用二分(折半)法查找关键字 20，须进行与关键字比较次数为_____次。

3. 在有序表 A[1···20]中，按二分查找法进行查找，查找长度为 5 的元素个数是_____。

4. 平衡二叉树又称_____，其定义是_____。

5. 高度为 8 的平衡二叉树的结点数至少有_____个。

6. 可以唯一标识一个记录的关键字称为_____。

7. 哈希表是通过将关键字按选定的_____和_____，把记录按关键字转换为地址进行存储的线性表。一个好的哈希函数，其转换地址应尽可能_____，而且函数运算应尽可能_____。

8. 假设有 n 个关键字，它们具有相同的哈希函数值，用开放定址-线性探查法解决冲突，把这 n 个关键字散列到大小为 n 的地址空间中，共计需要做_____次插入和探测操作。

第12章 内部排序

排序是计算机程序设计中的一种重要操作，目的是将一组"无序"的记录序列调整为"有序"的记录序列。根据排序过程中使用存储器的不同，排序又分为内部排序和外部排序。内部排序是指排序过程全部在计算机内存中完成的排序，外部排序指内存容纳不下所有待排序记录序列，排序过程需要与外存进行数据交换的排序。

按排序过程所依据的不同原则，内部排序分为插入排序、交换排序、选择排序、归并排序和基数排序等。本章主要介绍各种内部排序方法的基本思想、算法特点、排序过程和排序算法；从"关键字间的比较次数"角度分析排序算法的平均情况和最坏情况的时间性能；介绍排序方法"稳定"或"不稳定"的含义，并分析在什么情况下要求应用的排序方法必须是稳定的；以及选择排序算法的原则。

12.1 排序概述

12.1.1 排序的概念

排序是将一个数据元素或记录的任意序列重新排列成一个按关键字有序的序列。

例如，将下列关键字序列

$$52 \quad 49 \quad 80 \quad 36 \quad 14 \quad 58 \quad 61 \quad 23 \quad 97 \quad 75$$

调整为非递减有序：

$$14 \quad 23 \quad 36 \quad 49 \quad 52 \quad 58 \quad 61 \quad 75 \quad 80 \quad 97$$

通常情况下，假设含 n 个记录的序列为

$$\{R_1, R_2, \cdots, R_n\} \tag{12-1}$$

其相应的关键字序列为

$$\{K_1, K_2, \cdots, K_n\} \tag{12-2}$$

需确定 $1, 2, \cdots, n$ 的一种排列次序 $p_1, p_2, \cdots, p_n$，使其相应的关键字满足如下的非递减(或非递增)关系：

$$K_{p_1} \leqslant K_{p_2} \leqslant \cdots \leqslant K_{p_n} \tag{12-3}$$

使序列 $\{R_1, R_2, \cdots, R\}$ 成为一个按关键字有序的序列 $\{R_{p_1}, R_{p_2}, \cdots, R_{p_n}\}$，称这种操作为排序。其中，$K_i$ 可以是主关键字(排序的结果唯一)，也可以是次关键字(排序结果不唯一)。

12.1.2　排序方法的稳定性

按照排序的稳定性，排序可以分为稳定排序和不稳定排序。所谓稳定排序指的是排序前后两个相同关键字的相对位置不变。

例如，将含有 8 个记录的序列

$$13 \quad 27 \quad 38 \quad 49 \quad 65 \quad \underline{49} \quad 76 \quad 97$$

按照非递减顺序排序，因为 49 与 <u>49</u> 在数值上相等，所以会有如下两种排序结果。第一种排序结果是稳定的，第二种排序结果是不稳定的。

$$13 \quad 27 \quad 38 \quad 49 \quad \underline{49} \quad 65 \quad 76 \quad 97 \text{(稳定)}$$

$$13 \quad 27 \quad 38 \quad \underline{49} \quad 49 \quad 65 \quad 76 \quad 97 \text{(不稳定)}$$

若待排序列中存在两个或两个以上关键字相等的记录，设 $K_i = K_j$ $(1 \leqslant i < j \leqslant n)$，即排序前 R_i 在 R_j 前，若在排序后 R_i 仍在 R_j 前，则称排序是稳定的。

待排序列中存在两个或两个以上关键字相等的记录，设 $K_i = K_j$ $(1 \leqslant i < j \leqslant n)$，即排序前 R_i 在 R_j 前，若在排序后 R_j 却在 R_i 前，则称排序是不稳定的。对于不稳定的排序方法，只要举出一组关键字的实例说明它的不稳定性即可。

12.1.3　内部排序和外部排序

内部排序是指待排序记录存放在计算机内存中进行的排序过程。外部排序是指待排序记录的数量很大，以致内存一次不能容纳全部记录，在排序过程中须对外存进行访问的排序过程。

12.1.4　内部排序的分类

基于不同的"扩大"有序序列长度的方法，内部排序大致可分为 4 种类型：插入排序、交换排序、选择排序和归并排序。

插入排序是指将无序子序列中的一个或几个记录"插入"到有序序列中，从而增加记录的有序子序列的长度的排序方法。

交换排序是指通过"交换"无序序列中的记录从而得到其中关键字最小或最大的记录，并将它加入到有序子序列中，从而增加记录的有序子序列的长度的排序方法。

选择排序是指从记录的无序子序列中"选择"关键字最小或最大的记录，并将它加入到有序子序列中，从而增加记录的有序子序列的长度的排序方法。

归并排序是指通过"归并"两个或两个以上的记录有序子序列，逐步增加记录有序序列的长度的排序方法。

根据排序过程中所需的工作量，内部排序方法可分为 3 种类型：①简单排序，其时间复杂度为 $O(n^2)$；②先进排序，其时间复杂度为 $O(n \log n)$；③基数排序，其时间复杂度为 $O(d(n + rd))$。

内部排序的过程是一个逐步扩大记录的有序序列长度的过程。在排序的过程中，参与排序的记录序列中存在两个区域：有序区和无序区。使有序区中记录的数目增加一个或几个的操作称为一趟排序。

在排序过程中需要进行下列两种基本操作：①比较两个关键字的大小；②将记录从一个位

置移动到另一个位置。前一个操作对大多数排序方法来说都是必要的，而后一个操作可以通过改变记录的存储方式尽可能地予以避免。

待排记录可采用下列 3 种存储结构，即顺序结构、静态链表、索引结构。在第二种存储方式下实现的排序又称表插入排序，在第三种存储方式下实现的排序又称地址排序。

设待排序记录以上述第一种方式存储，为方便讨论，本章中约定：①排序使记录按关键字非递减有序；②关键字为整型。

在下面讨论的大部分算法中，待排序记录的数据类型定义如下。

```
#define MAXSIZE 1000        //待排顺序表的最大长度
typedef int KeyType;        //定义关键字类型为整数类型
typedef struct
  KeyType key;              //关键字项
  Infotype otherinfo;       //其他数据项
}RcdType;                   //记录类型
typedef struct{
  RcdType r[MAXSIZE+1];     //r[0]闲置
  int length;              //顺序表的长度
}SqList;                   //顺序表的类型
```

12.2　插入排序

插入排序是将无序子序列中的一个或几个记录"插入"到有序序列中，从而增加记录的有序子序列长度的一类方法。

12.2.1　直接插入排序

直接插入排序是一种最简单的排序方法。它的基本操作是将一个记录插入已排好序的有序表中，从而得到一个新的、记录数增 1 的有序表。

直接插入排序中，整个排序过程进行 $n-1$ 趟插入，即先将序列中的第 1 个记录看成是一个有序的子序列，然后从第 2 个记录起逐个进行插入，直至整个序列变成有序序列为止。

在一般情况下，第 i 趟直接插入排序的操作为，当插入第 i 个记录时，前面的 $R[1]$、$R[2]$、…、$R[i-1]$ 已有序。此时，用 $R[i]$ 的关键字与 $R[i-1]$、$R[i-2]$ 等的关键字顺序进行比较，找到插入位置并将 $R[i]$ 插入，原位置上的记录依次后移。如图 12-1 所示。

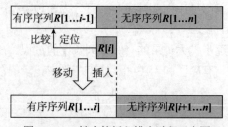

图 12-1　一趟直接插入排序过程示意图

以关键字序列 13　27　38　49　65　<u>49</u>　76　97 为例，按照上述排序操作进行直接插入排序的过程如图 12-2 所示。

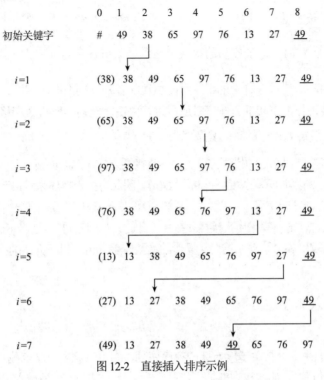

图 12-2　直接插入排序示例

直接插入排序的算法如下。

```
void InsertionSort ( SqList &L){
  //对顺序表 L 进行直接插入排序
  for (i =2;i <= L.length;++i)
    if (L.r[i].key < L.r[i-1].key){
      L.r[0] = L.r[i];              //L.r[0]是监视哨
      for (j = i - 1;LT (L.r[0].key, L.r[j].key);-- j )
      L.r[j+1] = L.r[j];           //记录后移
      L.r[j+1] = L.r[0];           //插入到正确位置
    }
} //InsertSort
```

直接插入排序算法简洁，较容易实现，那么它的效率如何呢？

从空间来看，它只需要一个记录的辅助空间，空间复杂度为 $O(1)$。

从时间来看，排序的基本操作为，比较两个关键字的大小和移动记录。先分析一趟插入排序的情况。算法中内层的 for 循环的次数取决于待插记录的关键字与前 $i-1$ 个记录的关键字之间的关系。若 $L.r[i].key<L.r[1].key$，则内循环中，待插记录的关键字须与有序子序列 $L.r[1\cdots i-1]$ 中 $i-1$ 个记录的关键字和监视哨中的关键字进行比较，并将 $L.r[1\cdots i-1]$ 中 $i-1$ 个记录后移。则在整个排序过程(进行 $n-1$ 趟插入排序)中，当待排序列中的记录按关键字非递减有序排列(以下

称为"正序"时，所需进行关键字间比较的次数达最小值 $n-1$(即 $\sum\limits_{i=2}^{n}1$)，记录不需要移动；反之，当待排序列中记录按关键字非递增有序排列(以下称为"逆序")时，总的比较次数达到最大值 $(n+2)(n-1)/2$ (即 $\sum\limits_{i=2}^{n}i$)，记录移动的次数也达到最大值 $(n+4)(n-1)/2$ (即 $\sum\limits_{i=2}^{n}(i+1)$)。若待排序记录是随机的，即待排序列中的记录可能出现的各种排列的概率相同，则可取上述最小值和最大值的平均值，作为直接插入排序时所需进行关键字间的比较次数和移动记录的次数，约为 $n^2/4$。由此，直接插入排序的时间复杂度为 $O(n^2)$。

直接插入排序是一种稳定的排序方法。虽然直接插入排序的时间复杂度为 $O(n^2)$，但若待排序序列是"正序"，则其时间复杂度可提高至 $O(n)$。因此对插入排序来说，若待排记录序列按关键字"基本有序"，则其效率可大大提高。该排序算法实现简单，当 n 值很小时效率也比较高。

但当 n 值很大时，则不宜采用直接插入排序。此时，如何改进算法呢？在直接插入排序的基础上，从减少"比较"和"移动"这两种操作的次数着手，可得以下介绍的折半插入排序，2-路插入排序等插入排序。

12.2.2 折半插入排序

1. 定义

如果 $R[1\cdots i-1]$ 是一个按关键字有序的有序序列，则可以利用折半查找实现"在 $R[1\cdots i-1]$ 中查找 $R[i]$ 的插入位置"，如此实现的插入排序为折半插入排序。折半插入排序是直接插入排序的改进，提高了查找插入位置的速度。

2. 基本思想

若要插入一个记录，可先对有序的记录序列折半，确定要插入记录的位置是在前一半序列中，还是在后一半序列中，不断地对有序的记录序列折半，最后找到合适的插入位置。

3. 排序过程

设置一个头指针 low 和一个尾指针 $high$，分别指向待查区间的头和尾，由 low 和 $high$ 得出中间记录的位置，用 mid 指示，$mid=(low+high)/2$(取整)。每次将待查记录的关键字 $r[i].key$ 与 $r[mid].key$ 作比较，若 $r[i].key>r[mid].key$，则令 $low=mid+1$，继续查找；若 $r[i].key<r[mid].key$，则令 $high=mid-1$，继续查找；以此类推，直到查找到适当的插入位置。

算法如下。

```
void BInsertSort ( SqList &L) {
  //对顺序表 L 进行折半插入排序
  for (i = 2;i <= L.length;++i ) {
   L.r[0] = L.r[i];                    //将 L.r[j]暂存到 L.r[0]
   low = 1;  high = i - 1;             //在 L.r[1…i-1]中折半查找插入位置 low
   while (low<=high) {
    m = (low + high)/2;                //折半
```

```
      if (LT(L.r[0].key,L.r.[m].key))   high = m-1;      //插入点在低半区
      else  low = m + 1;                          //插入点在高半区
    } //while
    for ( j = i - 1;j >= high;--j )   L.r[j+1] = L.r[j];    //记录后移
    L.r[high+1] = L.r[0];                           //插入
  } //for
} //BInsertSort
```

折半插入排序比直接插入排序在大多数情况下减少了关键字间的“比较”次数，但记录“移动”的次数不变，因此折半插入排序的时间复杂度仍为 $O(n^2)$。

12.2.3　2-路插入排序

2-路插入排序是在折半插入排序的基础上再进行改进，目的是减少排序过程中移动记录的次数，但为此需要 *n* 个记录的辅助空间。具体做法是，另设一个和 *L.r* 同类型的数组 *d*，首先将 *L.r*[1]赋值给 *d*[1]，并将 *d*[1]看成是在排好序的序列中处于中间位置的记录，然后从 *L.r* 中第 2 个记录起依次插入 *d*[1]之前或之后的有序序列中。先将待插入记录的关键字和 *d*[1]的关键字进行比较，若 *Lr*[*i*].key<*d*[1].key，则将 *L.r*[*i*]插入 *d*[1]之前的有序表中；反之，则将 *L.r*[*i*]插入 *d*[1]之后的有序表中。在实现算法时，可将 *d* 看成是一个循环向量，并设两个指针 *first* 和 *final* 分别指示排序过程中得到的有序序列中的第一个记录和最后一个记录在 *d* 中的位置。

仍以关键字序列 13　27　38　49　65　49　76　97 为例，进行 2-路插入排序，如图 12-3 所示。

```
初始关键字:      49    38    65    97    76    13    27    49
排序过程中 d 的状态如下。
i=1:            (49)   38    65    97    76    13    27    49
           first↑↑final
i=2:            (49)                                     (38)
                 ↑final                                   ↑first
i=3:            (49    65)                               (38)
                       ↑final                             ↑first
i=4:            (49    65    97)                         (38)
                             ↑final                       ↑first
i=5:            (49    65    76    97)                   (38)
                                   ↑final                 ↑first
i=6:            (49    65    76    97)             (13    38)
                                   ↑final          ↑first
i=7:            (49    65    76    97)       (13    27    38)
                                   ↑final     ↑first
i=8:        (49    49    65    76    97    13    27    38)
                                     ↑final ↑first
```

图 12-3　2-路插入排序示例

2-路插入排序的具体算法如下。

```
void TwoWaySort(int *data,long *p_movetime,long *p_comparetime){
```

```
    int amount;
    int first, final,i,j;
//first 和 final 分别指示有序序列中的第一个记录和最后一个记录在 d 中的位置
    int d[10000];
    *p_movetime = *p_comparetime = 0;
    amount = *data;
    d[1] = *(data+1);
    first = 1; final = 1;
    for ( i=2;i <= amount;i++)    {
        ( *p_ comparetime ) ++;
        if ( * ( data + i ) >= d[1] ) {  //插入前部
         for ( j = final;d[j] > * ( data + i );j -- ) {
            ( * p_comparetime ) ++;
            d [j+1] = d[j];
            ( *p_movetime )++;
         }
         d [j+1] = * ( data + i );
         ( *p_movetime )++;
         final ++;
        }
       else{   //插入后部
        if ( first == 1) {
          first = amount;
          d [ first ] = *( data+i );
          ( *p_movetime ) ++;
        }
        else {
           for ( j = first;d [ j ] < *( data + i ) && j <= amount;j ++) {
              ( *p_comparetime ) ++;
              d[j-1] = d[j];
              ( *p_movetime ) ++;
           }
           d[j-1] = * (data+i);
           (*p_movetime)++;
           first --;
        }
       }
    } //for
    for ( i = first,j = 1;j <= amount;i = i % ( amount ) + 1,j ++ ) //将序列复制回去
       * ( data + j ) = d [i];
}
```

在 2-路插入排序中，移动记录的次数约为 $n^2 / 8$。因此，2-路插入排序只能减少移动记录的次数，而不能绝对避免移动记录。而当 $L.r[1]$ 是待排序记录中关键字最小或最大的记录时，2-

路插入排序就完全失去它的优越性。因此，若希望在排序过程中不移动记录，只能改变存储结构。下面介绍的表插入排序就实现了这一点。

12.2.4　表插入排序

为了减少在排序过程中进行的"移动"记录的操作，须改变排序过程中采用的存储结构。表插入排序利用静态链表进行排序，并在排序完成之后，一次性地调整各记录相互之间的位置，即将每个待排序记录都调整到它们应该在的位置上，避免排序过程中频繁移动记录。表插入排序可分为以下两个步骤。

① 在静态链表中，通过指针 next(虽然称为指针，但它是指示数组下标的整型变量)在逻辑上对记录进行排序。但此时，所有记录的物理位置均未发生变化。静态链表在物理上是顺序存储结构，在逻辑上是链式存储结构。

② 根据记录逻辑上的次序，依次将每个记录移动到它正确的物理位置上。

```
#define SIZE 1000      //静态链表容量
typedef struct {
  rcdType  rc;         //记录项
  int next;            //指针项
}SLNode;               //表结点类型
typedef struct {
  SLNode r[SIZE];      //0 号单元为表头结点
  int length;          //链表当前的长度
}SLinkListType         //静态链表类型
```

假设使用上述说明的静态链表类型作为待排序记录序列的存储结构，设数组中下标为"0"的分量为表头结点(其作用参考单链表的头结点)，令表头结点记录的关键字取最大整数 MAXINT，则表插入排序的过程如下：首先将静态链表数组中下标为"1"的结点和表头结点构成一个循环静态链表，然后依次将下标为"2"至"n"的结点按记录关键字非递减有序插入循环链表中。仍以关键字序列 13，27，38，49，65，<u>49</u>，76，97 为例，表插入排序在逻辑上进行排序的过程如图 12-4 所示(图中忽略记录的其他数据项)。

算法 LinsertionSort 描述了上述重排记录的过程。

```
void LinsertionSort (Elem SL[ ],int n){
//对记录序列 SL[1…n]进行表插入排序
  SL[0].key = MAXINT;
  SL[0].next = 1;  SL[1].next = 0;
  for ( i = 2;i <= n;++ i )
      for ( j=0,k = SL[0].next;SL[k].key <= SL[i].key;j = k,k = SL[k].next ) {
          SL[j].next = i;  SL[i].next = k;}
          //结点 i 插入在结点 j 和结点 k 之间
} //LinsertionSort
```

上述排序过程是表插入排序过程的步骤 1，其结果是求得了一个逻辑有序的静态链表。它在逻辑上是有序的，但物理上仍然和初始序列一样是无序的。可以对步骤 1 的结果进行顺序查找，但不能进行随机查找。为了能实现有序表的折半查找，尚需在步骤 1 的基础上进行表插入排序的步骤 2，对记录进行重新排列。

	0	1	2	3	4	5	6	7	8	
初始状态	MAXINT	49	38	65	97	76	13	27	<u>49</u>	key 域
	1	0	—	—	—	—	—	—	—	next 域
i=2	MAXINT	49	38	65	97	76	13	27	<u>49</u>	
	2	0	1	—	—	—	—	—	—	
i=3	MAXINT	49	38	65	97	76	13	27	<u>49</u>	
	2	**3**	1	0	—	—	—	—	—	
i=4	MAXINT	49	38	65	97	76	13	27	<u>49</u>	
	2	3	1	**4**	0	—	—	—	—	
i=5	MAXINT	49	38	65	97	76	13	27	<u>49</u>	
	2	3	1	**5**	0	4	—	—	—	
i=6	MAXINT	49	38	65	97	76	13	27	<u>49</u>	
	6	3	1	5	0	4	2	—	—	
i=7	MAXINT	49	38	65	97	76	13	27	<u>49</u>	
	6	3	1	5	0	4	**7**	2	—	
i=8	MAXINT	49	38	65	97	76	13	27	<u>49</u>	
	6	**8**	1	5	0	4	7	2	**3**	

图 12-4　表插入排序示例

重排记录的做法是：顺序扫描有序静态链表，将静态链表中第 *i* 个结点(逻辑上)移动至数组的第 *i* 个分量(物理上)上。例如，图 12-5(a)是经过步骤 1 后得到的有序静态链表 SL。根据头结点中指针域的指示，链表的第一个结点，即关键字最小的结点是数组中下标为 6 的分量(首结点 SL. r[0]. Next 指示的结点)，它应移至数组的第一个分量中，这时将 SL. r[1]和 SL. r[6]互换；为了不中断静态链表中的"链"，即在继续顺链扫描时仍能找到互换之前在 SL. r[1]中的结点，则令互换之后的 SL. r[1]中指针域的值改为"6"，表示当再次查找到下标为 1 的结点时，它已经被移动到下标为 6 的结点中(见图 12-5(b))。推广至一般情况，若第 *i* 个最小关键字的结点是数组中下标为 *p* 且 *p*＞*i* 的分量，则互换 SL. r[*i*]和 SL. r[*p*]，且令 SL. r[*i*]中指针域的值改为 *p*；由于此时数组中所有小于 *i* 的分量中已是"到位"的记录，则当 *p*＜*i* 时，应顺链继续查找直到 *p*≥*i* 为止。图 12-5 所示为重排记录的全部过程。

算法 Arrange 描述了上述重排记录的过程。为了在排序之后调整记录序列，算法中使用了 3 个指针，其中，*p* 指示第 *i* 个记录的当前位置；*i* 指示第 *i* 个记录应在的位置；*q* 指示第 *i*+1 个记录的当前位置。

```
void Arrange ( SLinkListType SL[ ],int n ) {
```

//根据静态链表 SL 中各结点的指针值调整记录位置，使 SL 中的记录按关键字非递减有序顺序排列
```
p = SL[0].next;//p 指示第一个记录的当前位置
for ( i = 1;i < n; ++ i ) {
//SL[1…i-1]中的记录已按关键字有序排列，第 i 个记录在 SL 中的当前位置应不小于 i
    while (p < i) p = SL[p].next;
    //找到第 i 个记录，并用 p 指示其在 SL 中的当前位置
    q = SL[p].next;                    //q 指示尚未调整的表尾
    if ( p!= i ) {
      SL[p]↔SL[i];                     //交换记录，使第 i 个记录到位
      SL[i].next = p;                  //指向被移走的记录，使以后可由 while 循环找回
    }
  p = q;                              //p 指示尚未调整的表尾，为找第 i+1 个记录做准备
  }
} //Arrange
```

	0	1	2	3	4	5	6	7	8	
初始状态	MAXINT	49	38	65	97	76	13	27	52	(a)
	6	8	1	5	0	4	7	2	3	
i=1	MAXINT	13	38	65	97	76	49	27	52	(b)
p=6	6	(6)	1	5	0	4	8	2	3	
i=2	MAXINT	13	27	65	97	76	49	38	52	(c)
p=7	6	(6)	(7)	5	0	4	8	1	3	
i=3	MAXINT	13	27	38	97	76	49	65	52	(d)
p=(2),7	6	(6)	(7)	(7)	0	4	8	5	3	
i=4	MAXINT	13	27	38	49	76	97	65	52	(e)
p=(1),6	6	(6)	(7)	(7)	(6)	4	0	5	3	
i=5	MAXINT	13	27	38	49	52	97	65	76	(f)
p=8	6	(6)	(7)	(7)	(6)	(8)	0	5	4	
i=6	MAXINT	13	27	38	49	52	65	97	76	(g)
p=(3),7	6	(6)	(7)	(7)	(6)	(8)	(7)	0	4	
i=7	MAXINT	13	27	38	49	52	65	76	97	(h)
p=(5),8	6	(6)	(7)	(7)	(6)	(8)	(7)	(8)	0	

图 12-5　表插入排序步骤 2 重排记录过程

从表插入排序的过程可见，步骤 1 的基本操作是将一个记录在逻辑上插入到已排好序的有

序静态链表中。和直接插入排序相比的不同之处，它是以修改 $2n$ 次指针值代替移动记录；两者排序过程中所需进行的关键字间的比较次数相同。因此，表插入排序步骤 1 的时间复杂度是 $O(n^2)$。在步骤 2 重排记录的过程中，最坏情况下每个记录到位都必须进行一次记录的交换，即 3 次移动记录，因此，重排记录至多需进行 $3(n-1)$ 次记录的移动，但这并不增加表插入排序的时间复杂度。所以，表插入排序总的时间复杂度仍是 $O(n^2)$。

12.2.5 希尔排序

希尔排序于 1959 年由 D L Shell 提出，又称为缩小增量排序。它也属于插入排序类的方法，但在时间效率上较直接插入排序方法有较大的改进。

在直接插入排序中，只比较相邻的结点，一次比较最多把结点移动一个位置。如果将位置间隔较大距离的结点进行比较，则可使结点在比较以后能够一次跨过较大的距离，这样就可以提高排序的速度。

希尔排序的基本思想是：对待排序记录先作"宏观"调整，再做"微观"调整。所谓"宏观"调整，指的是跳跃式的插入排序。即希尔排序中，先将整个待排记录序列分成为若干子序列，分别进行直接插入排序，待整个序列中的记录基本有序时，再对全体记录进行一次直接插入排序。具体来说，假设将 n 个记录分成 d 个子序列，每个子序列中的数据元素位置间隔 d，则这 d 个子序列分别如下。

第 1 组：$\{ R[1],\ R[1+d],\ R[1+2d],\ \cdots,\ R[1+kd] \}$，每个数据位置间隔为 d。

第 2 组：$\{ R[2],\ R[2+d],\ R[2+2d],\ \cdots,\ R[2+kd] \}$，同样第 2 组也是每个数据位置间隔为 d。

$\vdots$

第 d 组：$\{ R[d],\ R[2d],\ R[3d],\ \cdots,\ R[kd],\ R[(k+1)d] \}$

把数据元素的位置间隔 d 称为增量，其值在排序过程中逐渐缩小，直到最后为 1 时为止。

以关键字序列 49　38　65　97　76　13　27　<u>49</u>　55　04 为例，增量取 $d_1=5$，$d_2=5$，$d_3=1$，希尔排序过程如图 12-6 所示。

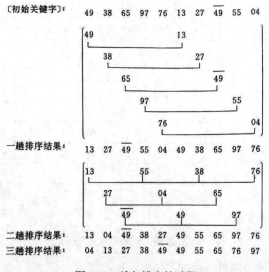

图 12-3　希尔排序的过程

从上述排序过程可见，希尔排序的特点是：子序列的构成不是简单地逐段分割，而是将相隔某个增量的记录组成一个子序列。但希尔排序是一种不稳定的排序，未排序前，49 在 <u>49</u> 之前，希尔排序后，49 在 <u>49</u> 之后。在任何排序过程中，只要出现一次此类情形，即可判定这种排序是不稳定的。

下面用 C 语言描述希尔排序的过程，先将直接插入排序的算法修改为如下所示一趟希尔排的形式。

```c
void ShellInsert ( SqList &L, int dk ){
//对顺序表 L 进行一趟希尔排序，本算法对直接插入算法进行了以下修改
//1. 前后记录位置的增量是 dk，而不是 1
//2. r[0]只是暂存单元而不是哨兵。当 j<=0 时，插入位置已找到
for (i = dk+l;i<=L.length;++ i )
  if ( L.r[i].key<L.r[i-dk].key){
   L.r[0] = L.r[i];         //L.r[0]是暂存单元而不是监视哨
   for ( j=i-dk;j>0 && (L.r[0].key < L.r[j].key);j - =dk)
   L.r[j+dk] = L.r[j];
   L.r[j+dk] = L.r[0];   //插入
   }//if
} //ShellInsert
```

在上述一趟希尔排序算法的基础上，希尔排序算法如下。

```c
void ShellSort (SqList &L,int dlta[ ],int t) {
//按增量序列 dlta[0..t-1]对顺序表 L 进行希尔排序
  for ( k = 0;k < t;++t )
  ShellInsert ( L,dlta[k]);    //一趟增量为 dlta[k]的插入排序
}//ShellSort
```

希尔排序的时间是所取"增量"序列的函数，这涉及数学上尚未解决的问题。到目前为止，对一般情形尚未有人求得一种最好的增量序列，但大量的研究已得出一些局部的结论。例如，有人在大量的实验基础上推出：当 n 在某个特定范围内，希尔排序所需比较和移动的次数约为 $n^{1.3}$。增量序列可以有各种取法，但需注意，应使增量序列中的值没有除 1 外的公因子，并且最后一个增量值必须等于 1。

12.3　交换排序

本节讨论一类借助"交换"进行排序的方法——交换排序，最简单的交换排序就是人们所熟知的起泡排序，快速排序是对起泡排序的一种改进。

12.3.1　起泡排序

起泡排序是一种简单的交换排序。

首先将第一个记录的关键字和第二个记录的关键字进行比较，如果为逆序，则将这两个记录交换，然后比较当前第二个记录和第三个记录的关键字，进行同样操作，以此类似，直到第 n-1 个记录和第 n 个记录的关键字进行过比较和处理为止。上述过程称为第一趟起泡排序，其结果是使关键字最大的记录被放置到最后一个记录的位置上。由此，大的元素向下沉到最后，小的元素向上浮起，就像起泡一样，起泡排序故此得名。然后，进行第二趟起泡排序，直到第 n-1 趟起泡排序结束或在某趟排序过程中没有进行交换记录的操作时为止。

仍以关键字序列 13，27，38，49，65，<u>49</u>，76，97 为例，应用起泡排序，过程如图 12-7 所示。

0	初始	一趟	两趟	三趟	四趟	五趟	六趟
1	49	38	38	38	13	13	13
2	38	49	49	49	27	27	27
3	65	65	65	13	38	38	38
4	97	76	13	27	49	49	49
5	76	13	27	<u>49</u>	<u>49</u>	<u>49</u>	<u>49</u>
6	13	27	<u>49</u>	65	65	65	65
7	27	<u>49</u>	76	76	76	76	76
8	<u>49</u>	97	97	97	97	97	97

图 12-7　起泡排序示例

判断起泡排序结束的条件是，在一趟排序过程中没有进行过交换记录的操作。起泡排序算法如下。

```
void bubblesort (Sqlist &L){
//将 L 中的记录序列重新排列成按关键字有序的序列
for ( i = 1,change = TRUE;i < L.length && change;i++){
  change= FALSE;
  for ( j = 1;j < L.length - i + 1;++ j)
   if ( L.r[i] >L.r[j+1] ){
    L.r[i] = L.r[j+l];change = TRUE }
   }
} //bubblesort
```

分析起泡排序的效率，容易看出，若初始序列为"正序"序列，则只须进行一趟排序，在排序过程中进行 n-1 次关键字间的比较，且不移动记录；反之，若初始序列为"逆序"序列，

则需进行 $n-1$ 趟排序，须进行 $\sum\limits_{2}^{i=n}(i-1)=n(n-1)/2$ 次比较，并做等数量级的记录移动。因此，起泡排序平均时间复杂度为 $O(n^2)$。

12.3.2 快速排序

快速排序是对起泡排序的一种改进。快速排序通过任意选取一个记录(通常可选序列中第一个记录)，以它的关键字作为枢轴，依次遍历后继记录，凡其关键字小于枢轴的记录均移至该记录之前，凡是关键字大于枢轴的记录均移动至该记录之后。一趟排序之后，记录的无序序列 $R[s\cdots t]$ 被分割成两部分：$R[s\cdots i-1]$ 和 $R[i+1\cdots t]$，且 $R[j].key \leqslant R[i].key \leqslant R[k].key(s \leqslant j \leqslant i-1)$，$(i+1 \leqslant k \leqslant t)$。

重点理解一趟快速排序的过程。

对待排序记录区间 $R[s\cdots t]$，设指针 low 和 high，初值分别为 s 和 t，指示待排序记录区间的低下标和高下标；枢轴记录通常选择待排序记录区间的第一个记录 $R[s]$，设枢轴记录的关键字为 pivotkey。

首先从 high 所指位置开始向左侧搜索，由于一趟快速排序的目标是所有关键字大于 pivotkey 的记录都处于枢轴记录的右侧，所以从 high 所指位置开始的向左搜索过程中，凡是关键字大于等于 pivotkey 的记录，都已在当前枢轴记录的右侧，此时只需左移指针 high--，继续向左搜索；搜索过程中，一旦遇到关键字小于 pivotkey 的记录，则把它和枢轴记录交换位置，使其位于枢轴记录的左侧。接下来，换方向。

从 low 所指位置开始向右侧搜索，凡是关键字小于等于 pivotkey 的记录，都已在当前枢轴记录的左侧，此时只需右移指针 low++，继续向右搜索；搜索过程中，一旦遇到关键字大于 pivotkey 的记录，则把它和枢轴记录交换位置，使其位于枢轴记录的右侧。接下来，换方向。

重复上述两步直至 low=high 为止。

例如，初始关键字序列为：$\{49，38，65，97，76，13，27，\overline{49}\}$，一趟快速排序和快速排序过程，如图 12-8 所示。

观察上述过程可见，某记录和枢轴记录交换位置的操作可能反复进行，具体实现时，每交换一对记录则需进行 3 次赋值操作。而事实上，枢轴记录的位置并不需要反复移动，当一趟快速排序结束时，即 low =high 的位置才是枢轴记录的恰当位置。因此，交换一对记录所需的 3 次赋值操作可去掉关于枢轴记录的 2 次赋值，提高算法效率。由此，可先将枢轴记录暂存在 R[0] 位置上，直到一趟快速排序结束后再将枢轴记录移至正确位置上。

一趟快速排序算法 Partition 如下所示。

```
int Partition(SqList &L, int low, int high) { //完成一趟快速排序，返回调整后的枢轴记录
    L.r[0]= L.r[low];              //待排序记录区间的第一个记录作枢轴记录
    pivotkey = L.r[low] key;       //枢轴记录关键字
    while (low<high) {             //从表的两端交替向中间搜索
        while (low<high && L.r[high].key >= pivotkey)  --high;
        L.r[low] = L.r[high];      //将比枢轴记录小的记录移到左侧
```

```
    while (low<high && L.r[low].key <= pivotkey)  ++low;
    L.r[high] = L.r[low];           //将比枢轴记录大的记录移到右侧
  L.r[low] = L.r[0];                //一趟快速排序结束,此时 low=hig,即枢轴记录恰当位置
  return low;                       //返回枢轴位置
}//Partition
```

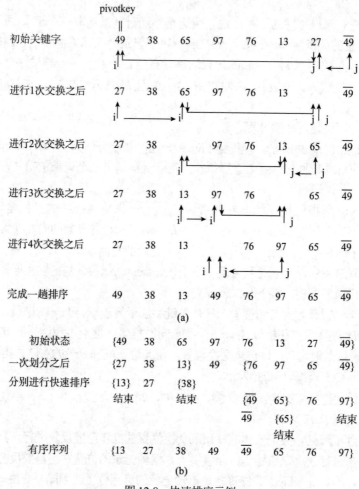

(a)

初始状态	{49	38	65	97	76	13	27	$\overline{49}$}
一次划分之后	{27	38	13}	49	{76	97	65	$\overline{49}$}
分别进行快速排序	{13}	27	{38}					
	结束		结束		{$\overline{49}$	65}	76	97}
					$\overline{49}$	{65}		结束
						结束		
有序序列	{13	27	38	49	$\overline{49}$	65	76	97}

(b)

图 12-8　快速排序示例

(a) 一趟快速排序　(b) 快速排序过程

　　整个快速排序的过程可递归进行。若待排序列中只有一个记录，显然已有序，否则进行一趟快速排序后，再分别对枢轴关键字分成的两个子序列进行快速排序。基于一趟快速排序的快速排序算法如下所示。

```
void QSort (SqList &L, int low, int high) {
//对顺序表 L 中的子序列 L.r[low…high]进行快速排序
  if (low<high) {                              //长度大于1
      pivotloc = Partition(L, low, high);      //将 L.r[low … high]以枢轴位置分为两部分
```

```
        QSort(L, low, pivotloc-1);       //对低子表递归排序，pivotloc 是枢轴位置
        QSort(L, pivotloc+ 1, high);     //对高子表递归排序
    }
}// QSort
void QuickSort(SqList &L) (              //对顺序表 L 进行快速排序
    QSort(L,1, L.length);
}//QuickSort
```

快速排序被认为是在所有同数量级 $O(n\log n)$ 的排序方法中平均性能最好的。但是，若待排记录的初始状态为按关键字有序或基本有序时，快速排序将蜕化为起泡排序，其时间复杂度为 $O(n^2)$。为避免出现这种情况，可在进行快速排序之前进行预处理，如比较第 1 个关键字 $L.r[s].key$、最后一个关键字 $L.r[t].key$ 和中间位置的关键 $L.r[(s+t)/2].key$，取三者中关键字中值的记录为枢轴记录。

12.4　选择排序

选择排序基本思想是，每一趟在 $n-i+1(i=1,2,\cdots,n-1)$ 个记录中选取关键字最小的记录作为有序序列中的第 i 个记录。其中，最简单的是简单选择排序。

12.4.1　简单选择排序

一趟简单选择排序的操作为，通过 $n-i$ 次关键字间的比较，从 $n-i+1$ 个记录中选出关键字最小的记录，并和第 $i(1\leqslant i\leqslant n)$ 个记录进行交换。

具体分解为，第一趟排序时，在从第一个记录开始的 n 个记录中找出关键字最小的记录与第 1 个记录进行交换；第二趟排序时，从第二个记录开始的 $i-1$ 个记录中再选出关键字最小的记录与第 2 个记录进行交换；第 i 趟排序时，从第 i 个记录开始的 $n-i+1$ 个记录中选出关键字最小的记录与第 i 个记录进行交换；以此类推，直到整个序列按关键字有序。

仍以关键字序列 49　38　65　97　76　13　27　<u>49</u> 为例，如图 12-9 展示了简单选择排序的排序过程。

简单选择排序算法如下。

```
void SelectSort ( SeqList R ){
  int i,j,k;
  for ( i = 1;i < n;i ++) {            //选择第 i 小的记录，并交换到位，需要进行 n-i 趟
    k = i;
    for ( j = i+1;j <= n;j ++)         //在 R[i...n]中选择关键字最小的记录
      if ( R[j].key < R[k].key)
        k = j;                         //记录下最小的元素位置为 K
      if ( k != i){
        R[0] = R[i];R[i] = R[k];R[k] = R[0];}      //与第 i 个记录进行交换
```

```
    }
}
```

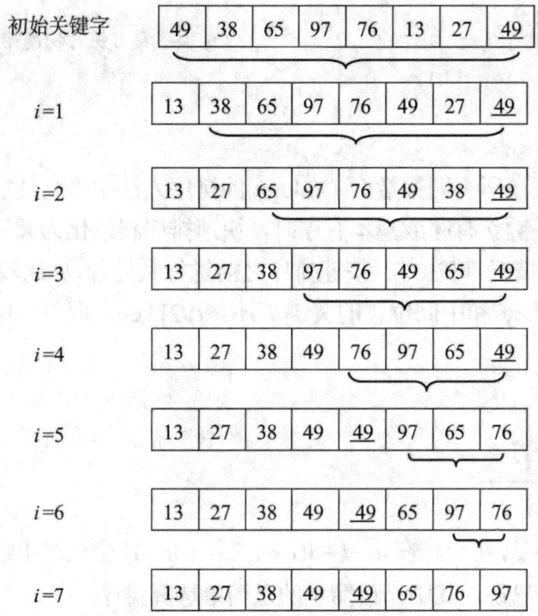

初始关键字

49	38	65	97	76	13	27	49

$i=1$

13	38	65	97	76	49	27	49

$i=2$

13	27	65	97	76	49	38	49

$i=3$

13	27	38	97	76	49	65	49

$i=4$

13	27	38	49	76	97	65	49

$i=5$

13	27	38	49	49	97	65	76

$i=6$

13	27	38	49	49	65	97	76

$i=7$

13	27	38	49	49	65	76	97

图 12-9　简单选择排序示例

容易看出，无论关键字序列的初始状态如何，在第 i 趟排序中选择关键字最小的记录，须进行 $n-i$ 次比较，因此总的比较次数为 $\sum_{n-1}^{i=1}(n-i)=n(n-1)/2$。

当文件为正序时，移动次数为 0；当文件初态为反序时，每趟排序均要执行交换操作，总的移动次数取最大值为 $3(n-1)$。

综上，简单选择排序的时间复杂度为 $O(n^2)$，其空间复杂度为 $O(1)$。简单选择排序是稳定的排序方法。

12.4.2　堆排序

堆排序只需要一个记录大小的辅助空间，每个待排序的记录仅占有一个存储空间。

1. 堆的定义

n 个元素序列 $\{k_1, k_2, \cdots, k_n\}$ 当且仅当满足以下关系时，称为堆。

$$\begin{cases} k_i \leqslant k_{2i} \\ k_i \leqslant k_{2i+1} \end{cases} \quad \text{或} \quad \begin{cases} k_i \geqslant k_{2i} \\ k_i \geqslant k_{2i+1} \end{cases} \quad \left(i=1,2,\cdots,\left\lfloor \frac{n}{2} \right\rfloor\right)$$

若将和此序列对应的一维数组看成是一棵完全二叉树，则堆的
含义表明完全二叉树中所有非终端结点的值均不大于(或不小于)其
左、右孩子结点的值。k_i、k_{2i}、k_{2i+1} 这 3 个结点的结构图如图 12-10
所示，根结点为 k_j，它的左孩子结点为 k_{2j}，它的右孩子结点为 k_{2j+1}。
由此，若上述序列是堆，则堆顶元素(或完全二叉树的根)必为序
列中 n 个元素的最小值(或最大值)。

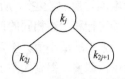

图 12-10 堆中结点的示意图

例如，序列{12, 36, 27, 65, 40, 34, 98, 81, 73, 55, 49}对应的二叉树是堆顶元素取最小值的
小顶堆，如图 12-11 所示。

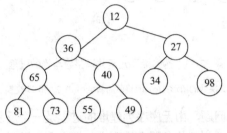

图 12-11 小顶堆示例

序列{98, 81, 49, 73, 36, 27, 40, 55, 64, 12}对应的二叉树是堆顶元素取最大值的大顶堆，
如图 12-12 所示。

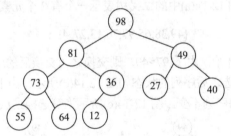

图 12-12 大顶堆示例

对于大顶堆来说，在输出堆顶的最大值之后，调整剩余的 $n-1$ 个元素可重新建成一个大顶
堆，这样得到 n 个元素中的次大值。如此反复执行，就可以得到所有元素的有序序列，这种排
序方式称为堆排序。

2. 堆排序的两个问题

由上述讨论可知，实现堆排序时需要解决两个问题：①如何由一个无序序列建立一个堆；
②如何在输出堆顶元素后，调整剩余元素成为新的堆？

下面先讨论第二个问题，这个过程也称为"筛选"。所谓"筛选"指的是，对一棵左、右子
树均为堆的完全二叉树，调整结点使整个二叉树也成为一个堆。

例如，已知图 12-13(a)是已建成的小顶堆，输出堆顶元素 13(堆顶元素即为当前无序区的最
小值)后，以堆中最后一个元素 97 替代之，如图 12-13(b)所示。此时根结点的左、右子树均为
堆，则仅需自上至下进行调整即可。首先以堆顶元素和其左、右子树根结点的值比较，先比较
右子树根结点 27 与左子树根结点 38，取两者最小值 27 再与堆顶元素 97 比较，若该最小值小

于堆顶元素，则交换，所以本例中交换 27 与 97。由于 97 替代了 27 之后破坏了右子树的"堆"，则须进行和上述相同的调整，直至叶子结点，调整后的状态如图 12-13(c)所示，此时堆顶为 n-1 个元素中的最小值。重复上述过程，将堆顶元素 27 输出后，用堆中最后一个元素 97 代替，继续依次调整，得到如图 12-13(d)所示新的堆。这个自堆顶至叶子的调整过程即为"筛选"。

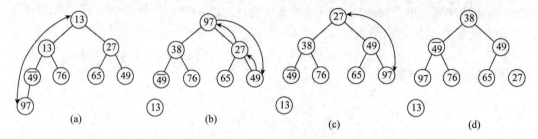

图 12-13　输出堆顶元素并调整建新堆的过程

(a) 堆；(b) 13 和 97 交换后的情形；(c) 调整后的新堆；(d) 27 和 97 交换后再调整建成的新堆

　　堆排序要解决的第一个问题，由无序序列建堆的过程是一个反复"筛选"的过程。若按无序序列给定关键字的顺序从上到下从左至右排列成一棵完全二叉树，则最后一个非终端结点是第$\lfloor n/2 \rfloor$个元素。所有以终端结点，即叶子结点为根结点的子树都是满足堆条件的堆，因为这些子树是只含一个关键字的序列，必为有序序列。由此"筛选"只需从第$\lfloor n/2 \rfloor$个元素开始，逆序直至第 1 个元素。例如，图 12-14(a)中的二叉树表示一个有 8 个元素的无序序列

$$\{49,38,65,97,76,13,27,\overline{49}\}$$

　　则筛选从第 4 个元素开始，由于 97>49，则交换之，交换后的序列如图 12-14(b)所示，同理，在第 3 个元素 65 被筛选之后序列的状态如图 12.14(c)所示。由于第 2 个元素 38 小于其左、右子树根的值，则筛选后的序列不变。图 12-14(e)所示为筛选根结点元素 49 之后建成的堆。

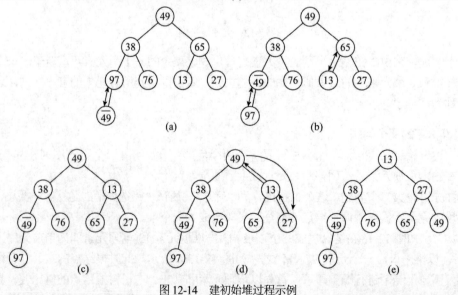

图 12-14　建初始堆过程示例

(a) 无序序列；(b) 97 被筛选之后的状态；(c) 65 被筛选之后的状态；(d) 38 被筛选之后的状态；(e) 49 被筛选之后建成的堆

3. 堆排序算法

为使排序结果和 12.1 节中的定义一致，即：使记录序列按关键字非递减有序排列,则在堆排序算法中先建一个"大顶堆"，即先选得一个关键字为最大的记录，与序列中最后一个记录交换，然后对序列中前 $n-1$ 记录进行筛选,重新将它调为一个"大顶堆"。如此反复，直至排序结束。由此，"筛选"应沿关键字较大的孩子结点向下进行。

筛选算法 HeapAdjust(以大顶堆为例)如下。

```
typedef SqList HeapType;        //堆采用顺序表存储表示
void HeapAdjust (HeapType &H, int s, int m){
//已知H.r[s..m]中记录的关键字除H.r[s].key外均满足堆的定义,本函数调整H.r[s]的关键字
//使H.r[s..m]成为一个大顶堆(对记录的关键字而言)
  rc= H.r[s];
  for( j=2*s; j<=m; j*=2) {            // 沿key较大的孩子结点向下筛选
     if ( j<m && H.r[j].key < H.r[j+ 1].key )  ++ j;   //j为key较大记录的下标
     if ( rc.Key>=H.r[j].key)  break;      //rc应插入在位置s上
     H.r[s]=H.r[j];
     s=j;
  }
  H.r[s] = rc;                           //插入
} //HeapAdjust
```

堆排序算法 HeapSort(以大顶堆为例)如下。

```
void HeapSort ( HeapType &H ) {          //对顺序表H进行堆排序
for ( i= H.length/2; i>0; --i )          //把H.r[1..H.length]建成大顶堆
   HeapAdjust ( H, i, H.length );
for ( i= H.length; i>1; --i) {
   H.r[1]↔H.r[i];     //将堆顶记录和当前无序子序列H.r[1..i]中的最后一个记录交换
   HeapAdjust(H,1,i-1);        //将H.r[1..i-1]重新调整为大顶堆
} // HeapSort
```

4. 堆排序算法分析

堆排序对记录数较少的文件并不提倡，但对较大的文件还是很有效的。因为其运行时间主要耗费在建初始堆和调整建新堆时进行的反复"筛选"上。堆排序在最坏情况下的时间复杂度仍为 $O(n \log n)$。相对于快速排序最坏情况下的效率降低的情形，这是堆排序的一大优点。

12.5 归并排序

归并排序是和前面各类排序方法完全不同的一类排序方法。"归并"的含义是将两个或两个以上的有序序列组合成一个新的有序序列。具体地，假设有两个有序子序列，其中一个子序列为 $R[1..s]$，另一个有序子序列为 $R[s+1..t]$，经过归并之后合并成一个有序序列 $R[1..t]$。它的实现方法早已为读者所熟悉，无论是顺序存储结构还是链式存储结构，利用归并的思想都可以在

$O(m+n)$(假设两个有序表的长度分别为 m 和 n)的时间量级上实现。

假设初始序列有 n 个记录，则可看成 n 个有序子序列，每个子序列的长度为 1，然后两两归并，得到 $n/2$ 个长度为 2 或 1 的有序子序列；继续两两归并；以此类推，直至得到一个长度为 n 的有序序列。如图 12-15 所示为序列{49, 38, 65, 97, 76, 13, 27}进行 2-路归并排序的过程。

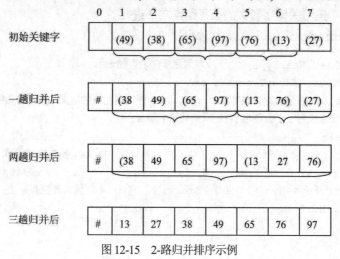

图 12-15　2-路归并排序示例

以顺序存储为例，2-路归并中的核心操作是将一维数组中前后相邻的两个有序序列归并为一个有序序列，其算法如下。

```
void Merge ( RcdType SR[],RcdType TR[],int i,int m,int n) {
//将有序的 SR[i..m]和 SR[m+1..n]归并为有序的 TR[i..n]
    for ( j = m+1,k = i;i <= m && j <= n;++ k)
    //将 SR 中的记录由小到大地并入 TR
        if ( SR[i].key <= SR[j].key)TR[k] = SR[i++];
        else TR[k]= SR[j++];
    if ( i <=m) TR[k..n]=SR[i..m];
    //将剩余的 SR[i..m]复制到 TR
    if(j<=n)TR[k..n]=SR[j..n]    //将剩余的 SR[j..n]复制到 TR
} //Merge
```

如果无序序列 $R[s..t]$的两部分 $R[s..(s+t)/2]$和 $R[(s+t)/2+1..t]$分别按关键字有序，则利用上述归并算法容易将它们归并成一个有序序列。为了保证上述两部分有序，应该先分别对这两部分进行 2-路归并排序。这是一个递归运算，又需要分别对序列前半部分和后半部分再次进行 2-路归并排序。

例如，待排序序列为 52　23　80　36　68　14。按照归并排序的思想，首先把这个序列分为两个子序列，前半部分为 52　23　80，后半部分为 36　68　14；再分别对前半部分和后半部分进行 2-路归并排序。在对前半部分进行 2-路归并排序时，需要把前半部分再进行分解，分解为两个子系列 52　23 和 80，继续对 52　23 这个子序列进行分解，分为 52、23 两个只有一个元素的子序列，即有序序列，不需要再继续分解。如果子序列只含一个元素，则为有序子序列，这是分解结束的标志。这样前半部分分解成了 3 个有序子序列，分别为 52，23，80。

下面进行两两合并，第 1 次合并为 23　52 和 80 两个子序列，第 2 次合变了 23　52　80 长度为 3 的子序列。以此类推，对后半部分进行 2-路归并排序，得到另一个长度为 3 的有序子序列 14　36　68。

这样前半部分和后半部分分别调整为有序序列，再对这两部分有序序列，进行 2-路归并排序形成一个总的有序序列。

递归形式的 2-路归并排序算法如下。

```
void Msort ( RcdType SR[ ],RcdType TR1[ ],int s,int t ) {
//将 SR[s..t]归并排序为 TR1[s..t]，原序列 SR[s..t]无序归，并后的序列 TR1[s..t]有序
    if (s = = t)  TR1[s] = SR[s];
    else {
        m = (s+t)/2;    //将 SR[s..t]平分为 SR[s..m]和 SR[m+1..t]
        Msort (SR,TR2,s,m);
        //递归地将 SR[s..m]归并为有序的 TR2[s..m]
        Msort (SR,TR2,m+1,t);
        //递归地将 SR[m+1..t]归并为有序的 TR2[m+1..t]
        Merge (TR2,TR1,s,m,t);
        //将 TR2[s..m]和 TR2[m+1..t]归并到 TR1[s..t]
    }//if
 } //Msort

void MergeSort (SqList &L) {
//对顺序表 L 进行 2-路归并排序
   MSort ( L.r,L.r,1,L.length );
 } //MergeSort
```

对 n 个记录进行 2-路归并排序的时间复杂度为 $O(n\log_2 n)$，即每一趟归并的时间复杂度为 $O(n)$，总共需进行 $\lceil \log_2 n \rceil$ 趟。2-路归并排序算法的空间复杂度为 $O(n)$。2-路归并排序是一种稳定的排序方法。

12.6　基数排序

基数排序是和前面所述各类排序算法完全不同的一种排序算法。从前几节的讨论看，实现排序主要通过关键字间的比较和移动记录这两种操作，而实现基数排序不需要进行记录关键字间的比较。基数排序是一种借助于多关键字排序的思想对单个逻辑关键字进行排序的方法。本节主要介绍多关键字排序和链式基数排序。

12.6.1　多关键字排序

什么是多关键字排序？先看一个具体例子。

　　已知扑克牌中 52 张牌面的次序关系为：♣2<♣3<…<♣A<♦2<♦3<…<♦A< ♥2<♥3<…<♥A<♠2<♠3<…<♠A。

　　每张扑克牌有两个"关键字"：花色(♣<♦<♥<♠)和面值(2<3<…<A)，且"花色"地位高于"面值"。在比较任意两张牌面的大小时，必须先比较"花色"，若"花色"相同，再比较面值。由此，将扑克牌整理成如上所述次序关系时，可以先按"花色"排序(分成4堆)，再按"面值"整理排序。

　　也可以采用另一种办法：先按不同"面值"分成13堆，然后将这13堆牌自小至大叠在一起("3"在"2"之上，"4"在"3"之上，……，最上面的是4张"A")，然后将这副牌整个颠倒过来再重新按不同"花色"分成4堆，最后将这4堆牌按自小至大的次序合在一起(♣在最下面，♠在最上面)，此时同样得到一副满足如上次序关系的牌。这两种整理扑克牌的方法便是两种多关键字的排序方法。

　　一般情况下，假设有 n 个记录的序列 $\{R_1, R_2, …, R_n\}$，每个记录 R_i 中含有 d 个关键字(K_i^0，K_i^1，…，K_i^{d-1})，则称上述序列对关键字(K^0，K^1，…，K^{d-1})有序是指：对于序列中任意两个记录 R_i 和 R_j($1{\leq}i<j{\leq}n$)都满足下列有序关系：(K_i^0，K_i^1，…，K_i^{d-1})<(K_j^0，K_j^1，…，K_j^{d-1})。(A^0，A^1，…，A^{d-1})<(B^0，B^1，…，B^{d-1})指必存在 L，使得：当 $s=0$，…，L-1 时，$A^s=B^s$，而 $A^L<B^L$。关键字序列中 K^0 称为最主位关键字，K^{d-1} 称为最次位关键字。

　　实现多关键字排序，通常有两种方法：

　　第一种是最高位优先法(MSD: Most Significant Digit first)：先对最主位关键字 K^0 进行排序，将序列分成若干子序列，每个子序列中的记录都具有相同的 K^0 值；然后分别就每个子序列对关键字 K^1 进行排序，按 K^1 值不同再分成若干更小的子序列；依次重复，直至对 K^{d-2} 进行排序后得到的每子序列中的记录都具有相同的关键字(K^0，K^1，…，K^{d-2})，继续分别在每个子序列中对 K^{d-1} 进行排序，最后将所有子序列依次连接在一起成为一个有序序列。

　　第二种是最低位优先法(LSD: Least Significant Digit first)：从最低位关键字 K^{d-1} 起进行排序；然后对高一位的关键字 K^{d-2} 进行排序；依次重复，直至对 K^0 进行排序后成为一个有序序列。

　　MSD 和 LSD 只约定按什么样的"关键字次序"来进行排序，而未规定对每个关键字进行排序时所用的方法。但从上面所述可以看出这两种排序方法的不同特点：若按 MSD 进行排序，必须将序列逐层分割成若干子序列，然后对各子序列分别进行排序；而按 LSD 进行排序时，不必分成子序列，对每个关键字都是整个序列参加排序，但对 K^i($0{\leq}i{\leq}d-2$)进行排序时，只能用稳定的排序方法。另一方面，按 LSD 进行排序时，在一定的条件下，如对前一个关键字 K^i($0{\leq}i{\leq}d-2$)取不同值，后一个关键字 K^{i+1} 均取相同值时，也可以不使用前几节所述的通过关键字间比较来实现排序的方法，而使用类似上述第二种整理扑克牌的方法中通过若干次"分配"和"收集"来实现排序的方法。

　　例如，学生记录含 3 个关键字：系别、班号和班内的序列号，如学生记录 3，2，30 表示系别为 3，班级为 2，学号为 30 的记录。其中以系别为最主位关键字 K^0。

　　其最低位优先排序的过程如表 12-1 所示。

表 12-1　最低位优先排序的过程

无序序列	3，2，30	1，2，15	3，1，20	2，3，18	2，1，20
对 k_2 排序	1，2，15	2，3，18	3，1，20	2，1，20	3，2，30
对 k_1 排序	3，1，20	2，1，20	1，2，15	3，2，30	2，3，18
对 k_0 排序	1，2，15	2，1，20	2，3，18	3，1，20	3，2，30

12.6.2　链式基数排序

基数排序是借助"分配"和"收集"对单逻辑关键字进行排序的一种方法。链式基数排序指用链表作存储结构的基数排序。

例如，现有无序序列{278, 109, 063, 930, 589, 184, 505, 269, 008, 083}，采用链式基数对此序列进行排序，如图 12-16(a)所示。观察发现，上述序列中的每个数据元素都由个位、十位、百位 3 位组成，可把每一位看作一个单关键字，对每一位进行排序，每次排序完成进行一次收集。关键字相同的放在同一个链表中。每一位关键字在数字 0~9 取值，因此，设置 10 个队列，第 i 个队列存放的是当前位关键字为 i 的数据元素，$f[i]$ 和 $e[i]$ 分别为第 i 个队列的头指针和尾指针。

第一趟分配对最低位关键字(个位)进行排序，把个位关键字是 i 的记录存放在第 i 个队列中。第 0 个队列只有一个元素，即 930；第 1、2 个队列空，因为没有个位是 1 和 2 的元素；第 3 个队列中，有两个元素，分别是 063 和 083；依次把元素按关键字分配到各队列中。第一趟分配结束，得到 10 个队列，如图 12-16(b)所示。

下面进行收集。第一趟收集重新将 10 个队列链成一个链队列，改变所有非空队列的队尾记录的指针域，令其指向下一个非空队列(如果有)的队头记录，这样经过第一趟的分配和收集，得到的序列为{930, 063, 083, 184, 505, 278, 008, 109, 589, 269}，如图 12-16(c)所示。

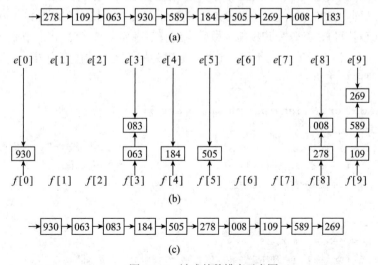

图 12-16　链式基数排序示意图

(a) 初始状态；(b) 第一趟分配之后；(c) 第一趟收集之后；(d) 第二趟分配之后；

(e) 第二趟收集之后；(f) 第三趟分配之后；(g) 第三趟收集之后的有序文件

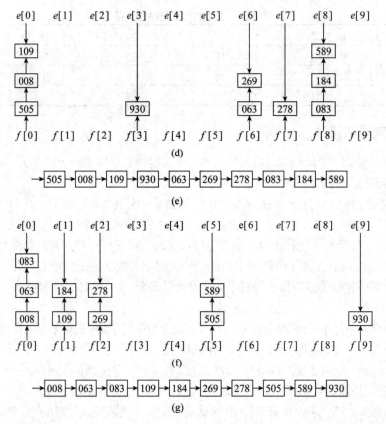

图 12-16　链式基数排序示意图(续)

第一趟分配和收集完成后，再对这个序列重复上述两步，进行第二趟对十位进行的分配和收集，得到的序列为{505, 008, 109, 930, 063, 269, 278, 083, 184, 589}，如图 12-16(d)~(e)所示。在此基础上继续对百位进行分配和收集，最后得到有序序列{008, 063, 083, 109, 184, 269, 278, 505, 589, 930}，如图 12-16(f)~(g)所示。至此，原序列的链式基数排序完成。

链式基数排序算法如下。

```
LNode *radixsort( List_Node *h,int d,int r) {
   n = 10;m = 1;
   for ( i = 1;i <= d;i ++) {                    //共"分配""收集"d 次
   for ( j = 0;j <= 9;j ++) {                    //初始化队列
   f [j] = NULL;t[j] = NULL;}
   p = h;
   while ( p ) {
   k = p->key % n/m                             //"分离"
   if ( f [k] == NULL)  f [k] = p;              //入队
    else t[k]->next = p;
    T [k] = p;
   p = p->next;                                 //从单链表中获取下一个结点
```

```
        }
    m = m*10;n = n*10;
    h = NULL;p = NULL;                          // "收集"
    for ( j = 0;j < r;j++)
      if ( f [j]) {
        if ( ! h ) { h = f[j];p = t[j]; }
          else { p->next = f[j];p = t[j];}
      }
    }
    return(h);
}
```

从基数排序的算法可以到出：基数排序适用于待排序的记录数目较多，但其关键字位数较少且关键字每一位的取值范围相同的情况。若待排序记录的关键字有 d 位，则需要进行 d 次"分配"与"收集"，即共执行 d 趟。因此，若 d 值较大，则基数排序的时间效率就会随之降低。基数排序的时间复杂度为 $O(d(n+rd))$。其中，分配为 $O(n)$；收集为 $O(rd)$ (rd 为"基"，即每个关键字的取值范围)，d 为"分配"与"收集"的趟数，n 为记录数。

基数排序是一种稳定的排序方法。

12.7 各种内部排序方法的比较讨论

综合比较本章讨论的各种内部排序方法，结果如表 12-2 所示。

表 12-2 各种排序方法的比较

排序方法	平均时间复杂度	最坏时间复杂度	辅助存储空间	稳定性
插入排序	$O(n^2)$	$O(n^2)$	$O(1)$	稳定
希尔排序	不确定	不确定	$O(1)$	不稳定
冒泡排序	$O(n^2)$	$O(n^2)$	$O(1)$	稳定
简单选择排序	$O(n^2)$	$O(n^2)$	$O(1)$	稳定
基数排序	$O(d(n+rd))$	$O(d(n+rd))$	$O(rd)$	稳定
快速排序	$O(n\log n)$	$O(n^2)$	$O(\log n)$	不稳定
堆排序	$O(n\log n)$	$O(n\log n)$	$O(1)$	不稳定
归并排序	$O(n\log n)$	$O(n\log n)$	$O(n)$	稳定

从表 12-2 中可以得出如下结论。

(1) 从平均时间性能而言，快速排序最佳，所需的时间最少，但快速排序在最坏情况下的时间性能不如堆排序和归并排序。而后两者相比较的结果是，在 n 较大时，归并排序所需的时间较堆排序较少，但所需的辅助存储空间最多。

(2) 插入排序中直接插入排序实现最简单。当序列中的记录"基本有序"或 n 值较小时，它是最佳的排序方法，因此常将它和其他的排序方法如快速排序、归并排序等结合在一起使用。

(3) 基数排序的时间复杂度也可以写成 $O(dn)$，因此最适用于 n 值很大而关键字较小的序列。若关键字也很大，而序列中大多数记录的"最高位关键字"均不同，则亦可先按"最高位关键字"不同将序列分成若干"小"的子序列，而后进行直接插入排序。

(4) 从方法的稳定性来比较，基数排序是稳定的内排方法，所有时间复杂度为 $O(n^2)$ 的简单排序法也是稳定的，然而，快速排序、堆排序和希尔排序等时间性能较好的排序方法都是不稳定的。一般来说，排序过程中的"比较"是在"相邻的两个记录关键字"之间进行的排序方法是稳定的。需要注意的是，稳定性是由方法本身决定的。对于不稳定的排序方法而言，不管其描述形式如何，总能举出一个说明不稳定的实例来。由于大多数情况下排序是按记录的主关键字进行的，所用的排序方法是否稳定无关紧要。若排序按记录的次关键字进行，则应根据问题所需慎重选择排序方法及其描述算法。

综上所述，在本章讨论的所有排序方法中，没有哪一种方法是绝对最优的。有的适用于 n 值较大的情况，有的适用于 n 值较小的情况，因此，在实际使用时需要根据不同的情况进行选择，甚至可将多种方法结合起来使用。如同团队完成课题研究任务，团队成员只有齐心协力、取长补短，才能取得理想的效果。

12.8 习题

一、选择题

1. 某内排序方法的稳定性是指(　　)。
   A. 该排序算法不允许有相同的关键字记录
   B. 该排序算法允许有相同的关键字记录
   C. 平均时间为 $O(n\log n)$ 的排序方法
   D. 以上都不对

2. 就平均性能而言，目前最好的内排序方法是(　　)排序法。
   A. 冒泡　　　　　　B. 希尔　　　　　　　　C. 交换　　　　　　　　D. 快速

3. 采用简单选择排序，比较次数与移动次数分别为(　　)。
   A. $O(n)$　$O(\log n)$　B. $O(\log n)$　$O(n^2)$　　C. $O(n^2)$　$O(n)$　　　　D. $O(n\log n)$　$O(n)$

4. 对序列{15, 9, 7, 8, 20, -1, 4}进行希尔排序，经一趟排序后序列变为{15, -1, 4, 8, 20, 9, 7}，则此次排序采用的增量是(　　)。
   A. 1　　　　　　　　B. 4　　　　　　　　　C. 3　　　　　　　　　D. 2

5. 在含有 n 个关键字的小顶堆(堆顶元素最小)中，关键字最大的记录有可能存储在(　　)位置上。
   A. $n/2$　　　　　　B. $n/2-1$　　　　　　C. 1　　　　　　　　　D. $n/2+2$

6. 下列序列不是堆的是(　　)。
   A. (100,85,98,77,80,60,82,40,20,10,66)　　B. (100,98,85,82,80,77,66,60,40,20,10)
   C. (10,20,40,60,66,77,80,82,85,98,100)　　D. (100,85,40,77,80,60,66,98,82,10,20)

7. 堆排序是(　　)类排序，堆排序平均执行的时间复杂度和需要附加的存储空间复杂度分别是(　　)。

  A. 插入   B. 交换   C. 归并   D. 基数 E. 选择

  F. $O(n^2)$ $O(1)$ G. $O(n\log^2 n)$ $O(1)$ H. $O(n\log^2 n)$ $O(n)$ I. $O(n^2)$ $O(n)$

8. 在对 n 个元素的序列进行排序时，堆排序所需要的辅助存储空间是(　　)。

  A. $O(\log^2 n)$ B. $O(1)$ C. $O(n)$ D. $O(n\log^2 n)$

9. 有一组数据$(15, 9, 7, 8, 20, -1, 7, 4)$，用堆排序的筛选方法建立的初始堆为(　　)。

  A. $-1, 4, 8, 9, 20, 7, 15, 7$ B. $-1, 7, 15, 7, 4, 8, 20, 9$

  C. $-1, 4, 7, 8, 20, 15, 7, 9$ D. 以上都不对

10. 下列给出的 4 种排序法中，(　　)是不稳定的排序法。

  A. 插入排序 B. 冒泡排序   C. 2-路归并排序 D. 堆排序

11. 下列排序算法中，其中(　　)是稳定的。

  A. 堆排序，冒泡排序   B. 快速排序，堆排序

  C. 简单选择排序，归并排序   D. 归并排序，冒泡排序

12. 若要求排序是稳定的，且关键字为实数，则在下列排序方法中应选(　　)排序为宜。

  A. 直接插入 B. 简单选择 C. 堆   D. 快速 E. 基数

13. 排序趟数与序列的原始状态有关的排序方法是(　　)排序法。

  A. 插入   B. 选择   C. 冒泡   D. 快速

14. 数据序列$(8, 9, 10, 4, 5, 6, 20, 1, 2)$只能是下列排序算法中的(　　)的两趟排序后的结果。

  A. 简单选择排序   B. 冒泡排序

  C. 插入排序   D. 堆排序

15. 下列排序算法中，在待排序数据已有序时，花费时间反而最多的是(　　)排序。

  A. 冒泡   B. 希尔   C. 快速   D. 堆

二、填空题

1. 若不考虑基数排序，则在排序过程中，主要进行的两种基本操作是关键字的_____和记录的_____。

2. 对有 7 个元素的集合$\{1, 2, 3, 4, 5, 6, 7\}$进行快速排序，具有最小比较和交换次数的初始排列次序为_____。

3. 快速排序在_____的情况下最易发挥其长处。

4. 属于不稳定排序法的有_____。

第13章 外部排序

外部排序指大文件的排序，即待排序的记录存储在外存储器上，在排序过程中需要进行多次的内、外存之间的交换。本章介绍两种外排序的常用方法：归并排序和置换选择排序。外排序的方法在很多情况下和内排序的原理相同，只是由于所处介质不同而有所区别。在理解外排序的算法时可以结合内排序的方法，观察归纳不同排序方法之间的联系，在联系中学习，在联系中思考，构建良好的世界观。

13.1 外部排序的方法

在许多实际应用系统中，经常会遇到要对数据文件中的记录进行排序处理的情况。有的文件中的记录繁多、信息量庞大，整个文件所占据的存储单元远远超过一台计算机的内存容量。因此，无法把整个文件存储到内存中进行排序。于是，有必要研究适合于处理大型数据文件的排序技术。通常，这种排序往往需要借助于具有更大容量的外存设备才能完成。相对于第12章介绍的内部排序，这种排序方法称为外部排序，简称外排序。与内排序相比，两者区别如下。

(1) 外排序和内排序所涉及的存储器不同。一般情况下，内排序中待排序的文件较小，文件一般可以在内存中一次完成排序。而外排序中待排序的文件一般较大，不存储于内存而存储于外存，且不能一次调入内存。对此计算机所采取的策略是将文件中的数据分段输入内存，在内存中采用内排序的方法对其进行排序，完成排序后的文件段称为归并段，然后将其写回外存。这样在外存中形成许多初始归并段，再对这些归并段采用某种归并方法，并进行多遍归并，使已经排序好的归并段逐渐扩大，最后在外存上形成整个文件的单一归并段，完成整个文件的外排序。概括来说，就是"内排序在内存上排序，外排序借助内排序通过调用间接完成外存上的排序"。

(2) 除了存储器的不同，内排序和外排序所采用的存储方式也不同。内排序主要使用三种存储方式：第一种顺序存储，即文件在内存中采用连续地址的存储方式；第二种静态链表，"物理"上采用连续存储，实现"逻辑"上链式存储的方式；第三种链式存储，不需要连续的存储地址，用指针指示各记录存储位置的地址。

外排序主要采用两种存储介质，与此对应有各自的存储特点：一种是磁盘存储器。磁盘存储器一般分为硬盘和软盘，是一种扁平介质，上面分布很多同心磁道，信息就存储在磁道上。每个磁道上都有独立的磁头来进行信息识别，根据磁头是否可移动，磁盘又分为固定头盘和活动头盘。磁盘是一种直接存取的存储设备，即访问存储在磁盘上文件中的任何一条记录所花费的时间几乎相同。另一种是磁带存储器。磁带存储器是一种磁表面存储设备，用磁性材料薄薄地涂在金属铝或塑料表面作载磁体来存储信息，可以脱机保存数据。磁带机是以磁带为记录介质的数字磁性记录装置，由磁带传送机构、伺服控制电路、读写磁头、读写电路和有关逻辑控制电路等组成。磁带控制器是连接计算机与磁带机之间的接口设备，用来控制磁带机执行写、读、进退文件等操作。磁带存储器以顺序方式存取数据。

(3) 内排序和外排序的方法即所采用的策略不同。内排序主要分为五大类，分别为插入排序、选择排序、交换排序、基数排序、归并排序。外排序方法主要有归并排序和置换选择排序。

(4) 内排序和外排序依据所选取的策略不同而有不同的效率。外排序的效率本质上依赖所选取的内排序的效率。所以两者既有区别，又有很深的联系。

本章主要介绍归并排序和置换排序两种外排序算法，并简单介绍其效率。

13.2 归并排序

归并排序法是一种基于合并有序段的排序方法，即将若干有序段逐步合并，最后合并为一个有序段。对于初始记录集，将每个记录视为一个独立的有序段，然后在此基础上逐步合并。因此，归并排序的基础是合并。下面首先讨论合并算法。

13.2.1 2-路平衡归并排序

设两个升序段中的记录分别为 $a_s \cdots a_m$ 和 $a_{m+1} \cdots a_n$，将这两个有序段合并形成一个新的有序段 $b_s \cdots b_n$。设 i、j 分别表示两个有序段中记录的下标，则两个有序段的合并可按下列算法进行。

(1) 当 $i \leqslant m$ 且 $j \leqslant n$ 时，比较 $a[i]$ 和 $a[j]$ 关键字的大小，若 $a[i] \leqslant a[j]$，则将 $a[i]$ 顺序存入另一个数组 b 中，同时 $i++$；若 $a[i] > a[j]$，则将 $a[j]$ 顺序存入数组 b，同时 $j++$。

(2) 当 $i > m$ 或 $j > n$ 时，将剩余部分放到 b 的末尾。

算法实现如下。

```
void Merge2Sorted (int a[ ], long s, long m, long n, int b[ ] ){
//二路归并，将有序段 a[s]~a[m] 和 a[m+1]~a[n] 合并到 b[0]~b[n-s]
    long i, j, k;
    i = s;j = m + 1;
    k = 0;
    while (i <= m && j <= n) {
        if (a[i] <= a[j])
            b[k++] = a[i++];
        else
            b[k++]=a[j++];
    }
    while (i <=m ) b[k++] = a[i++];
    while (j <=n ) b[k++] = a[j++];
}
```

上述算法中，每次比较只输出一个元素到数组 b 中，所以全部合并后需要比较的次数为两个有序段的长度之和，即 $n-s+1$。

13.2.2　多段 2-路归并排序

设某记录集已分段有序，除最后一个段外，其他各段的长度均相等，先考虑如何将它们中从头起的每个两两相邻的段分别合并为一个有序段。经过一次合并后，形成一个新的分段有序文件，其每个段(最后段除外)的长度都翻倍，而段数变为原来的 1/2，这种操作称为多段归并。由于每次都是合并两个段，所以称为多段 2-路归并。显然，也可以由多段 k 路进行合并($k > 2$)。算法如下。

```
void MergeSorted(int a[ ],long p1,long p2,long len,int b[ ]){
//多段2-路合并：在a[p1]～a[p2]中，每len个元素为一个有序段，将从头起的每个连续的两段分别
//合并为一个有序段，然后存入b[ ]中
long i,j,k;
i = p1;
k = 0;
while (i+2*len-1<= p2){
//当从i起的后面有完整的两段时进行合并
    MergeSorted(a,i,i+len-1,i+2*len-1,b+k);
    i += 2*len;
    k += 2*len;
}
if (i+len<=p2)  //剩两段，但最后的段长不足len，直接用p2表示
    MergeSorted ( a,i,i+len-1,p2,b+k);
else  //剩下一段或不剩
    for (j = i;j <= p2;j ++) b[k++] = a[j];
}
```

上述算法时间的复杂度为 $O(s*m)$。

13.2.3　多路平衡归并排序

在进行 k-路归并时，可利用"败者树"提高效率。

那么，什么是"败者树"？

败者树是树形选择排序的一种变型。相对地，称每个非终端结点均表示其左、右孩子结点中的"胜者"的二叉树为"胜者树"。反之，若在双亲结点中记下刚进行完的这场比赛中的败者，而让胜者去参加更高一层的比赛，便可得到一棵"败者树"。例如，如图13-1(a)所示为一棵实现5-路归并的败者树，图中的方形结点表示叶子结点(也可看成是外结点)，分别为5个归并段中当前参加归并选择的记录关键字；败者树中根结点 $Ls[1]$ 的双亲结点 $Ls[0]$ 为"冠军"，在此指示各归并段中的最小关键字记录为第三段中的当前记录；结点 $Ls[3]$ 指示 $b1$ 和 $b2$ 两个叶子结点中的败者即 $b2$，而胜者 $b1$ 和 $b3$($b3$ 是叶子结点 $b3$、$b4$ 和 $b0$ 经过两场比赛后选出的获胜者)进行比

较，结点 $Ls[1]$ 则指示它们中的败者为 $b1$。在选得最小关键字的记录之后，只要修改叶子结点 $b3$ 中的值，使其为同一归并段中的下一个记录的关键字，然后从该结点向上和双亲结点所指的关键字进行比较，败者留在该双亲结点，胜者继续向上直至树根的双亲。如图 13-1(b)所示，当第 3 个归并段中的第 2 个记录参加归并时，选得的最小关键字记录为第一个归并段中的记录。为了防止在归并过程中某个归并段变空，可以在每个归并段中附加一个关键字为最大值的记录。当选出的"冠军"记录的关键字为最大值时，表明此次归并已完成。由于实现 k-路归并的败者树的深度为 $\lceil \log_2 k \rceil + 1$，则在 k 个记录中选择最小关键字仅须进行 $\lceil \log_2 k \rceil$ 次比较。败者树的初始化也容易实现，只要先令所有的非终端结点指向一个含最小关键字的叶子结点，然后从各叶子结点出发，调整非终端结点为新的败者即可。

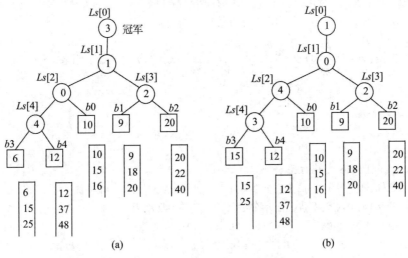

图 13-1 实现 5-路归并的败者树

下列算法简单描述了利用败者树进行 k-路归并的过程。为了突出如何利用败者树进行归并，在算法中避开了外存信息存取的细节，可以认为归并段已在内存。$Adjust$ 函数描述在从败者树选得最小关键字的记录之后，如何从叶子结点到根结点调整败者树，从而选得下一个最小关键字。CreateLoserTree 函数描述了初建败者树的过程。

```
typedef int LoserTree[k];
//败者树是完全二叉树且不含叶子结点，可采用顺序存储结构
typedef struct {
  KeyType key;
}ExNode, External[k];   //外结点，只存放待归并记录的关键字

void K_Merge (LoserTree &Ls, External &b) {
  //利用败者树 Ls 将编号 0～k-1 的 k 个输入归并段中的记录归并到输出归并段
  //b[0]～b[k-1]为败者树上的 k 个叶子结点，分别存放 k 个输入归并段中当前记录的关键字
for (i=0; i<k; ++ i) input(b[i].key);
//分别从 k 个输入归并段读入该段当前第一个记录的关键字到外结点
  CreateLoserTree(Ls) ;        //建败者树 ls，选择的最小关键字为 b[ls[0]].Key
```

```
    while (b[ Ls[0]].key != MAXKEY)}
      q = Ls[0];              //q指示当前最小关键字所在的归并段
      output (q);             //将编号为q的归并段中当前(关键字为b[q].key)的记录写至输出归并段
      input (b[q].key);        //从编号为q的输入归并段中读入下一个记录的关键字
      Adjust(Ls, q);           //调整败者树，选择新的最小关键字
    } //while
    output (Ls[0]);              //将含最大关键字MAXKEY的记录写至输出归并段
}//K_Merge

void Adjust (LoserTree &Ls, int s) {
    //沿从叶子结点b[s]到根结点ls[0]的路径调整败者树
    t = (s+k)/2;                //Ls[t]是b[s]的双亲结点
    while (t>0) {
      if (b[s].key > b[Ls[t].key)  s↔Ls[t];      //s指示新的胜者
      t = t/2;
    }
    Ls[0] = s;
} // Adjust

void CreateLoserTree(LoserTree &Ls) {
        //已知b[0]~b[k-1]为完全二叉树Ls的叶子结点且存有k个关键字
        //沿从叶子结点到根结点的k条路径将Ls调整为败者树
    b[k].key = MINKEY;          //设MINKEY为关键字可能的最小值
    for (i=0; i<k; ++i)   Ls[i] = k;       //设置Ls中"败者"的初值
    for (i=k-1; k>=0; - - i) Adjust(Ls, i);
    //依次从b[k-1]、b[k-2]、…、b[0]出发调整败者
} //CreateLoserTree
```

最后需要提及的一点是，k值的选择并非越大越好，如何选择合适的k是一个需要综合考虑的问题。

13.3 置换选择排序

置换选择排序的核心思想，是利用小顶堆(或大顶堆)对数据进行处理。每输出一个最小值(或最大值)，就从缓冲区中读入下一个数。

采用置换选择算法，在扫描完一遍的前提下，使所生成的各顺串有更大的长度。这样减少了初始顺串的个数，有利于在合并时减少对数据的扫描遍数。

13.3.1 置换选择排序的处理过程

置换选择算法首先从输入文件读取记录(一整块磁盘中的所有记录)，进入输入缓冲区；然

后在随机存储器中放入待排序记录；记录被处理后，写回到输出缓冲区；输出缓冲区写满时，把整个缓冲区写回到一个磁盘块。当输入缓冲区为空时，从磁盘输入文件读取下一块记录。上述过程如图 13-2 所示。

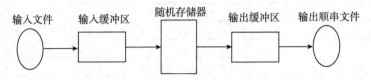

输入文件　输入缓冲区　随机存储器　输出缓冲区　输出顺串文件

图 13-2　置换选择方法的处理过程

13.3.2　置换选择排序算法

假设初始待排文件为输入文件 FI，初始归并段文件为输出文件 FO，内存工作区为 WA，FO 和 WA 的初始状态为空，并设内存工作区 WA 的容量可容纳 w 个记录，则置换选择排序的操作过程如下。

(1) 从 FI 输入 w 个记录到工作区 WA。

(2) 从 WA 中选出其中关键字取最小值的记录，记为 MINIMAX 记录。

(3) 将 MINIMAX 记录输出到 FO 中。

(4) 若 FI 不为空，则从 FI 输入下一个记录到 WA 中。

(5) 从 WA 的所有关键字比 MINIMAX 记录的关键字大的记录中选出最小关键字记录，作为新的 MINIMAX 记录。

(6) 重复(3)~(5)，直至在 WA 中选不出新的 MINIMAX 记录为止，由此得到一个初始归并段，输出一个归并段的结束标志到 FO 中。

(7) 重复(2)~(6)，直至 WA 为空。由此得到全部初始归并段。

例如，已知初始文件含有 24 个记录，它们的关键字分别为 51、49、39、46、38、29、14、61、15、30、1、48、52、3、63、27、4、13、89、24、46、58、33、76。若按照置换选择算法进行排序。假设内存工作区可容纳 6 个记录，按选择排序可求得如下 4 个初始归并段：

RUN1：29，38，39，46，49，51

RUN2：1，14，15，30，48，61

RUN3：3，4，13，27，52，63

RUN4：24，33，46，58，76，89

按置换选择进行排序，则可求得如下 3 个初始归并段：

RUN1：29，38，39，46，49，51，61

RUN2：1，3，14，15，27，30，48，52，63，89

RUN3：4，13，24，33，46，58，76

其过程如图 13-3 所示。

FO	WA	FI
空	空	51，49，39，46，38，29，14，61，15，30，1，48，52，3，63，27，4，…
空	51，49，39，46，38，29	14，61，15，30，1，48，52，3，63，27，4，…
29	51，49，39，46，38	14，61，15，30，1，48，52，3，63，27，4，…
29	51，49，39，46，38，14	61，15，30，1，48，52，3，63，27，4，…
29，38	51，49，39，46， ，14	61，15，30，1，48，52，3，63，27，4，…
29，38	51，49，39，46，61，14	15，30，1，48，52，3，63，27，4，…
29，38，39	51，49， ，46，61，14	15，30，1，48，52，3，63，27，4，…
29，38，39	51，49，15，46，61，14	30，1，48，52，3，63，27，4，…
29，38，39，46	51，49，15， ，61，14	30，1，48，52，3，63，27，4，…
29，38，39，46	51，49，15，30，61，14	1，48，52，3，63，27，4，…
29，38，39，46，49	51， ，15，30，61，14	1，48，52，3，63，27，4，…
29，38，39，46，49	51，1，15，30，61，14	48，52，3，63，27，4，…
29，38，39，46，49，51	，1，15，30，61，14	48，52，3，63，27，4，…
29，38，39，46，49，51	48，1，15，30，61，14	52，3，63，27，4，…
29，38，39，46，49，51，61	48，1，15，30， ，14	52，3，63，27，4，…
29，38，39，46，49，51，61	48，1，15，30，52，14	3，63，27，4，…
29，38，39，46，49，51，61，*	48，1，15，30，52，14	3，63，27，4，…
29，38，39，46，49，51，61，*，1	48， ，15，30，52，14	3，63，27，4，…
29，38，39，46，49，51，61，*，1	48，3，15，30，52，14	63，27，4，…
⋮	⋮	⋮

图 13-3　置换-选择排序过程实例

在 WA 中选择 MINIMAX 记录的过程需利用"败者树"来实现。关于"败者树"本身，上节已有详细讨论，在此仅就置换选择排序中的实现细节加以说明。①内存工作区中的记录作为败者树的外部结点，而败者树中根结点的双亲结点指示工作区中关键字最小的记录；②为了便于选出 MINIMAX 记录，为每个记录附设一个所在归并段的序号，在进行关键字的比较时，先比较段号，段号小的为胜者；段号相同的则关键字小的为胜者；③败者树建立时，可先设工作区中所有记录的段号均为"零"，然后从 FI 逐个输入 w 个记录到工作区，自下而上调整败者树；由于这些记录的段号为"1"，则它们对于"零"段的记录而言均为败者，从而逐个填充到败者树的各结点中去。算法 Replace_Selection 是置换选择排序的简单描述，其中，求得一个初始归并段的过程如算法 get_run 所述。算法 Select_MiniMax 和算法 Construct_Loser 分别描述了置换选择排序中的败者树的调整和初建过程。

```
typedef struct {
    RcdType rec;                //记录
    KeyType key;               //从记录中抽取的关键字
    Int rnum;                  //所属归并段的段号
}RcdNode, WorkArea[w];         //内存工作区，容量为 w

void Replace_Selection (LoserTree &ls,WorkArea &wa,FILE *fi,FILE *fo) {
    //在败者树 ls 和内存工作区 wa 上用置换选择排序求初始归并段，fi 为输入文件(只读文件)
```

```
                         //指针, fo 为输出文件(只写文件)指针, 两个文件均已打开
    Construct_Loser (ls, wa);        //初建败者树
    rc = rmax = 1;                   //rc 指示当前生成的初始归并段的段号
                                     //rmax 指示 wa 中关键字所属初始归并段的最大段号
    while (rc < = rmax) {            //"rc = rmax+1"标志输入文件的置换选择排序已完成
        get_run (ls,wa);            //求得一个初始归并段
        fwrite(&RUNEND_SYMBOL,sizeof(struct RcdType),1,fo);
                                     //将段结束标志写入输出文件
        rc = wa[ls[0]].rnum;        //设置下一段的段号
    }
}//Replace_Selection

void get_run (LoserTree &ls,WorkArea &wa) {
                         //求得一个初始归并段, fi 为输入文件指针, fo 为输出文件指针
  while (wa[ls[0]].rnum == rc){     //选得的 MINIMAX 记录属当前段时
    q = ls[0];                      //q 指示 MINIMAX 记录在 wa 中的位置
    minimax = wa[q].key;
    fwrite(&wa[q].rec,sizeof(RcdType),1,fo);
                                     //将刚选好的 MINIMAX 记录写入输出文件
    if ( feof( fi ) ) { wa[q].rnum = rmax+1;wa[q].key = MAXKEY }
                                     //输入文件结束, 虚设记录(属"rmax+1"段)
    else {                          //输入文件非空时
        fread ( &wa[q].rec,sizeof(RcdType),1,fi );
                                     //从输入文件读入下一个记录
        wa[q].key = wa[q].rec.key;  //提取关键字
        if (wa[q].key < minimax) {  //新读入的记录属下一段
            rmax = rc+1;
            wa[q].rnum = rmax;
          }
        else  wa[q].rnum = rc;      //新读入的记录属当前段
    }
    Select_MiniMax ( ls,wa,q );     //选择新的 MINIMAX 记录
  }//while
}//get_run

void Select_MiniMax (LoserTree &ls,WorkArea wa, int q) {
    //从 wa[q]起到败者树的根比较选择 MINIMAX 记录, 并由 q 指示它所在的归并段
    for ( t=(w+q)/2,p=ls[t]; t>0; t=t/2, p=ls[t])
      if ( wa[p].rnum<wa[q].rnum || wa[p].rnum == wa[q].rnum && wa[p].key< wa[q].key )
          q ←→ ls[t];               //q 指示新的胜者
    ls[0] = q;
}//Select_MiniMax

void Construct_Loser ( LoserTree &ls, WorkArea &wa ) {
    //输入 w 个记录到内存工作区 wa, 建立败者树 ls, 选出关键字最小的记录并由 s 指示
```

```
                                      //其在 wa 中的位置
    for ( i=0;i<w;++ i )
        wa[i].rnum = wa[i].key = ls[i] = 0;            //工作区初始化
    for (i=w-1;i>=0;--i) {
        fread ( &wa[i].rec,sizeof( RcdType),1,fi );      //输入一个记录
        wa[i].key = wa[i].rec.key;                       //提取关键字
        wa[i].rnum = 1;                                  //其段号为"1"
        Select_MiniMax ( ls,wa,i );                      //调整败者树
    } //Construct_Loser
```

如果堆的大小是 M，则一个顺串的最小长度就是 M 个记录；最好的情况下，如待排序序列已经被排序，有可能一次就把整个文件生成为一个顺串。可以看出，若不计输入、输出的时间，则对有 n 个记录的文件而言，生成所有初始归并段所需的时间为 $O(n\log w)$。

13.4 习题

一、填空题

1. 当数据量特别大，需要借助外部存储器对数据进行排序时，这种排序方法称为_____。
2. 在外排序过程中，两个相对独立的阶段分别是_____和_____。

二、简答题

1. 给定一组关键字 $T=(12, 2, 16, 30, 8, 28, 4, 10, 20, 6, 18)$，设内存工作区可容纳 4 个记录，给出置换选择排序算法得到的全部初始归并段。
2. 如果某个文件经内排序得到 80 个初始归并段，试问：
(1) 若使用多路平衡归并执行 3 趟完成排序，那么应取的归并路数至少应为多少？
(2) 如果操作系统要求一个程序同时可用的输入/输出文件的总数不超过 15 个，则按多路平衡归并至少需要几趟可以完成排序？如果限定此趟数，可取的最低路数是多少？
3. 什么是多路平衡归并，多路平衡归并的目的是什么？
4. 什么是败者树？其主要作用是什么？用于 k 路归并的败者树中共有多少个结点(不计冠军结点)？

参考文献

[1] 严蔚敏，吴伟民. 数据结构(C 语言版)[M]. 北京：清华大学出版社，2011.

[2] 严蔚敏，李冬梅，吴伟民. 数据结构(C 语言版)[M]. 2 版. 北京：人民邮电出版社，2022.

[3] 严蔚敏，陈文博. 数据结构及应用算法教程[M]. 修订版. 北京：清华大学出版社，2011.

[4] 陈越，何钦铭，徐镜春，等. 数据结构[M]. 北京：高等教育出版社，2012.

[5] 耿国华. 数据结构——用 C 语言描述[M]. 北京：高等教育出版社，2011.